高职高专电子类专业教材

模拟电子技术应用

MONIDIANZIJISHUYINGYONG

GAOZHIGAOZHUANDIANZILEIZHUANYEJIAOCAI

主　编　汤光华　刘国联

主　审　董学义

中南大学出版社
www.csupress.com.cn

U0344191

内 容 简 介

本书根据《模拟电子技术应用》课程标准，结合编者多年的教学实践编写而成，是一本项目导向、任务驱动、理实一体、深浅合适、颇具高职特色的规划教材。

全书分为直流稳压电源的制作(项目1)、音频放大器的制作(项目2)和信号发生器的制作(项目3)三个项目。每个项目都包含有项目描述、知识准备、任务实施和考核评价四个部分。项目的后面都附有一定数量的思考与练习题，供学生学习时选做。

本书可作为高职高专和成人高校电子、电气、自动化、计算机、机电一体化等专业的教学用书，也可作为本科院校师生、岗位培训和工程技术人员的参考用书。

前　言

　　本书从高等职业教育人才培养目标出发，贯彻"理论与实践"并重的高职教育教学理念，采取基于工作过程系统化的课程开发思路，以"项目＋任务"的课程结构和理实一体化的教学设计，运用讲练结合的方法，让学生在体验中学习，在实践中提高，突出学生能力培养，是一本项目导向、任务驱动、理实一体、深浅合适、颇具高职特色的规划教材。

　　编者根据自己多年的教学经验，结合职业教育的特点和要求，对教学内容进行了精选，对书中的项目和任务作了合理安排。全书共分为三个项目：直流稳压电源的制作、音频放大器的制作和信号发生器的制作。每个项目又包含项目描述、知识准备、任务实施和考核评价四个部分。在编写过程中，力求叙述清楚，分析准确，尽量减少数理论证，做到深入浅出，通俗易懂，理论联系实际。书中带＊号的内容可根据学时数的多少和专业需要进行选讲。

　　参加本书编写的有：湖南信息职业技术学院的穆立君（项目 1 中的任务实施与考核评价部分）、长沙航空职业技术学院的黄荻（项目 2 中的项目描述与知识准备部分）、湖南科技职业学院的成治平（项目 2 中的任务实施与考核评价部分）、湖南铁路科技职业技术学院的罗立文（项目 3 知识准备中的集成运算放大器与放大电路中的反馈部分）、湖南铁路科技职业技术学院的刘国联（项目 3 知识准备中的正弦波振荡电路部分）、湖南电气职业技术学院的叶云洋（项目 3 中的任务实施与考核评价部分）、湖南高速铁路职业技术学院的柴霞君（项目 2 中的差分放大电路、思考与练习）、湖南化工职业技术学院的汤光华（项目 1 中的项目描述、知识准备、思考与练习及书的其余部分）。汤光华、刘国联任主编，汤光华负责全书的统稿。

　　本书由董学义主审，主审对书稿进行了认真的审阅，并提出了很多好的意见和建议，在此深表感谢。

　　由于编者水平有限，书中不足和疏漏在所难免，敬请读者批评指正。

编者

2012 年 7 月

目　录

项目一　直流稳压电源的制作 ………………………………………… (1)

一、项目描述 ……………………………………………………………… (1)

二、知识准备 ……………………………………………………………… (2)

 1　半导体二极管 ………………………………………………………… (2)

  1.1　半导体基本知识 ………………………………………………… (2)

  1.2　半导体二极管 …………………………………………………… (6)

  1.3　特殊二极管 ……………………………………………………… (13)

  *1.4　特种半导体器件简介 ………………………………………… (18)

 2　半导体三极管 ………………………………………………………… (22)

  2.1　三极管的结构与符号 …………………………………………… (24)

  2.2　三极管的电流分配和电流放大作用 …………………………… (24)

  2.3　三极管的特性曲线 ……………………………………………… (26)

  2.4　三极管的主要参数及简单测试 ………………………………… (28)

 3　场效应管 ……………………………………………………………… (32)

  3.1　结型场效应管 …………………………………………………… (32)

  3.2　绝缘栅场效应管 ………………………………………………… (34)

  3.3　场效应管的主要参数 …………………………………………… (35)

  3.4　场效应管的特性比较及主要特点 ……………………………… (36)

 4　整流电路 ……………………………………………………………… (37)

  4.1　单相半波整流电路 ……………………………………………… (37)

  4.2　单相全波整流电路 ……………………………………………… (39)

  4.3　单相桥式整流电路 ……………………………………………… (40)

 5　滤波电路 ……………………………………………………………… (42)

  5.1　电容滤波电路 …………………………………………………… (42)

  5.2　电感滤波电路 …………………………………………………… (45)

  5.3　复式滤波电路 …………………………………………………… (45)

 6　稳压电路 ……………………………………………………………… (46)

  6.1　并联型稳压电路 ………………………………………………… (46)

  6.2　串联型稳压电路 ………………………………………………… (47)

  6.3　三端集成稳压器及应用电路 …………………………………… (48)

  6.4　开关稳压电源 …………………………………………………… (55)

三、任务实施 ……………………………………………………………… (60)

任务1　设备与器材准备 ……………………………………… (60)

1.1　常用工器具准备 ……………………………………… (60)

1.2　器件与材料准备 ……………………………………… (60)

任务2　手工焊接练习 ………………………………………… (60)

2.1　焊接的基本知识 ……………………………………… (60)

2.2　焊接方法 ……………………………………………… (61)

2.3　焊接质量 ……………………………………………… (64)

任务3　直流稳压电源电路仿真 ……………………………… (66)

3.1　Multisim 10 简介 ……………………………………… (66)

3.2　Multisim 10 基本操作 ………………………………… (66)

3.3　直流稳压电源电路原理图 …………………………… (68)

3.4　直流稳压电源电路仿真 ……………………………… (68)

任务4　制作直流稳压电源 …………………………………… (68)

4.1　直流稳压电源的组装 ………………………………… (68)

4.2　直流稳压电源的调试 ………………………………… (69)

4.3　直流稳压电源的故障排除 …………………………… (69)

4.4　安全文明操作要求 …………………………………… (69)

四、考核评价 …………………………………………………… (69)

1　装调报告 …………………………………………………… (69)

2　成果展示 …………………………………………………… (71)

3　项目评价 …………………………………………………… (72)

【思考与练习】 ………………………………………………… (72)

项目二　音频放大器的制作 ……………………………………… (76)

一、项目描述 …………………………………………………… (76)

二、知识准备 …………………………………………………… (77)

1　共射放大电路 ……………………………………………… (77)

1.1　放大电路的组成与元件作用 ………………………… (78)

1.2　放大电路中电流、电压的符号及波形 ……………… (80)

1.3　放大电路分析 ………………………………………… (82)

1.4　分压式偏置稳定电路 ………………………………… (91)

2　共集放大电路 ……………………………………………… (95)

2.1　共集放大电路的组成 ………………………………… (95)

2.2　共集放大电路的特点 ………………………………… (95)

3　场效应管放大电路 ………………………………………… (99)

3.1　共源放大电路 ………………………………………… (99)

3.2　共漏放大电路 ………………………………………… (103)

4　多级放大电路 ……………………………………………… (105)

4.1　多级放大电路的耦合方式 ………………………… (105107)

4.2 多级放大电路的分析方法 ·············· (109)

4.3 放大电路的频率特性 ·············· (112)

5 功率放大电路 ·············· (112)

5.1 互补对称射极输出功率放大电路 ·············· (121)

5.2 集成功率放大电路 ·············· (121)

6 差分放大电路 ·············· (124)

6.1 差分放大电路概述 ·············· (124)

6.2 双电源供电的差分放大电路 ·············· (125)

三、任务实施 ·············· (130)

任务 1 设备与器材准备 ·············· (130)

1.1 常用工器具准备 ·············· (130)

1.2 器件与材料准备 ·············· (130)

任务 2 音频放大器电路仿真 ·············· (131)

2.1 音频放大器的设计特点与要求 ·············· (131)

2.2 音频放大器电路工作原理 ·············· (131)

2.3 音频放大器电路仿真 ·············· (133)

任务 3 制作音频放大器 ·············· (135)

3.1 音频放大器的组装 ·············· (135)

3.2 音频放大器的调试 ·············· (136)

3.3 音频放大器的故障排除 ·············· (136)

四、考核评价 ·············· (137)

1 装调报告 ·············· (137)

2 成果展示 ·············· (139)

3 项目评价 ·············· (139)

【思考与练习】 ·············· (140)

项目三 信号发生器的制作 ·············· (144)

一、项目描述 ·············· (144)

二、知识准备 ·············· (144)

1 集成运算放大器 ·············· (144)

1.1 集成运算放大器简介 ·············· (144)

1.2 集成运算放大器的线性应用 ·············· (149)

1.2 集成运算放大器的非线性应用 ·············· (156)

2 放大电路中的反馈 ·············· (164)

2.1 反馈的基本概念 ·············· (164)

2.2 负反馈的类型 ·············· (165)

2.3 负反馈对放大器性能的影响 ·············· (170)

2.4 深度负反馈放大电路 ·············· (174)

3 正弦波振荡电路 ·············· (175)

3.1   正反馈与自激振荡 ·· (175)

3.2   *LC* 正弦波振荡电路 ·· (178)

3.3   *RC* 正弦波振荡电路 ·· (182)

3.4   石英晶体振荡电路 ·· (186)

三、任务实施 ·· (190)

任务 1   设备与器材准备 ·· (190)

1.1   常用工器具准备 ·· (190)

1.2   器件与材料准备 ·· (190)

任务 2   信号发生器电路仿真 ·· (190)

2.1   信号发生器电路原理简介 ·· (190)

2.2   信号发生器电路仿真 ·· (190)

任务 3   制作信号发生器 ·· (197)

3.1   信号发生器的组装 ·· (197)

3.2   信号发生器的调试 ·· (198)

3.3   信号发生器的参数测试 ·· (199)

3.4   信号发生器的故障排除 ·· (199)

四、考核评价 ·· (200)

1   装调报告 ·· (200)

2   成果展示 ·· (202)

3   项目评价 ·· (203)

【思考与练习】 ·· (204)

附 录 ·· (210)

参考文献 ·· (221)

项目一　直流稳压电源的制作

一、项目描述

在各种电子设备和装置中，如自动控制系统、测量仪器和计算机等，都需要稳定的直流电压。通过整流滤波电路所获得的直流电压往往是不稳定的，当电网电压波动或负载电流变化时，其输出电压也会随之改变。电子设备电源电压的不稳定，将会引起直流放大器的零点漂移、交流放大器的噪声增大、测量仪器的准确度下降等。因此，必须将整流滤波后的直流电压经稳压电路稳压后再提供给负载，使电子设备能正常工作。

本项目先介绍常用半导体器件，再介绍直流稳压电源的工作原理与制作。常用半导体器件包括半导体的基本概念和半导体器件两部分。基本概念部分主要介绍半导体的发展、本征半导体、杂质半导体和 PN 结等内容。器件部分主要介绍二极管的结构、特性、符号、外形以及二极管的功能与应用；介绍半导体三极管、场效应管的结构、原理、特性和参数；介绍光敏电阻、热敏电阻、压敏电阻、光电耦合等器件的结构、特性和应用。直流稳压电源包括整流电路、滤波电路和稳压电路三部分，主要介绍它们的工作原理、制作过程、参数测试和故障排除方法。学习中，以制作直流稳压电源活动为载体，将理论教学与实践活动结合起来，实现教学做合一。

通过对本项目的学习和实践，要求达到如下目标：

知识目标：通过对项目一的学习，掌握整流电路、滤波电路、稳压电路的工作原理和分析方法；熟悉常用半导体器件的结构、原理、特性和参数；了解模拟电子技术在本专业中的地位和作用。

技能目标：通过对项目一的技能训练，掌握直流稳压电源的安装和电路性能指标测试；掌握手工焊接技术；熟悉半导体器件的功能、应用及参数测试方法；了解半导体器件的命名、分类；会判断和处理直流稳压电源电路中的常见故障；会使用常用电子仪器，会查阅电子元器件手册。

态度目标：通过对项目一的学习，培养学生认真的学习态度，严谨的工作作风以及敬业、踏实、负责和团结协作的职业精神。培养学生自主学习的能力和查阅、搜索、获取新信息和新知识的能力。

二、知识准备

1　半导体二极管

1.1　半导体基本知识

导电能力介于导体和绝缘体之间的物质称为半导体。在自然界中属于半导体的物质很多，用来制造半导体器件的材料主要是硅（Si）、锗（Ge）和砷化镓（GaAs）等，其中硅用得最广泛。

1.1.1　本征半导体

本征半导体是一种完全纯净的、结构完整的半导体晶体。

（1）半导体的特性

半导体之所以作为制造电子器件的主要材料，在于它自身存在三个主要的特性：

①杂敏性：在纯净的半导体（即本征半导体）中掺入极其微量的杂质元素可使其导电性能大大提高。如在纯净的硅单晶中只要掺入百万分之一的杂质硼，则它的电阻率就会从 214000 $\Omega \cdot cm$ 下降到 0.4 $\Omega \cdot cm$（变化 50 多万倍），这也是提高半导体导电性能的最有效的方法。

②热敏性：温度升高会使半导体的导电能力大大增强，如：温度每升高 8℃，纯净硅的电阻率就会降低一半左右（而金属每升高 10℃，电阻率只改变 4% 左右），利用这种特性，可制造用于自动控制中的热敏电阻及其他热敏元件。

③光敏性：当半导体材料受到光照时，其导电能力会随光照强度变化。利用半导体这种对光敏感的特性可制造成光敏元件如光敏电阻、光电二极管、光电三极管等。

为什么半导体会具有这些特性？这与半导体的结构有关，下面就常用的硅和锗材料进行讨论。

（2）本征半导体的共价键结构

纯净的硅和锗都是四价元素。在最外层原子轨道上具有四个电子，称为价电子，半导体的导电性能与价电子有关。我们可以将硅和锗的原子结构用图 1-1 的简化模型表示（由于整个原子呈现电中性，因此原子核用带圆圈的 +4 符号表示）。

图 1-1　硅和锗的结构简化模型

半导体具有晶体结构，相邻的两个原子间的距离很小，这样，两相邻原子之间会有一对共用电子，形成共价键结构，如图 1-2 所示。由于价电子不易挣脱原子核的束缚而成为自由电子，因此本征半导体的导电能力较差。

（3）本征半导体中的两种载流子及导电作用

图 1-2 结构是在热力学温度 $T = 0$ K 和没有外界激发时的情况。实际上，半导体受共价键束缚的价电子不像绝缘体中束缚得那样紧。在温度升高时，某些价电子在随机热振动中获得足够的能量或从外界获得一定的能量挣脱共价键的束缚而成为自由电子，这时在共价键中就会留下一个空位，这个空位称为“空穴”。在本征半导体中，自由电子和空穴成对出现，如图 1-3 所示。如果在本征半导体两端外加电场，这时自由电子向电场正极定向移

动，空穴则向负极定向移动而形成电流，可见自由电子和空穴都参与导电。运载电荷的粒子称为载流子，导体只有一种载流子，而本征半导体中自由电子和空穴均参与导电，即有两种载流子，这是半导体与导体的主要不同之处。

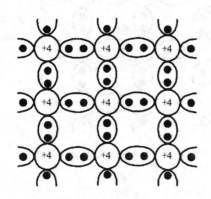

图1-2 本征半导体硅的共价键结构

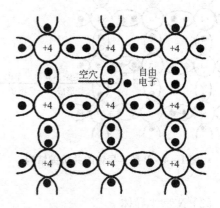

图1-3 本征激发时的自由电子和空穴

将半导体在热激发下产生电子和空穴对的这种现象称为本征激发。在本征半导体中，由于本征体激发产生的自由电子和空穴总是成对出现，称为"电子—空穴对"。在任何时候其自由电子和空穴数总是相等。

当温度升高或光照增强时，半导体内有更多的价电子获得能量挣脱共价键的束缚而成为自由电子并产生相同数目的空穴，从而使半导体的导电性能增强，这就是半导体具有光敏性和热敏性的原因。

1.1.2 杂质半导体

在本征半导体中，两种载流子的浓度很低，因而导电性能差。我们可向晶体中有控制地掺进特定的杂质来改变它的导电性，这种半导体被称为杂质半导体。根据掺入的杂质的性质的不同，杂质半导体可分为空穴型(或 P 型)半导体和电子型(或 N 型)半导体。

（1）P 型半导体

P 型半导体是在本征半导体硅(或锗)中掺入微量的三价元素(如硼、铟等)形成的。当三价元素如硼等杂质掺进纯净的硅晶体中，晶体中的某些原子被杂质原子代替，而杂质原子的最外层中有三个价电子，当它们与周围的硅原子形成共价键时，势必多出一个空位(空位为电中性)，这时与之相邻的共价键上的电子由于热振动或其他激发而获得能量时，就会填补这个空位，而硼原子在晶格上又接受了一个电子，从而变为不能动的负离子。原来硅原子的共价键上中因缺少一个电子而形成了空穴，整个半导体仍是电中性，如图1-4所示。在产生空穴的过程中，并不产生新的自由电子，只有晶体本身由于本征激发产生了少量的空穴—电子对，使得半导体中空穴的数量远多于自由电子的数量，故称空穴为多数载流子(简称多子)，自由电子为少数载流子(简称少子)，而杂质原子接受了一个电子，故称受主杂质。

这种半导体参与导电的主要是空穴，称为空穴型半导体或 P 型半导体[P 取 Positive (正的)的第一个字母，由于空穴带正电而得名]。控制掺入杂质的多少，便可控制空穴数量,从而控制 P 型半导体的导电性。

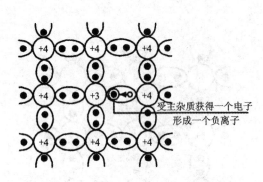

图 1-4　P 型半导体的共价键结构

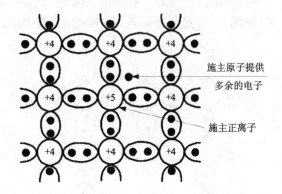

图 1-5　N 型半导体的共价键结构

（2）N 型半导体

N 型半导体是在本征半导体硅(或锗)中掺入微量的五价元素(如磷、砷、锑)形成的。当五价元素如磷等杂质掺入纯净的硅晶体时就会取代晶体中硅原子的位置,由于杂质原子的最外层有五个价电子,在与周围硅原子形成共价键外,还多出了一个电子。这个多余的电子易受热激发而成为自由电子,当它移开后,杂质原子由于结构的关系,又缺少一个电子,变为不能移动的正离子,这样使得整个半导体仍呈电中性,如图 1-5 所示。和 P 型半导体一样,在产生自由电子的过程中,不产生新的空穴,内部只有由于本征激发而产生的空穴—电子对,使得自由电子的数量远远多于空穴的数量,故称自由电子为多子,空穴为少子,而杂质原子由于施舍了一个电子,故称为施主杂质。这种半导体参与导电的主要是电子,称电子型半导体或 N 型半导体[N 为 Negative(负的)的第一个字母,由于电子带负电而得名]。

通过以上分析可知,本征半导体掺入的每个受主杂质都能产生一个空穴,或者掺入的每个施主杂质都能产生一个自由电子。尽管掺杂含量甚微,但使得载流子的数目大大地增加,从而提高了半导体的导电能力。因此,半导体掺杂是提高其导电性能的最有效的方法。利用半导体的这种掺杂性,通过掺入不同种类和数量的杂质,形成不同的掺杂半导体,则可以制造出晶体二极管、三极管、场效应管、晶闸管和集成电路等半导体器件。

1.1.3　PN 结的形成及单向导电性

在同一块本征半导体中采用不同的掺杂工艺,则可同时形成 P 型和 N 型半导体,在它们的交界面会形成空间电荷区,称为 PN 结。这种 PN 结具有单向导电性,是构成半导体器件的基础。

（1）PN 结的形成

从上节可知,P 型半导体的受主杂质在高温下电离为带正电的空穴和带负电的受主离子,N 型半导体中的施主杂质在高温下电离为带负电的电子和带正电的施主离子。由于它们的正负电荷同时存在,使得整个半导体呈现电中性,另外,还含有少数由于本征激发的电子和空穴,但比掺杂所产生的载流子少得多。同时,由于受主离子和施主离子结构上的关系使之不能移动,即不能参与导电,因此,P 型半导体和 N 型半导体可分别用如图 1-6

表示。

当 P 型半导体和 N 型半导体结合在一起时，在其交界处就存在浓度差，即 P 型区的空穴远多于 N 型区的空穴，而 N 型区的自由电子远多于 P 型区的自由电子。物质总是从浓度高的地方向浓度低的地方运动，这种由于浓度差而产生的运动称为扩散运动。即 P 型区的空穴向 N 型区扩散，N 型区的自由电子向 P 型区扩散，并在扩散过程中被复合掉，从而使交界面附近多子浓度下降，这时 P 区边界出现负离子区，N 区边界出现正离子区，这些离子不能移动，不参与导电，称为空间电荷，因此在 P 区和 N 区的边界形成一层很薄的空间电荷区，如图 1-7 所示。

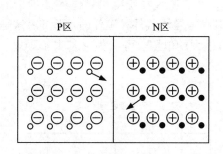

图 1-6　载流子的扩散

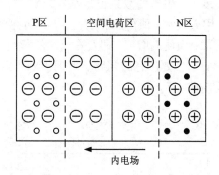

图 1-7　PN 结的形成

从图 1-7 可看出，在空间电荷区内，由于 N 区为正离子区，P 区为负离子区，它们之间的相互作用就形成了一个内电场，且方向为从 N 区指向 P 区。这个内电场一方面由于方向与载流子扩散运动的方向相反，阻碍扩散的进行；另一方面，它又促使 N 区的少子空穴进入 P 区，P 区的少子自由电子进入 N 区，这种在内电场力的作用下，少子的运动称为漂移运动。这时从 N 区漂移到 P 区的空穴补充了原来交界面上 P 区失去的空穴，而从 P 区漂移到 N 区的自由电子同样补充了原来交界面上 N 区失去的电子，使得空间电荷减少，即漂移运动与扩散运动的作用正好相反。当参与扩散运动的多子数目与参与漂移运动的少子数目相等时，这两种运动达到动态平衡，这时的空间电荷区也基本稳定，这个空间电荷区称为 PN 结。在这个区域中，由于多子已扩散到对方被消耗尽了，因此又称为耗尽层。它的电阻率很高，即 PN 结的结电阻很大，半导体本身的体电阻与它相比通常很小可以忽略不计。

（2）PN 结的单向导电性

在 PN 结两端加不同极性的电压，可以破坏它原来的平衡，从而使它呈现出单向导电性。

① PN 结加正向电压时处于导通状态。

如图 1-8 所示，当 PN 结加上外加电源 U_{CC}，电源的正极接在 PN 结的 P 区，电源的负极接在 PN 结的 N 区，称 PN 结加正向电压或正向偏置，这时外加电压的方向与内电场方向相反，使 P 区的多子空穴和 N 区的多子电子都推向空间电荷区，使 PN 结即耗尽层厚度变窄，相当于削弱了内电场，从而打破了 PN 结原来的平衡状态，扩散运动加剧，而漂移运动减弱。由于电源 U_{CC} 的作用，使得 P 区空穴不断地扩散到 N 区，N 区的自由电子不断地扩散到 P 区，从而形成了从 P 区流入 N 区的电流，称为正向电流，此时 PN 结呈现的正向电阻很小，称为处于正向导通状态。由于 PN 结导通时的结电压只有 0.7 V 左右，因此应在回路上加一个限流电阻以防止 PN 结因正向电流过大而损坏。

②PN 结外加反向电压时处于截止状态。

如图 1-9 所示，外加电源的正极接在 PN 结的 N 区，电源的负极接在 PN 结的 P 区，称 PN 结加反向电压或反向偏置。这时外加电压的方向与内电场方向相同，使得 P 区的空穴和 N 区的电子进一步离开 PN 结，从而耗尽层厚度变宽，呈现出一个很大的电阻来阻止扩散运动的进行，几乎没有形成扩散电流。同时由于结电场的增加，更容易产生少子的漂移运动，从而形成反向电流 I_R。由于少子的浓度很小，I_R 值很小，一般为微安级，同时在一定温度下，少子的数量也是基本恒定的，电流值趋于恒定，这时称反向电流为反向饱和电流，用 I_S 表示。值得注意的是，当环境温度升高时，由于热激发使得半导体内部少子的浓度增加，而使 I_S 增加，即 I_S 受温度的影响较大，将造成半导体器件在工作时不稳定，这是在实际应用中要注意的问题。此时 PN 结由于呈现出很大的电阻，可认为它基本不导电，称为反向截止。

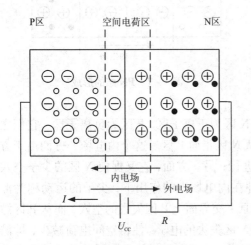 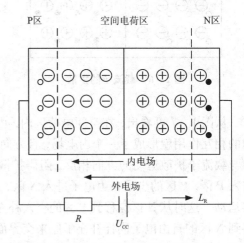

图 1-8　外加正向电压时的 PN 结　　　　　图 1-9　外加反向电压时的 PN 结

综上所述，PN 结的单向导电性表现在：PN 结正向偏置时处于导电状态，正向电阻很小；反向偏置时处于截止状态，反向电阻很大，这主要是由于耗尽区的宽度随外加电压的变化而造成的。

1.2　半导体二极管

将一个 PN 结用外壳封装起来，并引入两个电极，由 P 区引出阳极，由 N 区引出阴极，就构成了半导体二极管，简称二极管。

1.2.1　半导体二极管的结构、符号和外形

（1）半导体二极管的结构

半导体二极管常见的结构有三种，即点接触型、面接触型和平面型，如图 1-10 所示。

图（a）所示的点接触型二极管由一根金属触丝（如铝）与一块半导体（如 N 型锗）进行表面接触，然后从三价金属触丝流进很大的瞬时电流，使触丝与半导体熔合在一起，这时三价触丝与 N 型锗的熔合体构成 PN 结。引出相应的电极引线并用外壳封装而成。这种结

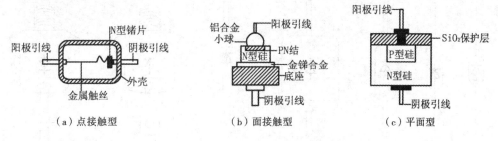

图 1-10 二极管的几种常见结构

构的二极管的特点是：PN 结面积小，因而结电容小，但不能承受大电流和高反向电压，一般用于高频检波和小电流整流。

图(b)所示的面接触型二极管是采用合金法工艺制成的，它的特点是结面积大，允许通过较大的电流。但结电容也大，一般用于整流，而不应用于高频电路中。

图(c)所示的平面型二极管是采用扩散工艺制成的，集成电路的二极管常见这种形式。

(2)半导体二极管的符号

电路图中不需画出二极管结构，可采用约定的电路符号及文字符号表示。如图 1-11 所示，通常用文字符号 VD 代表二极管。

图 1-11 二极管的符号

(3)半导体二极管的分类

半导体二极管种类很多：按材料分，有锗二极管、硅二极管、砷化镓二极管等；按结构分，有点接触型、面接触型、平面型等；按工作原理分，有隧道二极管、雪崩二极管、变容二极管等；按用途分，有检波二极管、整流二极管、开关二极管等。

(4)半导体二极管的外形

二极管的外壳封装形式主要有玻璃封装、塑料封装和金属封装，常见的外形如图 1-12 所示。

1.2.2 二极管的伏安特性

由于二极管的核心是 PN 结，因此二极管的特性与 PN 结相似，呈现单向导电性，为了更准确、更全面地理解二极管的单向导电性，可形象地用曲线来描述。加在二极管两端的电压 U 与流过二极管的电流 I 的关系曲线称为伏安特性曲线。

(1)二极管的伏安特性

按制造材料不同，二极管主要分为两大类，即硅管和锗管。可利用晶体管图示仪很方便地测出二极管的正、反向特性。伏安特性曲线如图 1-13 所示。

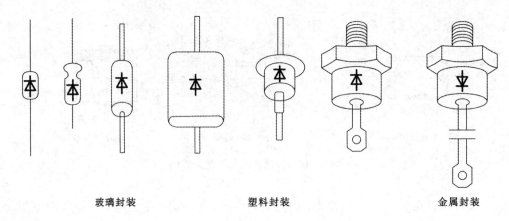

玻璃封装　　　　　　塑料封装　　　　　　金属封装

图 1 – 12　常见二极管外形图

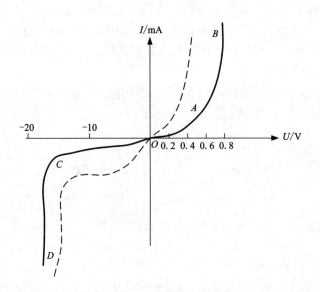

图 1 – 13　二极管 V—A 特性

① 正向特性

a. OA 段：不导电区或称死区。在这一区间内，虽然加有正向电压，但由于正向电压值很小，外电场不能完全抵消 PN 结的内电场，这时还存在有空间电荷区，二极管呈现一个大电阻，使得正向电流几乎为零，好像设有一个门槛一样。把 A 点对应的正向电压值称为门槛电压，也称死区电压，其值与管子材料有关，一般硅管约为 0.5 V，锗管约为 0.1 V。

b. AB 段：正向导通区。当正向电压超过死区电压时，内电场大为削弱，这时二极管呈现很小的电阻。电流随之迅速增大，二极管正向导通，这时二极管两端的电压值相对恒定，几乎不随电流的增大而变化。这个电压称为正向压降（或管压降），其值也与材料有关，一般硅管约为 0.7 V，锗管约为 0.3 V。

② 反向特性。

a. OC 段：反向截止区。当二极管两端施加反向电压时，加强了 PN 结的内电场，使二极管呈现很大的电阻,此时由于少子的漂移作用,形成反向饱和电流,用 I_S 表示,但由于少子的数目很少,因此反向电流很小。一般硅管的反向电流为几微安以下,而锗管达几十至几百微安。

b. CD 段:反向击穿区。当反向电压增大到超过某值时,反向电流急剧增加,这种现象叫做反向击穿。反向击穿现象时所对应的反向电压值称为反向击穿电压,用 U_{BR} 表示。发生击穿后由于电流过大会使 PN 结结温升高,如不加以控制会引起热击穿而损坏二极管。

(2)温度对二极管伏安特性的影响

由于半导体材料的热敏性,使得温度对二极管伏安特性的影响表现在三个方面,如图 1-14 所示。

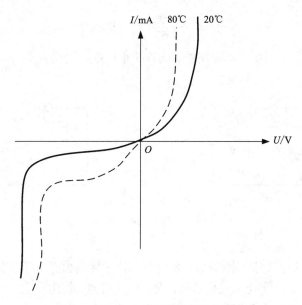

图 1-14 温度对二极管特性的影响

a. 环境温度升高时,其正向特性曲线左移;

b. 温度升高时,反向饱和电流增大,即反向特性曲线下移;

c. 温度升高时,反向击穿电压减少。

因此,在使用二极管时,对环境温度的变化要引起重视。

(3)硅管和锗管的区别

虽然硅二极管和锗二极管的特性曲线形状相似,但其特性存在一定的差异,使用二极管时要按使用要求选择,它们的差异主要表现在:

a. 锗管内部一般用点接触型结构,允许的最高结温 T_{jm} 为 90℃ 左右,而硅管一般为面接触型或平面型结构,允许的最高结温 T_{jm} 为 150℃ 左右。

硅管的死区电压约为 0.5 V,正向压降为 0.7 V,锗管死区电压约为 0.1 V,正向压降为 0.3 V。因此,在高频小信号的检波电路中为提高检波的灵敏度,一般应选用锗管。

b. 硅管的反向饱和电流较小,受温度的影响小,在几微安以下,而锗管的反向饱和电流为几十至几百微安,且受温度影响大,造成器件使用不稳定,因此在工程实践中,普遍使用的是硅管，很少使用锗管。

例 1 - 1 二极管电路如图 1 - 15 所示，已知直流电源电压为 6 V，二极管为硅管，求：①流过二极管的直流电流；②二极管的直流电阻 R_D。

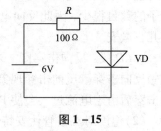

图 1 - 15

解：① 流过二极管的直流电流即为该回路电流，而二极管加的是正向电压，使二极管处于导通状态，两端电压降 $U_D = 0.7$ V，即

$$I_D = \frac{6 - 0.7}{100}A = 53 \text{ mA}$$

② 二极管直流电阻

$$R_D = \frac{U_D}{I_D} = \frac{0.7 \text{ V}}{53 \text{ mA}} = 13.2\Omega$$

例 1 - 2 在如图 1 - 16 所示电路中，试判断小灯泡是否会发亮。

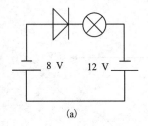
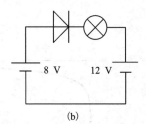

(a)   (b)

图 1 - 16

解：从图（a）可知，二极管两端加正向电压，处于导通状态，灯泡发亮。

从图（b）可知，二极管处于截止状态，没有电流流过，灯泡不亮。

1.2.3 整流二极管的主要参数及选用依据

（1）二极管的主要参数

二极管有很多功能参数用于描述其各种特性，了解这些参数对于选用器件和设计电路是有用的。在实际应用中最主要的参数为：

① 最大整流电流 I_F

I_F 是指管子长期使用时允许通过的最大正向平均电流，它的值与 PN 结结面积和外部散热条件有关。如果电路中流过二极管的正向电流超过了此值，引起管子发热的量太多，则会使得 PN 结结温超过允许的最高结温（对硅管 $T_{jm} = 150℃$，锗管 $T_{jm} = 90℃$），导致 PN 结烧坏而报废二极管。对于一些通过大电流的二极管，要求使用散热片使其能安全工作。

② 最高反向工作电压 U_{RM}

U_{RM} 是指为了保证二极管不至于反向击穿而允许外加的最大反向电压。超过此值时，二极管就可能反向击穿而损坏。为了保证二极管能安全工作，一般规定 U_{RM} 为反向击穿电压的一半。

③ 反向饱和电流 I_R

I_R 是指二极管未击穿时的反向电流，此值越小则表示该管的单向导电性越好。值得注

意的是 I_R 对温度很敏感，温度升高会使反向电流急剧增大而使 PN 结结温升高，超过允许的最高结温会造成热击穿，因此使用二极管时要注意温度的影响。

④ 最高工作频率 f_M

f_M 是指保证管子正常工作的上限频率。由于 PN 结具有结电容，越过 f_M 则会使得结电容的充放电的影响加剧而影响 PN 结的单向导电性。

二极管的这些主要参数可通过半导体器件手册查阅，使用时一定要注意每个参数的测试条件，若测试条件不一样，参数也会发生变化。具体参数可参考附录 3。

（2）二极管的选用

二极管的种类很多，按用途分主要有：整流二极管、检波二极管和开关二极管等，在选用时要注意：

① 二极管工作时的电流、电压值及环境温度不允许超过半导体器件手册中所规定的极限值；

② 连接二极管时极性不能接反；

③ 一些大电流的二极管要求使用散热片；

④ 高频小信号的检波电路一般选用点接触型的锗管，而在电源整流及电工设备中一般选用面接触型硅管。

（3）普通二极管的代换

在实际工程应用（如设备的维修）中，当设备中的二极管损坏又无法找到同型号的元器件备件时，就需通过查找半导体器件手册，用相近甚至优于原器件参数的同类型器件进行代换。在代换过程中，主要是考虑两个主要参数，最大整流电流 I_F 和最大反向工作电压 U_{RM}。在高频电路中，还要考虑最高工作频率 f_M。如果这几个参数都比原管大，一定可以满足电路要求，当然，在代换中可灵活使用，只需满足电路要求即可。但要注意的是，一般不能用低频管代换高频管，不能用锗管代换硅管，根据电路实际要求可以用高频管代换低频管，用硅管代换锗管。

（4）二极管的质量鉴别

一般可用万用表来判别二极管的极性和检查其质量。

将万用表的选档开关旋至欧姆档的 R×100 或 R×1 kΩ 挡，用红黑表笔分别接触二极管的两只管脚，测量其阻值，然后对调表笔，再测量其阻值，指针偏转较小即阻值较大的一次，黑表笔接触的为二极管负极，红表笔接触的为二极管正极；或测量指针偏转较大即阻值较小的那次，黑表笔接触的为二极管正极，红表笔接触的为二极管的负极。

如果两次测量指针偏转均很小，阻值很大，则该二极管内部断线；若两次测量指针偏转均很大，即阻值均很小，则该二极管内部短路或被击穿。若两次测量时阻值有差异但差异不大，说明该二极管能用但性能不太好，理想情况下应是电阻大的一次约为几百 kΩ。电阻小的应低于几 kΩ。

1.2.4　应用实例

二极管主要用于整流、检波、限幅、箝位等，也可在数字电路中作为开关元件使用。

（1）整流：利用二极管单向导电性，可以把方向交替变化的交流电变换成单一方向的脉动直流电，单相半波整流电路及波形如图 1−17 所示。

这种电路由变压器、整流二极管 VD 和负载 R_L 组成。变压器件将 220 V 市电变换为所

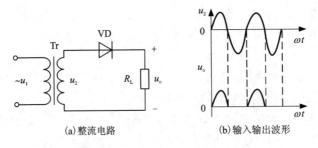

(a)整流电路　　　　　　　(b)输入输出波形

图1-17　单相半波整流电路

需的电压 u_2。假设 $u_2 = \sqrt{2} U_2 \sin\omega t$(V)(为简单起见,把二极管理想化,即正向电阻为零,反向电阻无穷大,忽略正向压降)。在 $0 \sim \pi$ 区间内,u_2 上正下负,二极管 VD 导通,则 $u_0 = u_2 = \sqrt{2} U_2 \sin\omega t$(V)。在 $\pi \sim 2\pi$ 区间内,u_2 瞬时下正上负,二极管截止。$U_0 = 0$,由于输出为单方向的脉动直流电,故起到整流作用。

(2)检波:图1-18为一超外差收音机检波电路。

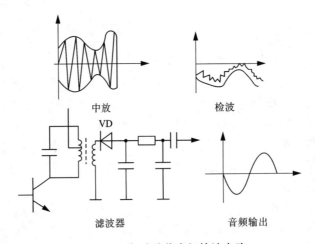

中放　　　　　　　　　检波

滤波器　　　　　　　　音频输出

图1-18　超外差收音机检波电路

第二级中放输出的中频调幅波加到二极管负极,其负半周通过二极管,正半周截止,再由 RC 滤波器滤除其中的高频成分,输出的就是调制在载波上的音频信号,这个过程称为检波。

检波二极管一般选用点接触型锗二极管如 2AP 系列,因为它的结电容小。

(3)限幅:在电子线路中,常用二极管限幅电路对各种信号进行处理,其作用是让信号在预置的电平范围内,有选择性地传输一部分,如图1-19所示。

(4)开关电路:二极管在正向电压作用下,处于导通状态,电阻很小,相当于一只接通的开关,在反向电压作用下处于截止状态,电阻很大,相当于一只断开的开关。利用二极管的这种开关特性,可以组成各种逻辑电路,图1-20为一个与逻辑电路。

(5)低电压稳压:利用硅二极管正向压降基本恒定在 0.7 V 的特点,可以组成低电压稳压电路,如将三只二极管串联起来,可相当于一只约为 2 V 的稳压二极管。

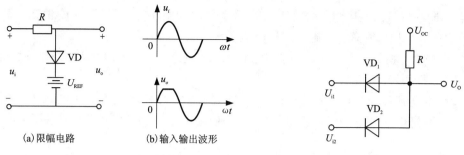

(a)限幅电路　　(b)输入输出波形

图 1-19　限幅电路与波形　　　　　**图 1-20　与逻辑电路**

1.3　特殊二极管

前面介绍的整流、开关、检波二极管具有相似的伏安特性,属于普通型二极管。除此之外,为适应不同电路的功能需要,诞生了很多具有特殊用途的二极管,如稳压二极管、变容二极管、光电子器件(发光、光电、激光二极管)等。下面对这些特殊二极管,分别进行简单的介绍。

1.3.1　稳压二极管

稳压二极管简称稳压管,是一种用特殊工艺制造的面接触型硅二极管,它的电路符号如图 1-21(a)所示。

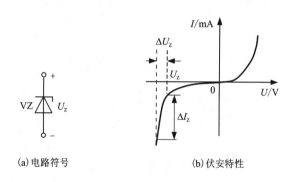

(a)电路符号　　(b)伏安特性

图 1-21　稳压管的电路符号与 U—I 特性

(1)稳压特性

稳压管的伏安特性如图 1-21(b)所示,由图可看出,它的正向特性与普通二极管相似,而反向特性曲线更陡,几乎与纵轴平行,表现出很好的稳压特性。即当反向电压小于击穿电压时,反向电流很小,当反向电压邻近 U_Z 处时反向电流急剧增大,由于这种稳压管的特殊工艺性,发生齐纳击穿,这时电流在很大范围内改变时,管子两端电压基本保持不变,起到了稳压的作用。曲线越陡,动态电阻 $r_Z = \dfrac{\Delta U_Z}{\Delta I_Z}$ 越小,说明稳压管的稳压性能越好。

必须注意的是,稳压管在电路应用时一定要串联限流电阻,不能使二极管击穿后电流无限增长,否则会由于 PN 结过热而引起热击穿将 PN 结烧毁。

(2)稳压管的主要参数

①稳压电压 U_Z:指在规定的电流下稳压管的反向工作电压值。由于受到半导体制造

工艺的制约,同一型号的稳压管 U_2 值有一定的离散性。如型号为 2CW15 的 U_Z 值在 7.0 ~ 8.5 之间,但每一个稳压管有一个确定的稳压值。

②稳定电流 I_Z:指稳压管工作在稳压状态时的参考电流,电流低于此值时就不起稳压作用,因此,常把 I_Z 记为 $I_{Z\min}$。

③最大稳定电流 I_{ZM}:指稳压管反向击穿时通过的最大允许工作电流。超过此值,稳压管将由于过热引起热击穿而损坏。这也是为什么在应用电路中稳压管必须加限流电阻的原因。

④耗散功率 P_{ZM}:指管子不致因热击穿而损坏的最大耗散功率,其数值等于稳压管的稳定电压 U_Z 与最大稳定电流 I_{ZM} 的乘积。

⑤动态电阻 r_Z:指稳压管工作在稳压区时,该电压变化量 ΔU_Z 与其反向电流变化量 ΔI_Z 之比,即 $r_Z = \dfrac{\Delta U_Z}{\Delta I_Z}$,可反映稳压管的稳压性能。动态电阻值越小,说明该稳压管的稳压性能越好。

稳压管最重要的参数是稳定电压值 U_Z,它可用晶体管特性图示仪直接测量。如没有图示仪则可用一只万用表和一个可调直流稳压电源的方法测得。组成的测量线路接线图为图 1 - 22 所示,慢慢调节可调直流稳压源的输出电压,当电压表指示的电压值不再随可调稳压电源输出电压变化时,电压表上所指示的电压值即为稳压管的稳压值。

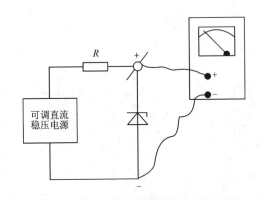

图 1 - 22 测量稳压管稳定电压的接线图

在使用稳压二极管时应注意以下几点:

a. 稳压管用于稳压时必须接反向电压,这与普通二极管在工作方式上正好相反;

b. 为保证稳压管正常工作,必须串接合适的限流电阻;

c. 几只稳压管可以串联使用,串联后的稳压值为各管稳压值之和。稳压管不能并联使用。因为每只稳压管稳压值不同,并联后会使电流分配不均匀,可能使某只稳压管因分流多、电流过大而损坏。

1.3.2 发光二极管

发光二极管(LED)是用半导体化合物材料制成的特殊二极管,它的功能是将电能转换为光能。当两端加上正向电压,半导体中的载流子发生复合,放出过剩能量,而引起光子发射产生可见光,不同材料制成的发光二极管,可发出红光、蓝光、绿光等。其外形主要为方形和圆形,外形及电路符号如图1-23所示(一般根据管脚长短判断发光二极管正负极,管脚引线较长者为正极,较短者为负极)。

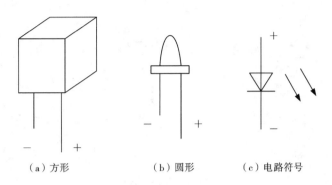

（a）方形　　　　（b）圆形　　　　（c）电路符号

图1-23　发光二极管外形及电路符号

发光二极管由于具有功耗低、体积小、可靠性高、寿命长和反应快的优点,广泛应用于仪器仪表、计算机、汽车、电子玩具、通信、显示屏、景观照明、自动控制等领域。尤其是高亮度发光二极管(HB—LED)已成为21世纪最有发展前途的产业之一,被誉为本世纪节能环保照明之星。

发光二极管的工作电流,一般为几毫安至几十毫安,正向电压多为1.5～2.5 V之间,它的质量好坏也可用万用表判别:用万用表的R×10k挡(此时内电池多为6 V或9 V)测其正向及反向电阻值,当正向电阻值小于50 kΩ、反向电阻值大于200 kΩ时均为正常。若万用表没有R×10k挡,可以用R×100或R×1k挡再串一个1.5 V电池,如图1-24所示,此时,万用表笔两端的电压为3 V。超过其正向电压值,可使发光二极管正向导通而发亮。

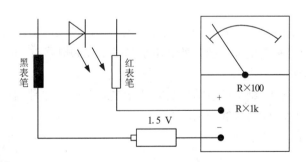

图1-24　用万用表检测发光二极管方法

需要注意的是,由于发光二极管属电流控制型器件,不能用电池(或电源)直接点亮,一定要在电路中串接电阻用以限流而保护发光二极管。

1.3.3　光电二极管

光电二极管又称光敏二极管,它的功能是将光能转换为电能。它的工作原理是光电二极管施加反向电压,当光线通过管壳上的一个玻璃窗口照射在PN结上时,能吸收光能且管子中的反向电流随光线照射强度增加而增加,光线越强反向电流越大。其外形、电路符号与特性曲线如图 1-25 所示。

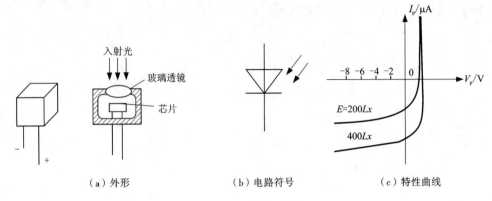

（a）外形　　　　　（b）电路符号　　　　（c）特性曲线

图 1-25　光电二极管

光电二极管的主要参数如下：

（1）光电流：指光电二极管在光照射下的反向电流；

（2）暗电流：指光电二极管无光照射时的反向电流；

（3）灵敏度：指在给定波的入射光时，每接收单位光功率时输出的光电流，单位为 $\mu A / \mu W$；

（4）光谱范围：指光电二极管反映最佳的光谱范围。锗管的光谱范围比硅管宽；

（5）峰值波长：指光电二极管有最佳响应的峰值波长。锗管的峰值波长为 14650Å，硅管为 9000Å。

用万用表可以检测光电二极管的质量。用万用表电阻挡 R×1k 挡，先盖住光电二极管进光面，测量反向电阻应为∞；然后在自然光照射下测量反向电阻值仅为几千欧，再将受光面朝向灯光或太阳光照射，电阻值将进一步减小，在 1 kΩ 以下。若对光照无反应，说明管子已坏。

光电二极管广泛用于受控、报警及光电传感器之中。使用时应注意的是必须施加反向电压，同时由于光电二极管的光电流较小，用于测量及控制电路时，应先进行放大和处理。

1.3.4　变容二极管

变容二极管是利用 PN 结空间电荷区具有势垒电容效应的原理制成的特殊二极管。它的电路符号和特性曲线如图 1-26 所示。

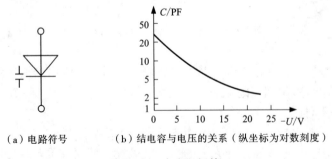

（a）电路符号　　　（b）结电容与电压的关系（纵坐标为对数刻度）

图 1-26　变容二极管

　　变容二极管的特点是结电容与加到管子上的反向电压大小成反比。即在一定范围内,反向电压越低,结电容越大;反向电压越高,结电容越小,可利用这种特性作为可变电容器使用。

　　变容二极管采用硅或砷化镓材料制成,用陶瓷或环氧树脂封装。一般长引脚为变容二极管正极。常用于电视机、收录机等调谐电路和自动频率微调电容中。如在电视机的频道选择器(高频头)中,通过变容二极管微调作用选择电视频道;在调谐电路中利用变容二极管将调制信号电压转换为频率的变化来实现调制;在压控振荡器中利用变容二极管的电容变化实现电压对振荡频率的控制。

　　基本应用电路如图 1 – 27 所示,图中 C 为调整电容,L 为调谐电感,当外加调谐电压变化时,通过变容二极管电容的变化完成调谐作用。

1.3.5　激光二极管

　　激光二极管是用于产生相干的单色光信号的器件,它的物理结构是在发光二极管的结间安置一层具有光活性的半导体,垂直于 PN 结的一对平行面经抛光后构成法布里—珀罗谐振腔,具有部分反射功能,其余两侧相对粗糙,用以消除主方向外其他方向的激光作用。

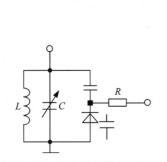

图 1 – 27　变容二极管应用电路

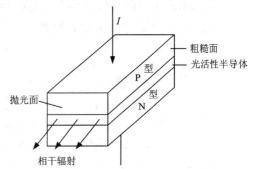

图 1 – 28　激光二极管的结构

　　激光二极管的工作原理是:半导体中的光发射通常源于载流子的复合。当 PN 结加正向电压时,会削弱 PN 结的内电场,使得电子从 N 区注入 P 区。空穴从 P 区注入 N 区,这些电子和空穴会发生复合,从而发射出一定波长的光子。这种由于电子和空穴的自发复合而发光的现象称为自发辐射,当自发辐射所产生的光子经过已发射的电子—空穴对附近,就会激励二者复合,产生新光子。这种光子诱使已激发的载流子复合而产生新光子的现象称为受热辐射。如果注入电流足够大,则会形成和热平衡状态相反的载流子分布,即粒子数反转,当光活性半导体层内的载流子在大量反转情况下,少量自发辐射产生的光子由于谐振腔两端往复反射而产生感应辐射,造成选频谐振正反馈,或者说对某一频率具有增益,当增益大于吸收损耗时,就可从 PN 结发出具有良好谱线的相干光——激光。

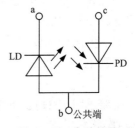

图 1 – 29　电路符号

　　激光二极管工作时发射的主要是红外线,广泛用于激光条码阅读器、激光打印机、音频光盘(CD)、视频光盘(VCD)及激光测量等设备上,具有体积小、寿命长、电压低、耗电少等优点,其电路符号如图 1 – 29 所示。从图中可看出:激光二极管由两部分组成,即激光发射部分 LD 和激光接收部分 PD。LD 和 PD 又有公共端点 b, 公共端一般用管子的金属外壳相连, 即激光二极管有三只脚 a、b、c。

*1.4 特种半导体器件简介

1.4.1 光敏电阻

光敏电阻是利用半导体的电阻值受光线照射而改变的现象制成的元件。它的灵敏度很高且可以用不同的半导体材料做成对不同的光线灵敏的电阻。

(1)光敏电阻的分类、结构和符号

光敏电阻按制作材料分为: 硫化镉(CdS)光敏电阻、硒化镉(CdSe)光敏电阻、硫化铅(PbS)光敏电阻、硒化铬(CrSe)光敏电阻、锑化铟(InSb)光敏电阻等, 其中以硫化镉(CdS)光敏电阻用途最广。

按光谱特性可分为: 可见光光敏电阻器(主要用于各种光电自动控制系统、电子照相机等), 紫外光光敏电阻器(主要用于紫外线探测仪), 红外光光敏电阻器(主要用于天文、军事等领域的自动控制系统)。

光敏电阻的结构通常由光敏层、玻璃基层(或树脂防潮膜)和电极等组成。

光敏电阻的外形结构及电路符号如图 1 - 30 所示。

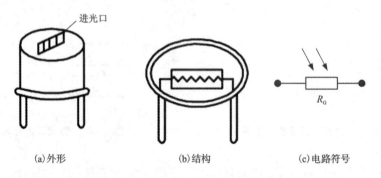

(a)外形　　　　　　　(b)结构　　　　　　(c)电路符号

图 1 - 30　光敏电阻的外形及电路符号

(2)光敏电阻的特性和主要参数

光敏电阻的基本特性是由于半导体光电导效应, 对光线很敏感, 其电阻值随外界光照强弱的变化而变化。当无光照射时呈现高阻状态, 有光照射时其电阻值迅速减小。它的伏安特性曲线如图 1 - 31 所示。

光敏电阻的主要参数为:

①亮电阻($k\Omega$): 指光敏电阻受到光照射时的电阻值;

②暗电阻($M\Omega$): 指光敏电阻在无光照射(即黑暗环境)时的电阻值;

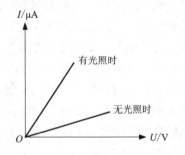

图 1 - 31　光敏电阻的伏安特性曲线

③最高工作电压(U): 指光敏电阻在额定功率下所允许承受的最高电压;

④亮电流: 指光敏电阻在规定的外加电压下受到光照射时所通过的电流;

⑤暗电流：指在无光照射时，光敏电阻在规定的外加电压下通过的电流；

⑥光电流：指亮电流与暗电流之差；

⑦灵敏度：指光敏电阻在有光照射和无光照射时电阻值的相对变化。

光敏电阻的暗电阻越大，亮电阻越小，则性能越好。大多数光敏电阻暗电阻超过 1 MΩ，而亮电阻可降到 1 kΩ 以下，说明光敏电阻的灵敏度很高。

光敏电阻具有生产成本低、性能稳定、体积小、重量轻、抗干扰能力强等优点，它的缺点是响应时间较慢，因此不宜在高频下使用。它主要用于各种光电自动控制系统（如自动报警系统、自动照明灯控制电路），家用电器（如电视机中的亮度自动调节、照相机的自动曝光控制等）及各种测量电路中。

1.4.2　热敏电阻

热敏电阻是一种特殊的半导体器件，它的阻值随温度变化有比较明显的改变，它的灵敏度很高，常可探测到 1℃ 以下的温度变化。它的体积可做得很小，用来测量小范围内或迅速变化的温度，在实际中得到广泛的应用。

（1）热敏电阻的分类及符号

热敏电阻按温度系数的不同可分为正温度系数热敏电阻（简称 PTC）和负温度系数热敏电阻（简称 NTC）。正温度系数热敏电阻是具有温度敏感性的半导体电阻，超过一定的温度（居里温度）时，它的电阻值随着温度的升高呈现阶跃性的增高。这种 PTC 热敏电阻按材质可分为陶瓷 PTC 热敏电阻和有机高分子 PTC 热敏电阻；按用途可分为自动消磁型、延时启动型、恒温加热型、过流保护型、过热保护型、传感器型 PTC 热敏电阻。

负温度系数热敏电阻是以锰、钴、镍等金属氧化物为它的主要材料，采用陶瓷工艺制造而成。这些金属氧化物材料都具有半导体性质，温度低时，这些氧化物材料的载流子数目少，故电阻值较高，当温度升高时，载流子数目相应增加，所以电阻值降低，NTC 热敏电阻按用途可分为功率型、补偿型、测温型 NTC 热敏电阻。

热敏电阻一般使用半导体粉料挤压烧结而成，外形有片状、杆状及垫圈状等多种，电路符号如图 1-32 所示。

（2）热敏电阻的伏安特性和主要参数

热敏电阻是非线性元件，这种非线性体现在：①电阻与温度不是线性关系而是指数关系；②通过电阻的电压、电流不是线性关系，不再服从欧姆定律。这是由于电流通过热敏电阻时使温度上升，电阻成指数变化造成的。

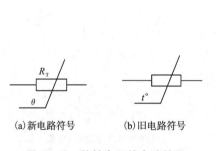

(a)新电路符号　　(b)旧电路符号

图 1-32　热敏电阻的电路符号

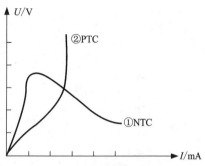

图 1-33　热敏电阻的伏安特性

热敏电阻的伏安特性曲线如图 1–33 所示，以负温度系数热敏电阻加以说明，当电流很小时，产生的热量小，不是引起热敏电阻发热，元件的温度基本上即是环境温度。此时的热敏电阻相当于一个固定电阻，I—U 特性曲线近似一条直线，热敏电阻温度升高使阻值下降，这时相应的电压增加将逐渐缓慢，直至达到电压最大值。若电流继续增加，这时热敏电阻的阻值迅速减小，电压迅速下降，当电流超过允许值时，热敏电阻将被烧坏。

热敏电阻的主要参数有：

（1）标称阻值 R_t：一般指在室温（20℃）时的电阻值，其大小取决于热敏电阻的材料和几何尺寸；

（2）电阻温度系数 α：指温度每变化 1℃ 时阻值的变化率，单位是 %/℃；

（3）额定功率 P_E：指在标准大气压和最高环境温度下，热敏电阻长期连续工作所允许的耗散功率，在实际应用时热敏电阻所消耗的功率不允许超过此值，否则热敏电阻有烧坏的可能。

（4）时间常数 τ：指温度变化后电阻达到稳定值的时间，是表述热敏电阻热惯性的参数。时间常数要求越小越好。

热敏电阻在电子线路中被广泛应用。PTC 热敏电阻用于温度控制、温度测量电路，及广泛应用于彩电消磁电路、电冰箱、电驱蚊器、电熨斗等家用电器中，NTC 热敏电阻广泛应用于家电类温度控制、温度测量、测量补偿等，像空调器、电冰箱、电烤箱、复印机的电路中普遍被使用。

1.4.3 压敏电阻

压敏电阻是对电压变化很敏感的非线性电阻，在自动控制系统电路中经常使用。

（1）压敏电阻的分类、结构和符号

压敏电阻的品种很多，按使用材料可分为硅压敏电阻、锗压敏电阻、碳化硅压敏电阻、氧化锌压敏电阻、硫化镉压敏电阻等。其中氧化锌（ZnO）电阻应用最为广泛，按其伏安特性可分为无极性（对称型）压敏电阻和有极性（非对称型）压敏电阻，按结构可分为膜状压敏电阻、结型压敏电阻和体型压敏电阻等。

以氧化锌压敏电阻为例讨论它的结构：它是以氧化锌为主要材料，加入少量的氧化铋、氧化锑、氧化锰、氧化钴等材料烧结而成，是目前能在几万伏高压电路中作稳压和过压保护的唯一固体元件，其结构和电路符号如图 1–34（a）、（b）所示。

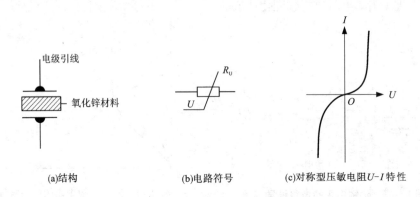

(a)结构　　　　　　　(b)电路符号　　　　　(c)对称型压敏电阻 U-I 特性

图 1–34　氧化锌压敏电阻

（2）压敏电阻的特性和主要参数

压敏电阻是一种特殊的非线性电阻，当加到压敏电阻两端的电压低于其标称电压值时，流过压敏电阻的电流很小，这时压敏电阻呈现出高阻状态；当压敏电阻两端电压略大于标称电压值时，流过压敏电阻的电流急剧增加，阻值很快下降，呈现出低阻状态。对称型压敏电阻的伏安特性曲线如图 1-34（c）所示，对正负电压具有相同特性。

压敏电阻的主要参数如下：

①标称电压：指在通过 1 mA 直流电流时，压敏电阻两端的电压值；

②电压比：指流过压敏电阻的电流为 1 mA 时产生的电压值与流过压敏电阻的电流为 0.1 mA 时产生的电压值之比；

③最大抑制电压：指压敏电阻两端所能承受的最高电压值；

④残压：指流过压敏电阻的电流为某一值时，在它两端所产生的电压称为这一电流值的残压；

⑤残压比：指某一电流的残压与标称电压之比；

⑥通流容量（通流量）：指在规定条件（以规定的时间间隔和次数，施加标准的冲击电流）下，允许通过压敏电阻上的最大脉冲（峰值）电流值；

⑦漏电流（等待电流）：指规定的温度和最大直流电压下流过压敏电阻的电流。

压敏电阻广泛应用在家电及其他电子产品中，起过电压保护、防雷击、抑制浪涌电流、吸收尖脉冲保护半导体元器件等作用。在电视机的行输出变压器电路中起过压保护作用，防止因打火产生的过电压击穿行输出管，在消磁电路中也用到具有负阻特性的压敏电阻。

1.4.4　太阳能电池

太阳能电池也称光电池，目前使用的太阳能电池多以硅半导体材料制作，因此也称硅光电池。

（1）太阳能电池的结构及电路符号

太阳能电池的结构和电路符号如图 1-35 所示。

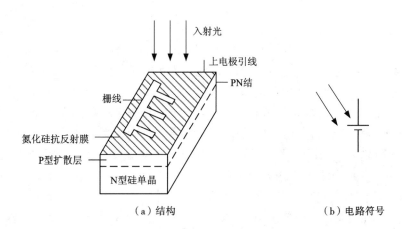

（a）结构　　　　　　（b）电路符号

图 1-35　太阳能电池的结构及电路符号

在 N 型硅单晶衬底材料上，利用扩散法形成极薄的 P 型层，即形成 PN 结，再在硅片上下各引出电极，在受光面上，蒸发一层很薄的抗光反射的一氧化硅（SiO）反射膜表面层。

它的作用是使光线的反射系数由30%降到7%左右，从而大大提高了太阳能电池的性能。为了提高太阳能电池的输出功率，有的产品在表面层上加了一排栅线（有的产品没有加栅线）。这样就制成了一个单体太阳能电池。实际上，太阳能电池是一个大面积的PN结，它的外形有圆形、方形、环形等。

（2）太阳能电池的工作原理及主要参数：

当阳光照射在太阳能电池表面时，光子使硅原子中的电子获得能量变为自由电子离开原来的位置，相应地原来的位置形成空穴。在PN结的内电场作用下，运动到PN结附近的自由电子被拉向N区，空穴被拉向P区，这时在N区和P区形成了电子和空穴的堆积，而由于电子带负电，空穴带正电，使得在N区和P区两端产生电动势，这种现象称为光生伏特效应。太阳能电池就是利用光生伏特效应而产生电能做成的清洁能源。

太阳能电池的主要参数：

①开路电压 U_{OC}：指在光照射下，将高内阻的直流毫伏表接在太阳能电池两极上，这时测得的电压值就是开路电压，一般范围为450～600 MV；

②短路电流 I_{SR}：指在光照射下，将低内阻的电流表接在太阳能电池两极，这时测得的电流值就是短路电流，其数值与光的照度、电池面积和受光面积成正比；

③转换效率 η：背景单位面积太阳能电池的最大输出功率与垂直入射到光电池表面上的入射光功率之比，一般为6%～10%；

④响应速度：指太阳能电池对突变光照的反应速度；

⑤输出特性：指太阳能电池的输出电压、输出电流和输出功率随负载变化而变化的特性。

太阳能电池广泛用于计数器、照相机、无人灯塔的照明和人造卫星上，也用于光电检测元件、光机自动化设备中。大面积的多个太阳能电池组可作为太阳能电源，目前已做成以太阳能电池为动力的太阳能汽车。

1.4.5　光电耦合器

光电耦合器是近几年发展起来的一种半导体光电器件，具有体积小、使用寿命长、抗干扰能力强、工作温度范围宽、无触点、输入与输出在电气上完全隔离等特点，在电子技术及工业自动控制领域得到广泛的应用，它可以替代继电器、斩波器等，用于隔离电路、开关电路、数模转换逻辑电路、负载接口及各种家用电器等电路中。

（1）光电耦合器的种类及内部结构

光电耦合器是以光为媒介传输电信号的一种电—光—电转换器件，它由发光源和受光器两部分组成。根据结构它可分为光隔离型和光传感型两大类。

光隔离型：输入端采用发光二极管，输出端为光敏器件如光敏二极管、光敏三极管、光敏电阻等，将发光器件与光敏器件组装在同一管壳中就构成光电耦合器。在管壳中除发光器件和光敏器件的光路部分外，把其他部分的光完全遮住的结构类型即为光隔离型，具有可靠性高、使用灵活、响应速度快、无噪声、低功耗、频率范围宽等特点，同时还有体积小、重量轻、耐冲击的优点，从而使它的使用范围不断扩大，有替代继电器的趋势，普遍适用于计算机系统，作为终端负载和接口电路。

光传感型：也由发光器件和光敏器件组成，它们距离据测试对象和应用场合而定，可分透过型和反射型两种。它可用于计算机终端设备中读取纸带、卡片及在自动售货机中检测硬币数目，在传真机、复印机和民用电器等电路中得到广泛应用。

光电耦合器的内部电路可分为四引脚和六引脚两种，如图 1 – 36 所示。

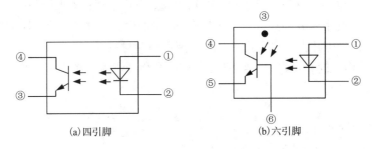

(a)四引脚   (b)六引脚

图 1 – 36   光耦合器内部电路

四引脚的光电耦合器管脚排列为：①脚为发光二极管阳极，②脚为发光二极管阴极，③脚为光敏三极管的发射极，④脚为光三敏极管的集电极；六引脚光电耦合器的输入端极性与四引脚相同，③脚为空脚，④脚为光敏三极管的集电极，⑤脚为发射极，⑥脚为基极。

（2）光电耦合器的工作原理及主要参数

光电耦合器的工作原理为：在光电耦合器输入端加电信号使发光源发光，发光的强度取决于激励电流的大小，此光照射到封装在一起的受光器后，因光电效应而产生光电流，由受光器输出端输出来，这样就实现了电—光—电的转换。

光电耦合器的主要参数为：

①输入参数：指光电耦合器输入端发光器件的主要参数，即发光二极管的参数如正向电压、发光强度及最大工作电流等。

②输出参数：指光电耦合器输出端受光器件的主要参数。如果用光敏二极管、三极管作受光器件时，则参数有光电流、暗电流、饱和压降、最高工作电压、响应时间及光电灵敏度等。

③传输参数：

a. 极间耐压：指光电耦合器输入端与输出端之间的绝缘耐压值。当发光源与受光器件的距离较宽时其值就高，反之则低。

b. 极间电容：指光电耦合器输入端与输出端之间的分布电容，一般为几 pF。

c. 隔离阻抗：指光电耦合器输入端与输出端之间的绝缘电阻值，可达 1×10^{12} Ω 以上。

d. 电流传输比：是表示光电耦合器传输信号能力强弱的一个参数，它的定义为：当输出端工作电压为一个定值时，输出电流与输入端发光二极管正向工作电流之比。

e. 响应时间：包括光电耦合器的延迟时间、上升时间和下降时间等。

2 半导体三极管

半导体三极管是由两个用一定工艺做在一起且相互影响的 PN 结加上相应的电极引线封装而成，又称为晶体三极管，简称晶体管或三极管，它具有电流放大作用，是组成放大电路的核心部件。

2.1 三极管的结构与符号

半导体三极管是电子元器件中种类繁多、外形各异的一类器件。按使用材料分为硅管、锗管两大类；按功率分为大功率管、中功率管、小功率管；按工作频率分为低频管、高频管、超高频管；按用途分为放大管、开关管、低噪声管、达林顿管等；按结构分为 PNP 型管和 NPN 型管等。其封装形式主要有金属封装和塑料封装。

三极管按结构不同，分为两大类型，即 NPN 型和 PNP 型，图 1－37 为这两大类型的结构示意图和电路符号。

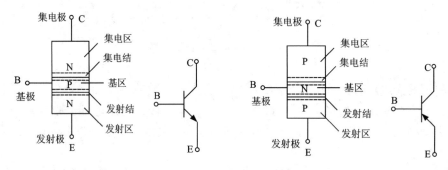

图 1－37 三极管的结构与电路符号

由图可看出，三极管分为三个区，分别称为发射区、基区和集电区。由三个区各自引出三个电极，对应地称为发射极 E、基极 B、集电极 C，有两个 PN 结：发射区与基区交界处的 PN 结称为发射结，集电区与基区交界处的 PN 结称为集电结。

为使三极管具有电流放大作用，在制造工艺中要具备以下内部条件：

①发射区高掺杂，且掺杂浓度要远大于基区掺杂浓度，能发射足够的载流子；

②基区做得很薄且掺杂浓度低，以减小载流子在基区的复合机会；

③集电结结面积比发射结大，便于收集发射区发射来的载流子及利于散热。

2.2 三极管的电流分配和电流放大作用

2.2.1 三极管的工作电压

为使三极管能正常放大信号，让发射区发射电子、集电区收集电子，三极管除在工艺制造上内部应满足的条件外，所加的工作电压必须具有的条件是发射结加正向电压，即正向偏置，集电结加反向电压即反向偏置。三极管分 NPN 和 PNP 两种，因其极性不同，工作时所加的电源电压极性也不同。下面对 NPN 型三极管进行讨论。

2.2.2 三极管内部载流子的传输过程

(1)发射区向基区发射电子

由于发射结加正向电压，使得发射结内电场减小，这时发射区的多数载流子电子不断通过发射结扩散到基区，形成发射极电流 I_E（如图 1－38 所示），I_E 的方向与电子流动方向相反，即流出三极管。基区的空穴也会向发射区扩散，但基区杂质浓度很低，空穴形成的电流很小，一般忽略不计。

(2)电子在基区中扩散与复合

由于基区很薄且杂质浓度低，同时集电结加的是反向电压，因此从发射区发射到基区的电子与基区内的空穴复合的机会小,只有极小部分与空穴复合,形成基极电流I_B且其值很小。绝大部分电子都会扩散到集电结。

(3)集电区收集扩散的电子

由于集电结加反向电压,使集电结电场增强,从而阻碍集电区的电子和基区的空穴通过集电结,但它对扩散来到达集电结边缘的电子有很强的吸引力,可使电子全部通过集电结为集电区所收集,从而形成集电极电流I_C,I_C的方向与电子移动方向相反,即流进三极管。

另一方面,集电结加反向电压使基区中的少子电子和集电区的少子空穴通过集电结形成反向漂移电流,称为反向饱和电流I_{CBO}。它的数值很小,但受温度影响很大,造成管子工作性能不稳定,因此在制造过程中应尽量减小I_{CBO}。

由于三极管内部两种载流子(自由电子和空穴)均参与导电,因此称为双极型三极管(后面会了解到场效应管只依靠一种载流子导电而称为单极型晶体管)。

2.2.3 三极管电流分配关系及放大作用

根据基尔霍夫电流定律,发射极电流I_E、基极电流I_B、集电极电流I_C存在以下关系:

$$I_E = I_C + I_B$$

由以上分析可知,I_B值很小,因此有$I_E \approx I_C$。这就是三极管电流分配关系。

为观察三极管电流放大作用,我们接成如图1-39所示。通过调节是电位器R_P改变基极电流I_B,从而改变相应的I_C值。通过实验发现,当I_B有较小的变化会引起I_C较大的变化,这就是三极管的电流放大作用。

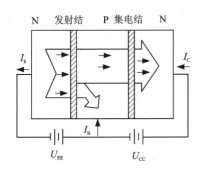

图1-38 三极管载流子传输过程

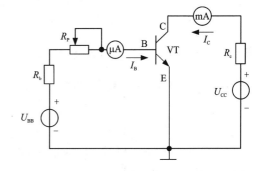

图1-39 三极管电流放大测试电路

将输入电流I_B与输出电流I_C之比定义为共发射极直流电流放大系数$\bar{\beta}$,定义式为$\bar{\beta} = \dfrac{I_C}{I_B}$;

将输入电流变化量Δi_b与输出电流相应的变化量Δi_c之比定义为共发射极交流电流放大系数β,定义式为$\beta = \dfrac{\Delta i_c}{\Delta i_b}$。

一般情况下,$\beta \approx \bar{\beta}$,可以通用,而$\beta$一般在几十至几百之间,这说明了微弱的基极电流可控制较大的集电极电流I_C。同时也说明用改变基极电流的方法可控制集电极电流,因此三极管是电流控制电流器件。

综上所述,三极管在同时满足内部和外部条件时,具有电流放大作用,且电流分配关系为:$I_E = I_C + I_B \approx I_C$。由于三极管存在两种载流子导电,因此三极管又称为"双极型半导体器件"。

2.3　三极管的特性曲线

三极管的特性曲线是描述各电极电流和电压之间的关系曲线。由于三极管有三个电极,在使用时用它组成输入回路和输出回路,因此采用输入特性曲线和输出特性曲线,这两组曲线可用晶体管图示仪显示或通过实验测量获得。下面就最常用的 NPN 型三极管共射极特性曲线来进行讨论。

2.3.1　输入特性曲线

输入特性是反映三极管输入回路中电流和电压之间的关系曲线,即当集电极与发射极间电压 U_{CE} 为常数时,基极电流 i_B 与发射结电压 U_{BE} 之间的关系曲线,表达式为 $i_B = f(U_{BE})$ $|_{U_{CE} = 常数}$,如图 1 – 40 所示。

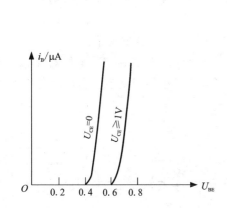

图 1 – 40　NPN 型硅管共射极输入特性曲线

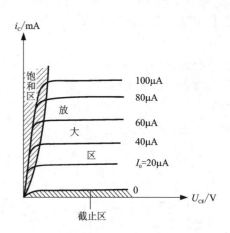

图 1 – 41　NPN 型硅管共射极输出特性曲线

从输入特性曲线可看出:

(1)当 $U_{CE} = 0$ 时,相当于发射极与集电极短接,此时发射结与集电结并联。输入特性与 PN 结的伏安特性相似。

(2)当 $U_{CE} = 1\,V$ 时,其特性曲线向右移。这是由于当 $U_{CE} = 1\,V$ 时,在集电结施加了反向电压,增强了集电结内电场,使集电结吸引电子的能力增强,从发射区进入基区的电子更多地被集电结吸引过来而减少在基区与空穴复合的机会。因此对于相同的 U_{BE} 值,基极的电流 i_B 减小了,特性曲线相应向右移动。

(3)当 $U_{CE} > 1\,V$ 时,其特性曲线与 $U_{CE} = 1\,V$ 时的特性曲线基本重合。这是因为对于确定的 U_{CE},当 U_{CE} 增大到 1 V 后,集电结的电场足够强,可以将发射区注入到基区的绝大部分电子都收集到集电结,这时,再增大 U_{CE},i_C 也不会增大,即 i_B 基本不变,因此 $U_{CE} > 1$ V 与 $U_{CE} = 1\,V$ 的特性曲线基本重合。在实际中,U_{CE} 总会大于 1 V,因此通常使用的是 $U_{CE} > 1\,V$ 的那条曲线。

从三极管输入特性曲线还可看出,三极管输入特性曲线与 PN 结正向特性曲线相似,即当输入电压很小时，存在一段死区，其死区电压对硅管为 0.5 V，锗管为 0.1 V。只有当外加输入电压超过死区电压时，三极管才开始导通；正常工作时，发射结的管压降对硅管为 0.7 V，锗管为 0.3 V。

2.3.2　输出特性曲线

输出特性曲线是反映三极管输出回路中电流和电压之间的关系曲线，即当基极电流 I_B 为常数时，集电极电流 i_C 与集电极、发射极间电压 U_{CE} 之间的关系曲线，表达式为 $i_C = f(U_{CE})|_{I_B=常数}$，如图 1 - 41 所示。

从图中可看出，改变基极电流 I_B，可得到一组间隔基本均匀并且比较平坦的平行直线，严格来说，由于基区宽度调制效应，特性曲线会向上倾斜。讨论输出特性曲线，一般分为三个区域，即截止区、放大区、饱和区。

(1)截止区：$I_B = 0$ 对应的曲线以下的区域，处于此区域时，三极管发射结处于反向偏置状态或零偏，集电结处于反向偏置状态，这种情况相当于三极管内部各电极开路，在 $I_B = 0$ 时有很小的集电极电流 I_C，即集电极—发射极反向饱和电流 I_{CEO} 流过，但一般忽略不计。

(2)放大区：在这个区域内，发射结处于正向偏置状态，集电结处于反向偏置状态，此时 I_C 受 I_B 控制，即具有电流放大作用。由于 I_C 与 U_{CE} 无关，特性曲线平坦，呈现恒流特性，当 I_B 按等差变化时，输出特性是一族与横轴平行的等距离直线。

(3)饱和区：输出特性曲线上升到弯曲部分称为饱和区，此时，集电结和发射结均处于正向偏置状态，集电极电流 I_C 处于饱和状态而不受 I_B 控制，即三极管失去电流放大作用，三极管处于饱和状态时对应的管压降称为"饱和压降"，用 U_{CES} 表示，小功率硅管的 $U_{CES} \approx 0.3$ V，锗管的 $U_{CES} \approx 0.1$ V，这时管子的集电极与发射极间呈现低电阻，相当于开关闭合。

输出特性曲线三个工作区域的特性如表 1 - 1 所示。

表 1 - 1　三个工作区域的特性

区域	各结偏置状态		条件(对 NPN 管)	三极管特性	特点
	发射结	集电结			
截止区	零偏或反偏	反偏	$U_B < U_E$ $U_B < U_C$	相当于开关断开	$I_B = 0$，$I_C = I_{CEO}$（穿透电流）
放大区	正偏	反偏	$U_C > U_B > U_E$	放大作用	$I_C = \beta I_B$，具恒流特性，曲线平坦
饱和区	正偏	正偏	$U_B > U_E$ $U_B > U_C$	相当于开关闭合	$U_{CE} = U_{CES}$，I_C 基本不受 I_B 控制

从以上讨论可知，三极管具有"开关"和"放大"两大功能，当三极管工作在饱和区和截止区时，具有"开关"特性，可应用于数字电路中；当三极管工作在放大区时，具有放大作用，可应用于模拟电路中。

例 1 - 3　测得某放大电路中三极管的三个电极 A、B、C 的对地电位分别为 $U_A = -8$

V，$U_B = -5\text{ V}$，$U_C = -5.3\text{ V}$，试分析 A、B、C 端分别属何电极及三极管的类型。

解：由 $U_B = -5\text{ V}$，$U_C = -5.3\text{ V}$，相差 0.3 V，故必有一为基极，一为发射极，且该管为锗管。于是 A 是集电极。由于 $U_A = -8\text{ V}$，即 U_B、U_C 均高于 U_A 则说明该管为 PNP 管，从而可判断 C 为基极，B 为发射极。

因此可判断该管为 PNP 型锗管且 A 为集电极，B 为发射极，C 为基极。

例 1 – 4　电路如图 1 – 42 所示。输入信号为幅值 $U_{im} = 3\text{ V}$ 的方波。若 $R_b = 100\text{ k}\Omega$，$R_c = 5.1\text{ k}\Omega$ 时，晶体管工作在何种状态？如果将图中的 R_c 改成 $3\text{ k}\Omega$，其余数据不变，$u_i = 3\text{ V}$ 时，晶体管又工作在何种状态？

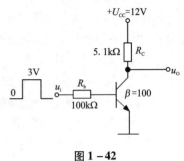

图 1 – 42

解：当 $u_i = 0$ 时，$U_B = U_E = 0$。所以，$I_B = 0$，$I_C = \beta I_B \approx 0$。则 $U_C \approx U_{CC} = 12\text{ V}$，晶体管处于截止状态。

当 $u_i = 3\text{ V}$ 时，取 $U_{BE} = 0.7\text{ V}$，则：

基极电流 $I_B = \dfrac{u_i - U_{BE}}{R_b} = \dfrac{3 - 0.7}{100 \times 10^3}\text{A} = 23\ \mu\text{A}$；

集电极电流 $I_C = \beta I_B = 100 \times 23\ \mu\text{A} = 2.3\text{ mA}$；

发射极电压 $U_{CE} = U_{CC} - I_C R_c = 0.27\text{ V}$；

$U_{CE} < U_{CES}$，说明晶体管工作在饱和状态。

当 R_c 由 $5.1\text{ k}\Omega$ 减小为 $3\text{ k}\Omega$，其余参数不变时，$u_i = 3\text{ V}$，I_B、I_C 与前面分析相同，即 $I_B = 23\ \mu\text{A}$，$I_C = 2.3\text{ mA}$；

$U_{CE} = U_{CC} - I_C R_c = 5.1\text{ V}$；

由 $U_{CC} > U_{CE} > U_{CES}$，说明晶体管工作在放大状态。

2.4　三极管的主要参数及简单测试

2.4.1　三极管的主要参数

表征三极管特性的参数很多，这些参数都是从不同侧面反映三极管的不同特性，也是正确使用和合理选择器件和进行电路设计时的重要依据。

（1）电流放大系数——反映三极管放大能力的强弱

一般讨论的是共射极接法的电流放大系数。根据工作状态的不同，分直流和交流两种。

①共发射极直流电流放大系数 $\bar{\beta}(h_{FE})$：指在没有交流信号输入时，共发射极电路输出的集电极直流电流与基极输入的直流电流之比，即 $\bar{\beta} = \dfrac{I_C}{I_B}$。

②共发射极交流电流放大系数 $\beta(h_{fe})$：指共发射极电路集电极电流的变化量与基极电流的变化量之比，即

$$\beta = \frac{\Delta i_c}{\Delta i_b} \qquad\qquad (1 – 1)$$

当三极管工作在放大区小信号状态时，$\beta \approx \bar{\beta}$，因此以后不再区分 β 和 $\bar{\beta}$，一律用 β 表示。

电流放大系数是三极管一个重要的参数。在制造过程中，离散性较大，为便于选择三

极管，金属封装的三极管采用色点来表示 β 的大小，而塑料封装的三极管一般在型号后加英文字母表示 β 值，具体表示方法见附录4。

（2）极间反向电流

①集电极—基极反向饱和电流 I_{CBO}：指发射极开路，在集电极与基极之间加上一定的反向电压时所产生的反向电流，如图 1 - 43 所示。实际上它就是集电结的反向饱和电流，即少子的漂移电流。温度一定时，I_{CBO} 是一个常量；温度升高，I_{CBO} 将增大。它是造成三极管工作不稳定的主要因素。

②集电极—发射极反向饱和电流 I_{CEO}：指基极开路，集电极与发射极之间加一定反向电压时的反向电流，该电流穿过两个反向串联的 PN 结，故称穿透电流。它的测量电路如图 1 - 44 所示。它与 I_{CBO} 存在这种关系：

$$I_{CEO} = (1 + \beta) I_{CBO} \tag{1-2}$$

该式说明 I_{CEO} 比 I_{CBO} 要大得多，即测量起来容易些，因此一般用 I_{CEO} 来衡量三极管热稳定性的好坏。

选用三极管时，一般希望反向电流越小越好，而在相同的环境温度下，硅管的反向电流比锗管小得多，因此，目前使用的三极管大多采用的是硅管。

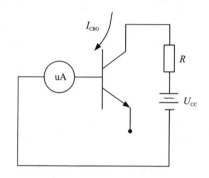

图 1 - 43　I_{CBO} 的测量

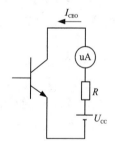

图 1 - 44　I_{CEO} 的测量

（3）极限参数

①集电极最大允许电流 I_{CM}：三极管正常工作时 β 值基本不变，但当 I_C 很大时，β 值会逐渐下降。一般规定，在 β 下降到额定值的 2/3（或 1/2）时所对应的集电极电流即为 I_{CM}，当 $I_C > I_{CM}$ 时，虽然不一定会损坏管子，但 β 值明显下降，因此在应用中，I_C 不允许超过 I_{CM}。

②集电极最大允许耗散功率 P_{CM}：是指三极管集电结受热而引起其参数的变化，在不超过所规定的允许值时，集电极消耗的最大功率，即 $P_{CM} = I_C \cdot U_{CE}$，超过此值会使集电结温度升高，三极管过热而烧毁。因此 P_{CM} 值决定于三极管的结温，而硅管的最高结温为 150℃，锗管的最高结温为 90℃，超过此结温时，管子特性会明显变坏，直至热击穿而烧毁，对于大功率管，为提高 P_{CM}，要加装规定尺寸的散热装置。

③极间反向击穿电压：晶体管的某电极开路时，另外两电极间所允许加的最高反向电压称为极间反向击穿电压，这种击穿电压不仅与管子本身的特性有关，而且与外部电路的接法有关。它主要包括以下几种：

a. $U_{(BR)EBO}$：指集电极开路时发射极与基极之间的反向击穿电压，实际上就是发射结所允许加的最高反向电压，一般只有几伏甚至低于 1 V。

b. $U_{(BR)CBO}$：指发射极开路时集电极与基极之间的反向击穿电压，实际上就是集电结所允许加的最高反向电压，其数值较大。

c. $U_{(BR)CEO}$：指基极开路时集电极与发射极之间的反向击穿电压，一般取 $U_{(BR)CBO}$ 的一半左右比较安全。

为保证三极管能可靠地工作，由极限参数 I_{CM}、$U_{(BR)CEO}$ 及 P_{CM} 可列出三极管的安全工作区，如图 1 – 45 所示。

（4）频率参数

频率参数是反映三极管电流放大能力与工作频率关系的参数，用于表达三极管的频率适用范围。

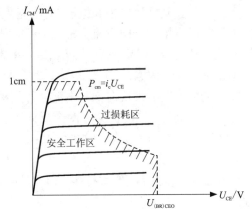

图 1 – 45　三极管的安全工作区

①共发射极截止频率 f_β：三极管 β 值是频率的函数，在中频段时 $\beta = \beta_0$，几乎与频率无关，但随着频率升高，β 值下降，当 β 值下降到中频段 β_0 的 $1/\sqrt{2}$ 倍时，所对应的频率称为共发射极截止频率 f_β。

②特征频率 f_T：当三极管 β 值下降到 $\beta = 1$ 时所对应的频率称为特征频率。当工作频率 $f > f_T$ 时，三极管就失去了放大作用。

具体参数可参考附录 4。

2.4.2　三极管的简单测试

没有专门的测试仪器（如晶体管图示仪）时，可以用万用表对三极管进行简单的测试。

（1）三极管管脚极性的判别

对三极管首先要判断是 NPN 管还是 PNP 型管，然后区别管脚的排列。

将万用表置于电阻 R×100 或 R×1k 挡，先任意假设三极管的一脚为基极，将红表笔接假定"基极"，黑表笔分别去接触另外两个管脚，如果两次测得的电阻值都很小，则红表笔所接触的管脚为基极，且该管为 PNP 型三极管；如果两次测得的电阻值都很大，则红表笔接触的管脚也为基极，该管为 NPN 型三极管；如果两次测量阻值相差很大，则说明假设"基极"不是实际的基极，可另假定其余管脚为"基极"。重复上述测量步骤，直到满足上述条件，这样可判断出管子类型与基极。

然后判定集电极和发射极，若确定三极管型为 PNP 型和基极 b 后，在剩下的两个管脚中先假设一个脚为集电极，另一个脚为发射极，将红表笔接集电极，黑表笔接发射极，并在基极和集电极之间接一个电阻（也可用手握住基极和集电极，但两个管脚不能接触，这样用手指代替电阻），观察万用表指针的偏转位置，然后对调红黑表笔再测一次，观察指针偏转并读数，两次测量中指针偏转大（即电阻值小）的那次假设是正确的。若为 NPN 型管，先假设集电极和发射极，将黑表笔接集电极，红表笔接发射极，操作和判断的方法与 PNP 型管的方法一样。

（2）估测穿透电流 I_{CEO}

对 NPN 型管，将红表笔与发射极接触，黑表笔与集电极接触，这时对锗管测出的阻值在几十千欧姆以上,硅管测出在几百千欧姆以上时,表示 I_{CEO} 不太大。如果测出的阻值小且指针缓慢地向低阻区移动,说明 I_{CEO} 大且稳定性差,若阻值接近于零说明三极管已被击穿损坏,如果阻值为无穷大,则说明内部已开路。

2.4.3　应用实例

三极管最基本的特性就是电流放大作用,根据这一特性可以组成各种放大电路,把微弱的电信号变成一定幅度的信号。当然,这种转换也要遵守能量守恒定律,只是把电源的能量转换成信号的能量而已。三极管还可以作电子开关,也可以配合其他元件构成振荡器,这些应用在后续的课程中都要介绍,此节介绍它的一些特殊应用。

（1）扩流

如图1-46为电容容量扩大电路,利用三极管电流放大作用,将电容容量扩大若干倍,这种等效电容适用于在长延时电路中作定时电容。

用稳压二极管构成的稳压电路虽具有电路简单、使用元件少的优点,但由于稳压管的稳定电流一般只有几十毫安,这就限定了它只能用于负载电流不太大的场合。图1-47电路可使稳压管的稳定电流及动态电阻范围得到较大的扩展并使其稳定性能得到较好的改善。

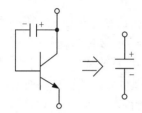

图1-46　用三极管扩大电容容量等效电路

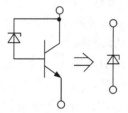

图1-47　稳压二极管的扩展

（2）代换

如图1-48所示,用两个三极管串联可直接代换调光台灯中的双向触发二极管。

（3）模拟

用三极管构成的电路,可以模拟其他元器件,如大功率可调电阻价格贵并且很难找到,用图1-49所示电路可作模拟品,调节510Ω电阻的阻值即可调节大功率三极管C、E极之间的阻值,此阻值变化即可代替大功率可调电阻使用。

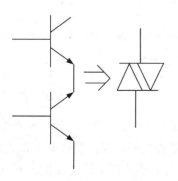

图1-48　用三极管代换双向触发二极管

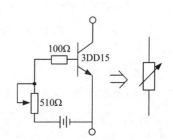

图1-49　模拟可调电阻电路

图 1-50 表示可用三极管模拟稳压管。其稳压原理是：当 U_{AB} 上升时，经 R_1、R_2 组成的分压电路分压后，使 R_2 两端压降上升，而由于三极管的 B—E 结压降基本不变约为 0.7 V，故经过 R_2 的电流上升，三极管发射结正偏增强，其导通性也增强，C、E 极间呈现的等效电阻减小，压降降低，从而使 U_{AB} 基本保持恒定。调节 R_2 即可调节此模拟稳压管的稳压值。

图 1-50　模拟稳压二极管电路

3　场效应管

场效应管是一种电压控制型半导体器件。这种器件不仅兼有半导体三极管的体积小、耗电省、寿命长等特点，而且具有输入电阻高（10 MΩ以上）、噪声低、热稳定好、抗辐射能力强等优点，因此在近代微电子学中得到了广泛应用。场效应管分为两大类，即结型场效应管和绝缘栅场效应管。

3.1　结型场效应管

3.1.1　结构

结型场效应管的结构及符号如图 1-51 所示。在一块 N 型半导体两侧做出两个高掺杂的 P 区，从而形成了两个 PN 结。两侧 P 区相接后引出的电极称为栅极（G），在 N 型半导体两端分别引出的两个电极称为源极（S）和漏极（D）。由于 N 型区结构对称，因此漏极和源极可以互换使用。两个 PN 结中间的 N 型区域称为导电沟道。具有这种结构的结型场效应管称为 N 沟道结型场效应管。图中电路符号的箭头方向是由 P 指向 N。结型场效应管有 N 沟道和 P 沟道两种类型，两者结构不同，但工作原理完全相同，下面以 N 沟道结型场效应管为例进行讨论。

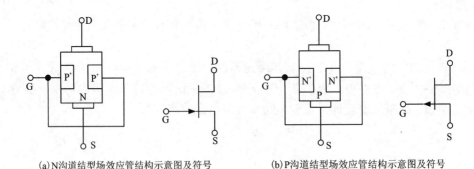

(a) N沟道结型场效应管结构示意图及符号　　　(b) P沟道结型场效应管结构示意图及符号

图 1-51　结型场效应管结构示意图及符号

3.1.2　工作原理

图 1-52 所示的是 N 沟道结型场效应管工作原理示意图。在漏源电压 U_{DS} 的作用下，产生沟道电流 I_D，为了保证高输入电阻，通常栅极与源极之间加反向偏置电压 U_{GS}，当输入电压 U_{GS} 改变时，PN 结的反偏电压也随之改变，引起沟道两侧耗尽层的宽度改变；这将导致 N 型导电沟道的宽度发生变化，也就是沟道电阻发生了变化；沟道电阻的变化又将引起

沟道电流 I_D 的变化。由此可见，栅极电压 U_{GS} 起着控制漏极电流 I_D 大小的作用，可以看作是一种由电压控制的电流源。

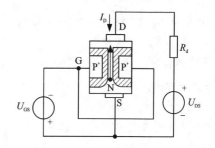

由于 I_D 通过沟道时产生自漏极到源极的电压降，使沟道上各点电位不同，靠近漏极处电位最高，PN 结上的反偏电压最高，耗尽层最宽；而沟道上靠近源极的地方，PN 结上反偏电压最低，耗尽层最窄。所以漏源电压

图 1 – 52　N 沟道结型场效管工作原理示意图

U_{DS} 使导电沟道产生不等宽性，靠近漏极处沟道最窄，靠近源极处沟道最宽，沟道形状呈楔形。若改变 U_{GS} 或 U_{DS}，使靠近漏极处两侧耗尽层相遇时，称为预夹断。预夹断后漏极电流 I_D 将基本不随 U_{DS} 的增大而增大，趋近于饱和而呈现恒流特性。场效应管用于放大时，就工作在恒流区(放大区)。如果在预夹断后，继续增加 U_{GS} 的负值到一定程度时，两边耗尽层合拢，导电沟道完全夹断，$I_D \approx 0$，称场效应管处于夹断状态。

3.1.3　输出特性曲线

输出特性是指在 U_{GS} 一定时，I_D 与 U_{DS} 之间的关系。图 1 – 53(a)为某 N 沟道结型场效应管的输出特性曲线。由图可以看出，特性曲线可分为三个区域：

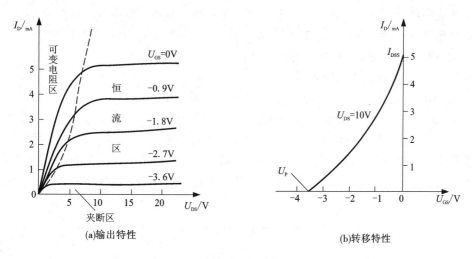

(a)输出特性　　　　　　　　　　　(b)转移特性

图 1 – 53　N 沟道结型场效管的特性曲线

（1）可变电阻区

曲线呈上升趋势，基本上可看作通过原点的一条直线，管子的漏—源之间可等效为一个电阻，此电阻的大小随 U_{GS} 而变，故称为可变电阻区。

（2）恒流区

随着 U_{DS} 增大，曲线趋于平坦(曲线由上升变为平坦时的转折点即为预夹断点)，I_D 不再随 U_{DS} 的增大而增大，故称为恒流区。此时 I_D 的大小只受 U_{GS} 控制，这正体现了场效应管电压控制电流的放大作用。

（3）夹断区

当 $U_{GS} < U_P$ 时，场效应管的沟道被两个 PN 结夹断，等效电阻极大，$I_D \approx 0$。

3.1.4 转移特性曲线

所谓转移特性是指在一定的 U_{DS} 下，U_{GS} 对 I_D 的控制特性。为了进一步了解栅源电压对漏极电流的控制作用，图 1 – 53（b）给出了 N 沟道结型场效应管的转移特性曲线。由图可知，当 $U_{GS} = 0$ 时，I_D 最大，称为饱和漏电流，用 I_{DSS} 表示。随着 $|U_{GS}|$ 的增大，I_D 变小，当 I_D 接近于零时所对应的 $|U_{GS}|$ 称为夹断电压，用 U_P 表示。实验证明，在场效应管工作于正常的恒流区时，漏极电流 I_D 与栅极电压 U_{GS} 的关系，近似为下式：

$$I_D = I_{DSS}\left(1 - \frac{U_{GS}}{U_P}\right)^2 \qquad (1-3)$$

此式可用于场效应管放大电路的静态分析。

由以上分析可知，结型场效应管可以通过栅源极电压的变化来控制漏极电流的变化，这就是场效应管放大作用的实质。

3.2 绝缘栅场效应管

结型场效应的输入电阻一般在 $10^7\ \Omega$ 以上，此电阻是 PN 结的反偏电阻，很难进一步提高。绝缘栅场效应管和结型场效应管的不同点在于它是利用感应电荷的多少来改变导电沟道的宽度。由于绝缘栅场效应管的栅极与沟道是绝缘的，因此，它的输入电阻高达 $10^9\ \Omega$ 以上。绝缘栅场效应管是一种金属—氧化物—半导体结构的场效应管，简称 MOS 管。

绝缘栅场效应管也有 N 沟道和 P 沟道两类，其中每类又有增强型和耗尽型之分。下面以 N 沟道 MOS 管为例来说明绝缘栅场效应管的工作原理。

3.2.1 N 沟道增强型 NMOS 管

（1）结构

图 1 – 54 为 N 沟道增强型 MOS 管的结构和符号。在一块 P 型硅片（衬底）上，扩散形成两个 N 区作为漏极和源极，两个 N 区中间的半导体表面上有一层二氧化硅薄层，氧化层上的金属电极称为栅极（G）。由于栅极与其他两个电极是绝缘的，故称为绝缘栅。图中符号的箭头方向表示衬底与沟道间是由 P 指向 N，据此可识别该管为 N 沟道。

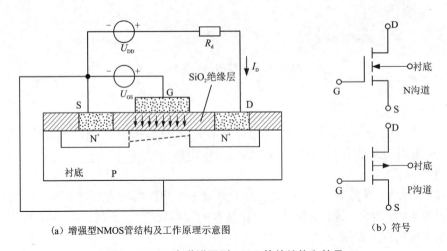

（a）增强型 NMOS 管结构及工作原理示意图   （b）符号

图 1 – 54 N 沟道增强型 MOS 管的结构和符号

（2）工作原理

在图 1-54 中，当 $U_{GS}=0$ 时，漏极、源极之间形成两个反向串联的 PN 结，没有导电沟道，基本上没有电流通过。若 $U_{GS}>0$ 时，栅极与衬底间以 SiO_2 为介质构成的电容器被充电，产生垂直于半导体表面的电场。此电场吸引 P 型衬底的电子并排斥空穴，当 U_{GS} 到达 U_T（称为开启电压）时，在栅极附近形成一个 N 型薄层，称为"反型层"或"感生沟道"。与结型场效应管类似，漏源电压 U_{DS} 将使感生沟道产生不等宽性。

显然，U_{GS} 越高，电场就越强，感生沟道越宽，沟道电阻也就越小，漏极电流 I_D 就越大。因此可以通过改变 U_{GS} 电压高低来控制 I_D 的大小。

3.2.2　N 沟道耗尽型 MOS 管

如果在制造 MOS 管的过程中，在二氧化硅绝缘层中掺入大量的正离子，即使在 $U_{GS}=0$ 时，半导体表面也有垂直电场作用，并形成 N 型导电沟道。这种管子有原始导电沟道，故称之为"耗尽型 MOS 管"。MOS 管一旦制成，原始沟道的宽度也就固定了。图 1-55 为耗尽型 MOS 管的符号，图中箭头的方向表示由 P 指向 N。

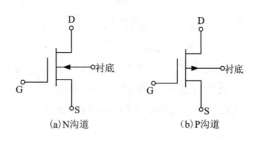

图 1-55　耗尽型 MOS 管的符号

绝缘栅场效应管特性曲线与结型管类似，此处不再赘述。应该指出的是，由于耗尽型绝缘栅场效应管有原始导电沟道，因此可以在正、负及零栅源电压下工作，灵活性较大。

3.3　场效应管的主要参数

（1）夹断电压 U_P

在 U_{DS} 为一定的条件下，使 I_D 等于一个微弱电流（如 50 μA）时，栅源之间所加电压称为夹断电压 U_P。此参数适用于结型场效应管和耗尽型 MOS 管。

（2）开启电压 U_T

在 U_{DS} 为某一定值的条件下，产生导电沟道所需的 U_{GS} 的最小值就是开启电压 U_T。它适用于增强型 MOS 管。

（3）饱和漏电流 I_{DSS}

在 $U_{GS}=0$ 的条件下，当 $U_{DS}>|U_P|$ 时的漏极电流称为饱和漏电流 I_{DSS}。它适用于结型场效应管和耗尽型 MOS 管。

（4）低频跨导 g_m

在 U_{DS} 一定时，漏极电流 I_D 与栅源电压 U_{GS} 的微变量之比定义为跨导，即：

$$g_m = \frac{dI_D}{dU_{GS}}\bigg|_{U_{DS}=常数} \qquad (1-4)$$

g_m 是表征场效应管放大能力的重要参数（相当于三极管的电流放大系数 β），其数值可通过在转移特性曲线上求取工作点处切线的斜率而得到，也可以在输出特性曲线上求得，单位为 mS（毫西门子）。g_m 的大小与管子工作点的位置有关。

对于工作于恒流区的结型场效应管和耗尽型 MOS 管，g_m 值也可根据下式计算：

$$g_{\mathrm{m}} = \frac{\mathrm{d}\left[I_{\mathrm{DSS}}\left(1 - \dfrac{U_{\mathrm{GS}}}{U_{\mathrm{P}}}\right)^2 \right]}{\mathrm{d}U_{\mathrm{GS}}} = -\frac{2I_{\mathrm{DSS}}}{U_{\mathrm{P}}}\left(1 - \frac{U_{\mathrm{GS}}}{U_{\mathrm{P}}}\right) = -\frac{2}{U_{\mathrm{P}}}\sqrt{I_{\mathrm{DSS}}I_{\mathrm{D}}} \qquad (1-5)$$

（5）直流输入电阻 R_{GS}

栅源极之间的电压与栅极电流之比定义为直流输入电阻 R_{GS}。绝缘栅场效应管的 R_{GS} 比结型场效应管大，可达 $10^9\,\Omega$ 以上。

（6）栅源击穿电压 $U_{\mathrm{(BR)GS}}$

对于结型场效应管，反向饱和电流急剧增加时的 U_{GS} 即为栅源击穿电压 $U_{\mathrm{(BR)GS}}$。对于绝缘栅场效应管，$U_{\mathrm{(BR)GS}}$ 是使二氧化硅绝缘层击穿的电压，击穿会造成管子损坏。

3.4　场效应管的特性比较及主要特点

3.4.1　特性比较

前面以 N 沟道管为例，分别对结型场效应管和 MOS 型场效应管的结构、符号、工作原理及特性曲线进行了介绍。对于 P 沟道管，其工作原理与 N 沟道管类似，但各极电压和电源电压的极性与 N 沟道管有差异。为了便于对比，将各种场效应管的特性列于表 1-2 中，供参考使用。

表 1-2　各种场效应管的符号、电压极性及特性曲线

种类	工作方式	符号及电流方向	电源极性		转移特性	输出特性
			U_{GS}	U_{DS}		
N 沟道结型场效应管	耗尽型		$-$	$+$		
P 沟道结型场效应管	耗尽型		$+$	$-$		
N 沟道 MOS 场效应管	耗尽型		$-$ $+$	$+$		
	增强型		$+$	$+$		

续表 1 – 2

种类	工作方式	符号及电流方向	电源极性		转移特性	输出特性
			U_{GS}	U_{DS}		
P 沟道 MOS 场效应管	耗尽型	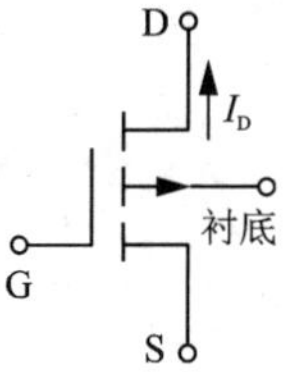 D I_D 衬底 G S	+ −	−	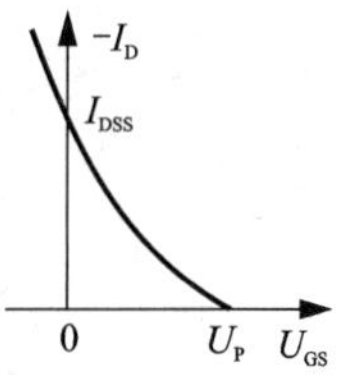 −I_D I_{DSS} 0 U_P U_{GS}	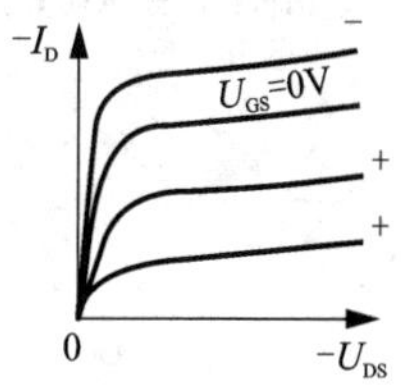 −I_D − $U_{GS}=0V$ + + 0 −U_{DS}
	增强型	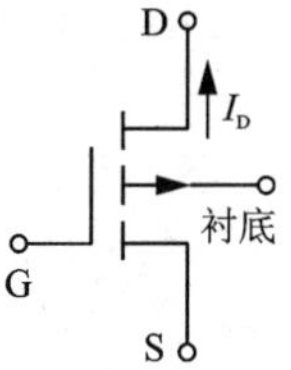 D I_D 衬底 G S	−	−	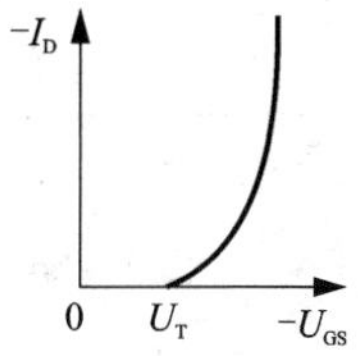 −I_D 0 U_T −U_{GS}	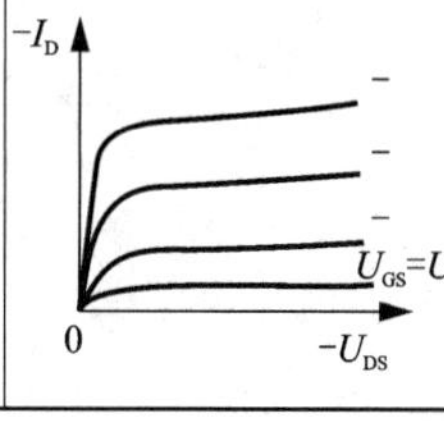 −I_D − − $U_{GS}=U_T$ 0 −U_{DS}

3.4.2　主要特点

（1）场效应管是一种电压控制器件，栅极几乎不取电流，所以其直流输入电阻和交流输入电阻极高。

（2）场效应管是单极型器件，即只由一种多数载流子（如 N 沟道的自由电子）导电，不易受温度和辐射的影响。

4　整流电路

小功率直流稳压电源一般由电源变压器、整流、滤波和稳压电路几个部分组成。把正弦交流电压转换成直流电压的一般方法是利用二极管的单向导电性对交流电压进行整流，使其成为脉动的直流电压，再利用电容或电感的储能特性对脉动的直流电压进行滤波，以减小其脉动量。对直流电源要求较高的设备，还要对滤波后的直流电压进行稳压，使其输出的直流电压在电网电压或负载变化时也能保持稳定。

将既有大小变化，又有方向变化的交流电压转换成只有大小变化而无方向变化的直流电压，这一变换过程称为"整流"。二极管整流就是利用二极管的单向导电性把电网供给的交流电变换成脉动直流电。单相整流电路可分为半波、全波、桥式等类型。

4.1　单相半波整流电路

4.1.1　单相半波整流电路的工作原理

为了简化分析，在讨论各整流电路时，一般均假定负载为纯电阻性，整流元件和变压器都是理想的，即认为二极管正向导通时电阻为零，正向导通压降忽略不计，反向截止时电阻为无穷大，变压器无内部压降，且输出稳定等。

电路如图 1 – 56（a）所示，设整流变压器的二次侧电压为

$$u_2 = \sqrt{2}U_2\sin\omega t$$

当 u_2 在正半周时，变压器二次侧电位为上正下负，二极管因正向偏置而导通，电流流

过负载。当 u_2 在负半周时，变压器二次侧电位为下正上负，二极管因反向偏置而截止，负载中没有电流流过。由于在正弦电压的一个周期内，R_L 上只有半个周期内有电流和电压，所以这种电路称为半波整流电路。负载电阻 R_L 及二极管 VD 对应于变压器二次侧电压的波形如图 1-56(b) 所示。

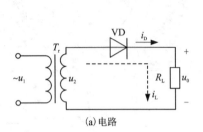
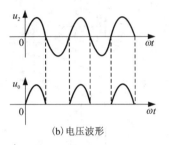

(a) 电路　　　　　　　　　(b) 电压波形

图 1-56　单相半波整流电路及波形

4.1.2　负载上的直流电压和电流值的计算

负载上得到的电压平均值为

$$U_L = U_O = \frac{1}{T}\int_0^{2\pi} u_o \mathrm{d}(\omega t) = \frac{1}{2\pi}\int_0^{\pi}\sqrt{2}U_2\sin\omega t\,\mathrm{d}(\omega t) = \frac{\sqrt{2}}{\pi}U_2 = 0.45U_2 \qquad (1-6)$$

负载中通过的电流平均值为

$$I_L = \frac{U_L}{R_L} = 0.45\frac{U_2}{R_L} \qquad (1-7)$$

通过以上讨论可以看出，由于单相半波整流电路只利用了交流电的半个周期，单相半波整流电路输出的直流电压只有变压器二次侧电压有效值的 45%，如果负载较小，考虑到二极管的正向电阻和变压器的内阻，转换效率还要更低。所以单相半波整流电路的效率是很低的。

4.1.3　二极管的选择

在图 1-56 中，加到二极管两端的最大反向电压 U_{RM}，是二极管截止时加到二极管上的 u_2 负半周的最大值。因此，在选用二极管时要保证二极管的最大反向工作电压大于变压器二次侧电压 u_2 的最大幅值，即

$$U_{RM} > \sqrt{2}U_2 \qquad (1-8)$$

因为通过二极管的电流与流经负载的电流相同，所以二极管的最大整流电流 I_F 应大于负载电流 I_L，即

$$I_F > I_L \qquad (1-9)$$

在工程实际中，为了使电路能安全、可靠地工作，选择整流二极管时应留有充分的余量，避免整流二极管处于极限运用状态。

整流电路输出电压的脉动系数 S 定义为输出电压基波的最大值与其平均值的比值。

$$S = \frac{U_{O1M}}{U_O} = \frac{\frac{\sqrt{2}}{2}U_2}{\frac{\sqrt{2}}{\pi}U_2} = 1.57 \qquad (1-10)$$

可见单相半波整流电路虽然结构简单、所用元件少，但输出电压脉动大、整流效果差，只适用于要求不高的场合。

例 1 – 5　某直流负载，电阻为 1 kΩ，要求工作电流为 15 mA，如果采用半波整流电路，试求变压器二次侧的电压值，并选择合适的整流二极管。

解：由于
$$U_o = R_L \cdot I_o = 1 \times 10^3 \times 15 \times 10^{-3} = 15 \ V$$

故
$$U_2 = \frac{1}{0.45} U_o = \frac{15}{0.45} = 33 \ V$$

流过二极管的平均电流为：$I_D = I_o = 15 \ mA$

二极管承受的反向电压为：$U_{RM} = \sqrt{2} U_2 = 1.41 \times 33 \approx 47 \ V$

根据以上求得的参数，查晶体管手册，可选用一只额定整流电流为 100 mA，最高反向电压为 50 V 的 2CZ52B 型整流二极管。

4.2　单相全波整流电路

4.2.1　单相全波整流电路工作原理

电路如图 1 – 57（a）所示，整流元件由两个二极管组成。在 u_2 的正半周时，VD_1 为正向导通，电流 i_{D1} 经 VD_1 流过 R_L 回到变压器的中心抽头。此时 VD_2 处于反向偏置而截止。

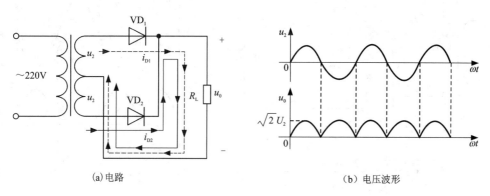

(a) 电路　　　　　　　　　　　　　　(b) 电压波形

图 1 – 57　单相全波整流电路

在 u_2 的负半周，VD_2 正向导通，电流 i_{D2} 经 VD_2 流过 R_L 回到变压器的中心抽头，此时 VD_1 处于反向偏置而截止。由此可见全波整流电路在 u_2 的正半周和负半周中，VD_1 和 VD_2 轮流导通，负载 R_L 在 u_2 的正、负半波中均有电流通过，且通过的电流方向相同，这样就将双向交流信号变成了单向信号。其电压波形如图 1 – 57（b）所示。

4.2.2　负载上的直流电压和电流值计算

负载上的直流电压
$$U_L = U_o = 2 \times 0.45 U_2 = 0.9 U_2 \tag{1 – 11}$$

负载中的平均电流
$$I_L = \frac{U_L}{R_L} = 0.9 \frac{U_2}{R_L} \tag{1 – 12}$$

比较图 1 – 56 和图 1 – 57 的电压波形可以看出，全波整流电路负载上的直流电压和平均电流是半波整流的两倍，所以它的整流效率比半波整流电路高一倍。

4.2.3　二极管的选择

从图 1-57(a)中可以看出,当一个二极管导通时,另一个处于截止状态,二极管承受的最大反向电压 U_{RM} 为 $2\sqrt{2}U_2$。因此在选用二极管时应保证

$$U_{RM} > 2\sqrt{2}U_2 \qquad (1-13)$$

由于二极管在 u_2 的正、负半周轮流导通,所以通过每一个二极管的电流是负载电流的一半,故二极管的选择应满足

$$I_F > \frac{1}{2}I_L \qquad (1-14)$$

通过上面的分析可以看出,虽然单相全波整流电路的整流效率比单相半波整流电路高一倍,但二极管所承受的最大反向电压 U_{RM} 却比单相半波整流电路要高一倍。

4.3　单相桥式整流电路

单相桥式整流电路如图 1-58(a)所示,该电路共用四只二极管,接成电桥型结构,故称其为桥式整流电路。

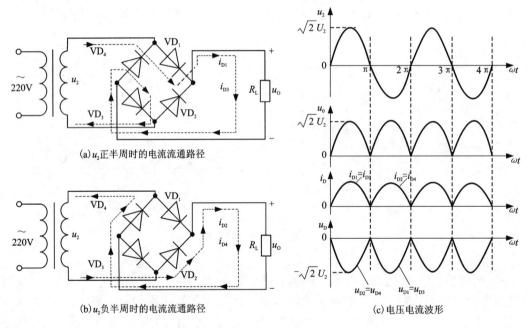

(a) u_2 正半周时的电流流通路径

(b) u_2 负半周时的电流流通路径

(c) 电压电流波形

图 1-58　单相桥式整流电路

4.3.1　单相桥式整流电路工作原理

在 u_2 正半周,变压器副边电压为上正下负,二极管 VD_1、VD_3 导通,电流流通路径如图 1-58(a)所示。在 u_2 负半周,变压器副边电压为下正上负,二极管 VD_2、VD_4 导通,电流流通路径如图 1-58(b)所示。可以看出在 u_2 整个周期里,负载中都有电流流过,而且电流的方向不变,负载上的电压波形见图 1-58(c)。

4.3.2 负载上直流电压和电流值的计算

$$U_O = \frac{1}{\pi}\int_0^\pi \sqrt{2}U_2\sin\omega t\,\mathrm{d}(\omega t) = \frac{2}{\pi}\sqrt{2}U_2 = 0.9U_2 \tag{1-15}$$

$$I_L = \frac{U_O}{R_L} = 0.9\frac{U_2}{R_L} \tag{1-16}$$

4.3.3 二极管的选择

从图 1-58(a)可以看出,截止管所承受的最大反向电压 U_{RM} 均为 $\sqrt{2}U_2$。因此在选用二极管时应保证

$$U_R > \sqrt{2}U_2 \tag{1-17}$$

由于二极管 VD_1、VD_3 和 VD_2、VD_4 是轮流导通的,所以通过每一个二极管的电流是负载电流的一半,故二极管的选择应满足

$$I_F > \frac{1}{2}I_L \tag{1-18}$$

单相桥式整流电路的优点是输出电压高,纹波电压较小,整流二极管所承受的最高反向电压较低,电源变压器得到了充分的利用,效率高,因而应用广泛。缺点是二极管用得较多。目前,器件生产厂商已经将四个整流二极管封装到一起,构成模块化的整流桥,使用更为方便。

例 1-6 某光电检测仪的光码盘电机,要求 9 V 直流电压和额定电流为 500 mA 的直流电源,试为该电源选择整流元件和整流变压器。

解:拟采用图 1-58(a)所示的单相桥式整流电路。

负载额定电压 $U_O = 9$ V,考虑每半周均有两只二极管导电,应当考虑 2×0.5 V 的正向压降。为此,变压器副边电压为

$$U_2 = \frac{U_O}{0.9} + 2 \times 0.5 = 11 \text{ V}$$

二极管截止时承受最高反向工作电压为

$$U_{RM} = \sqrt{2}U_2 = 11\sqrt{2}\text{V} = 15.6 \text{ V}$$

二极管额定电流

$$I_F = \frac{1}{2}I_L = 0.25 \text{ A}$$

由此,可以选择 2CZ53A,其额定正向整流电流平均值为 0.3 A,最高反向峰值电压为 25 V。

变压器变压比

$$n = \frac{U_1}{U_2} = \frac{220}{11} = 20$$

至于变压器副边电流有效值 I_2,应当根据整流电流平均值与有效值的关系求出。由电工知识可知

$$I_2 = 1.1I_{av} = 1.1 \times 0.5 \text{ A} = 0.55 \text{ A}$$

故应该选择 $U_2 = 11$ V,$I_2 \geqslant 0.55$ A,$n = 20$ 的整流变压器。

5　滤波电路

滤波电路的形式很多，常见的有电容滤波、电感滤波和复式滤波电路。

5.1　电容滤波电路

电容滤波电路是最简单、最有效和最常用的一种滤波电路。其基本工作原理就是利用电容的充放电作用，使负载电压趋于平滑。电容是一个储能元件，当外接电压高于电容两端电压时电容处于充电状态(吸收能量)。反之，当外接电压低于电容两端电压时电容处于放电状态(释放能量)。利用电容的这种储能作用，在整流电路输出脉动直流电压升高时储存能量，而在整流电路输出脉动直流电压减小时释放能量，从而使负载上得到较为平滑的直流电压。

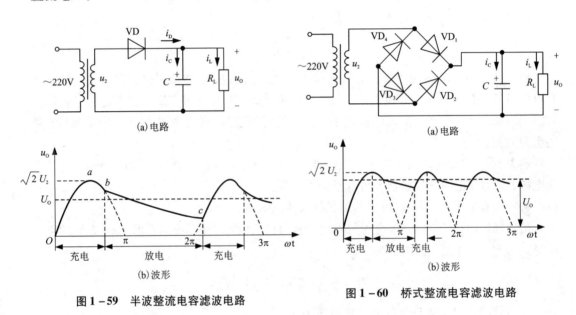

(a)电路　　　　　　　　　　　　　(a)电路

(b)波形　　　　　　　　　　　　　(b)波形

图1-59　半波整流电容滤波电路　　　　图1-60　桥式整流电容滤波电路

5.1.1　单相半波整流电容滤波电路

单相半波整流电容滤波电路如图1-59(a)所示，当u_2在正半周由零值上升的过程中，二极管处于正偏而导通，电源向负载供电，同时也给电容器C充电。电容上的电压u_C的极性为上正下负，且u_C等于u_2。当u_2上升到其最大值$\sqrt{2}U_2$时(图中a点)，u_C也充电到最大值$\sqrt{2}U_2$，如图1-59(b)中曲线的Oa段所示。当u_2上升到峰值后开始下降，电容因放电其两端电压u_C也开始下降，趋势与u_2基本相同，见图中曲线ab段。但是，由于电容是按指数规律放电，因而当u_2下降到一定值后，u_C的下降速度就会小于u_2的下降速度，使u_C大于u_2，从而导致VD反向偏置变为截止，C通过R_L放电，u_C按指数规律下降，见图中曲线bc段。放电的速度由放电时间常数$\tau = R_L C$决定。如果放电时间常数较大，放电过程比较长，这样即使是在u_2的负半周放电仍在进行。因此在u_2的负半周，负载上也会有电压。当u_2的下一个正半波来到后，只要u_2小于电容两端的电压，电容仍处于放电状态。直到u_2变化到大于电容两端的电压时，二极管又处于正向偏置而导通。u_2又给负载供电，同时又给电容充电。如此周而复始地进行下去。于是负载上的电压就比没有电容滤波器时平滑得多。

5.1.2　单相全波桥式整流电容滤波电路

图 1-60(a)为单相全波桥式整流电容滤波电路,它的工作过程与单相半波整流电容滤波电路完全一样,只是电容的充放电时间更短,负载上的直流电压更为平滑。其输出电压波形如图 1-60(b)所示。

5.1.3　电容滤波电路的分析与估算

(1)负载变化对输出电压的影响

当电容一定时,若负载电阻减小(即负载增加),则时间常数 R_LC 减小,放电速度加快,因此,输出电压平均值将下降,且脉动变大,如图 1-61 所示。

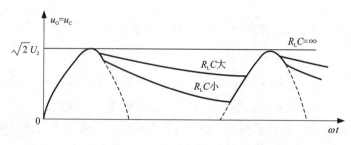

图 1-61　R_LC 对输出电压波形的影响

(2)电容 C 的选择及输出电压平均值 U_0 的估算

有电容滤波的整流电路的输出电压大于无电容滤波整流电路的输出电压。为了获得较好的滤波效果,在实际工作中经常根据下式选择滤波电容。

$$R_LC \geqslant (3 \sim 5)\frac{T}{2} \tag{1-19}$$

式中 T 为电网电压的周期。由于一般情况下滤波电容的容量都比较大,从几十微法到几千微法,所以通常选用有极性的电解电容器。在接入电路时,应注意极性不要接反,电容的耐压值应大于 $\sqrt{2}U_2$。

在 R_L 和 C 满足上式时,输出电压平均值可按以下各式估算:

$$U_0 = U_L \approx U_2 \quad (半波) \tag{1-20}$$

$$U_0 = U_L \approx 1.2U_2 \quad (全波) \tag{1-21}$$

(3)二极管的导通角

在半波整流及桥式整流电路中,每只二极管均有半个周期处于导通状态,也称二极管的导通角 θ 等于 π。加电容滤波后,只有当 $|u_2|$ 大于 u_c 时,二极管才导通,因此每只二极管的导通角都小于 π。并且 R_LC 的值愈大,滤波效果愈好,θ 将愈小。由于电容滤波后输出电流平均值增大,而二极管的导通角却减小,因此,整流管在短暂的导通时间内将流过一个很大的冲击电流,这对管子的使用寿命不利,所以必须选择较大容量的整流二极管,一般可按 $(2 \sim 3)I_D$ 来选择。

表 1-3　几种小功率整流电容滤波电路指标比较

电路形式	变压器副边电压有效值	空载时输出电压 U_o	带载时输出电压 U_o	流过每个二极管的平均电流 I_{VD}	二极管承受的最大反向电压 U_{RM}
半波整流电容滤波	U_2	$\sqrt{2}U_2$	$\approx U_2$	I_L	$2\sqrt{2}U_2$
全波整流电容滤波	U_2+U_2	$\sqrt{2}U_2$	$\approx 1.2U_2$	$\frac{1}{2}I_L$	$2\sqrt{2}U_2$
桥式整流电容滤波	U_2	$\sqrt{2}U_2$	$\approx 1.2U_2$	$\frac{1}{2}I_L$	$\sqrt{2}U_2$

在电容滤波电路中，二极管所承受的最大反向电压为：

$$U_{RM}=2\sqrt{2}U_2 \qquad (半波整流电容滤波)$$
$$U_{RM}=2\sqrt{2}U_2 \qquad (全波整流电容滤波)$$
$$U_{RM}=\sqrt{2}U_2 \qquad (桥式整流电容滤波)$$

带电容滤波的整流电路简单易行，输出电压平均值高，适用于负载电流较小且变化较小的场合。几种小功率整流电容滤波电路的性能指标如表 1-3 所示。

例 1-7　在桥式整流电容滤波电路中，若要求输出直流电压为 24 V，输出电流为 100 mA。试选择整流二极管和滤波电容。

解：(1) 选择整流二极管
流过每个二极管的电流平均值为

$$I_{VD}=\frac{1}{2}I_L=\frac{100}{2}=50 \ mA$$

由式(1-21)取 $U_o=1.2U_2$，所以变压器副边电压有效值：

$$U_2=\frac{U_o}{1.2}=\frac{24}{1.2}=20 \ V$$

二极管承受的最大反向电压为

$$U_{RM}=\sqrt{2}U_2=\sqrt{2}\times20\approx28 \ V$$

根据 I_{VD} 和 U_{RM} 可选 1N4001 型整流二极管，其额定整流电流为 1 A，最高反向工作电压为 50 V，满足电路要求。

(2) 选滤波电容器
根据式(1-19)取：

$$R_LC=5\times\frac{T}{2}=5\times\frac{0.02}{2}=0.05 \ s$$

$$R_L=\frac{U_o}{I_L}=\frac{24}{0.1}=240 \ \Omega$$

$$C=\frac{0.05}{R_L}=\frac{0.05}{240}=208 \ \mu F$$

电容耐压应大于 $\sqrt{2}U_2=28(V)$，故可选用 330 μF/50 V 的电解电容器。

5.2 电感滤波电路

在大电流负载情况下，利用电容滤波，使得整流管及电容器的选择很困难，甚至不太可能，因此常用电感滤波。电感滤波就是在整流电路与负载电阻之间串联一个电感线圈 L，如图 1-62 所示。

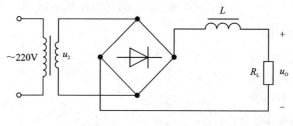

图 1-62 电感滤波电路

当通过电感线圈的电流变化时，电感线圈所产生的自感电动势将阻止电流的变化。当通过电感线圈的电流增加时，电感线圈产生的自感电动势方向与电流方向相反，阻止电流的增加，同时电感储存能量。当电流减小时，自感电动势方向与电流方向相同，阻止电流的减小，同时电感将储存的能量释放，以补偿电流的减小。因此，经电感滤波后，负载电压和电流的脉动减小，波形变得平滑。L 愈大，R_L 愈小，滤波效果愈好，所以电感滤波器适用于负载电流较大的场合。

5.3 复式滤波电路

不管是电容滤波器还是电感滤波器，它们都有各自的优点及不足。当单用电容或电感进行滤波难以满足要求时，可采用复式滤波电路。表 1-4 列出了几种复式滤波电路的形式、性能特点及适用场合，供选用时参考。

表 1-4 几种复式滤波电路的性能比较

名称	LC 滤波	LC-π 型滤波	RC-π 型滤波
电路形式			
U_o	$\approx 0.9U_2$	$\approx 1.2U_2$	$\approx 1.2\dfrac{R_L}{R+R_L}U_2$
整流管冲击电流	小	大	大
适用场合	大电流且变动大的负载	小电流负载	小电流负载

6　稳压电路

经整流和滤波后的输出电压，虽然脉动的交流成分很小，但是仍会随交流电源电压的波动和负载的变化而变化，稳定性较差。不能直接用于一些精密测量仪器和计算机等自动控制设备。为了获得稳定性好的直流电压，必须加上稳压电路。稳压电路通常有并联型、串联型和集成稳压器等形式，下面介绍并联型、串联型稳压电路和三端集成稳压器。

6.1　并联型稳压电路

硅稳压二极管是组成并联型稳压电路的最基本的元件，它有稳定电压的作用，所以又简称稳压管。稳压管可长期工作在反向击穿区，利用其反向电流可大范围变化而反向电压基本不变的特征来稳压。稳压管并联型稳压电路如图 1－63 所示。

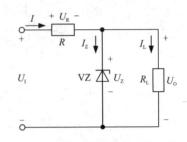

图 1－63　硅稳压管并联型稳压电路

经过桥式整流和电容滤波电路得到的电压 U_I，再经过限流电阻 R 和硅稳压二极管 VZ 构成的稳压电路接到负载 R_L 上。由图可知，$U_O = U_I - I_R = U_Z$，$I = I_Z + I_L$。

其稳压原理如下：设负载电阻不变，当输入电压 U_I 增大时，输出电压将上升，使稳压管的反向电压略有增加。根据稳压管反向击穿特性，稳压管的反向电流将大幅度增加，于是流过电阻的电流 I 也将增加很多，所以限流电阻上的电压将增大，使得 U_I 增量的绝大部分降落在 R 上，从而使输出电压 U_O 基本保持不变。其工作过程如下：

$$U_I \uparrow \to U_O \uparrow \to I_Z \uparrow \to I \uparrow \to U_R \uparrow \to U_O \downarrow$$

设输入电压 U_I 不变，当负载电阻 R_L 减小时，流过负载的电流 I_L 将增大，导致限流电阻上的总电流 I 增大，则电阻上的压降增大。因输入电压不变，所以使输出电压下降，即稳压管上的电压下降，其反向电流 I_Z 立即减小，如果 I_L 的增加量和 I_Z 的减小量基本相等，则 I 基本不变，输出电压 U_O 也基本不变，上述过程可描述为：

$$R_L \downarrow \to I_L \uparrow \to I \uparrow \to U_R \uparrow \to U_O \downarrow \to I_Z \downarrow \to U_R \downarrow \to U_o \uparrow$$

如果 R_L 增大，则变化过程相反。

由此可见，稳压管的电流调节作用是稳压的关键，并通过限流电阻的调压作用达到稳压的目的。这种电路结构简单，调试方便，但稳定性能较差，输出电压不易调整。一般适用于负载电流较小、稳压要求不高的场合。

例 1－8　稳压电路如图 1－63 所示。要求 $U_O = 12$ V，已知 $R_L = 2$ kΩ，$R = 1$ kΩ，稳压管的 $U_Z = 12$ V，$I_{Zmax} = 20$ mA，保证稳压管工作在反向击穿的最小稳定电流 $I_{Zmin} = 4$ mA，试问：

（1）要使稳压管有稳压作用，直流输入电压 U_I 的最小值和最大值各是多少？

（2）当 $U_I = 15$ V 时，稳压电路能否正常工作？此时 U_O 是多少？

解：（1）正常工作时，必须满足 $I_{Zmin} \leq I_Z \leq I_{Zmax}$。

$$I_O = \frac{U_O}{R_L} = \frac{12}{2} = 6 \text{ mA}$$

流过 R 的电流不能小于：

$$I_{Rmin} = I_{Zmin} + I_O = 4 + 6 = 10 \text{ mA}$$

所以输入电压不能小于

$$U_{Imin} = U_O + I_{Rmax}R = 12 + 10 \times 1 = 22 \text{ V}$$

流过 R 的电流不能大于

$$I_{Rmax} = I_{Zmax} + I_O = 20 + 6 = 26 \text{ mA}$$

输入电压不能大于

$$U_{Imax} = U_O + I_{Rmax}R = 12 + 26 \times 1 = 38 \text{ V}$$

可见,稳压电路的输入电压 U_I 在 22~38 V 之间变动时稳压管可以正常工作。

(2)当 U_I 降到 15 V 时,稳压电路不能正常工作,稳压管处于反向截止状态,输出电压为

$$U_O = \frac{R_L U_I}{R + R_L} = \frac{2 \times 15}{2 + 1} = 10 \text{ V}$$

6.2 串联型稳压电路

用硅稳压管组成的稳压电路具有体积小、电路简单的优点,其不足之处是它的输出电压、输出电流和输出功率受到稳压管的限制。另外硅稳压管组成的稳压电路无法实现大电流输出和输出电压随意可调的要求。为此可采用串联型直流稳压电路。

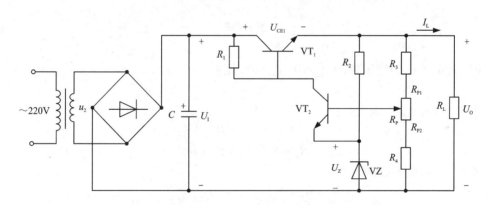

图 1 - 64 串联型稳压电路

典型串联型稳压电路如图 1 - 64 所示,它通常由取样环节、基准电压、比较放大、调整管四个部分组成。其中 VT_1 为调整管;VT_2 构成比较放大环节,R_1 是 VT_2 的集电极负载电阻,兼作 VT_1 的基极偏置电阻;VZ 和 R_2 组成基准电压 U_Z;R_3、R_p 和 R_4 组成取样环节,取出输出电压 U_O 的一部分作为反馈电压,加到 VT_2 的基极,电位器 R_p 还可用来调节输出电压。

串联型稳压电路的工作原理可以这样描述:当由于某种原因使输出电压 U_O 升高(降低)时,取样电路就将这一变化趋势送到放大器的输入端与基准电压进行比较放大,使放大器的输出电压,即调整管基极电压降低(升高),因电路采用射极输出形式,故输出电压 U_O 必然随之降低(升高),从而使 U_O 得到稳定。由于电路稳压是通过控制串接在输入电压与负载之间的调整管实现的,故称之为串联型稳压电路。其具体稳压过程为:

如果电网电压或负载变化引起输出电压 U_O 上升,则将发生如下的调节过程:

$$U_O \uparrow \to U_{B2} \uparrow \to U_{BE2} \uparrow \to I_{B2} \uparrow \to I_{C2} \uparrow \to U_{C2}(=U_{B1}) \downarrow$$

$$U_O \downarrow \underline{\hspace{5cm}} U_{CE1} \uparrow \leftarrow I_{B1} \downarrow \leftarrow U_{BE1} \downarrow$$

最后使 U_O 基本保持不变，若由于任何原因引起 U_O 下降时，则进行相反的调节过程。

例 1-9 串联型稳压电路如图 1-65 所示，其中 $U_Z = 2$ V，$R_1 = R_2 = 2$ kΩ，$R_P = 10$ kΩ，试求输出电压的最大值、最小值各为多少？

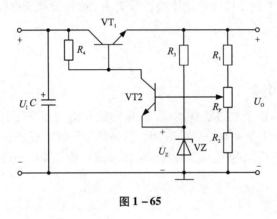

图 1-65

解：忽略 VT$_2$ 的管压降，$U_{BE2} \approx 0$，$I_{B2} \approx 0$，则：

$$U_{B2} \approx U_Z$$

当 R_P 调到最上端时，有：

$$\frac{U_Z}{R_P + R_2} = \frac{U_O}{R_1 + R_P + R_2}$$

此时 U_O 取最小值，即

$$U_{Omin} = \frac{R_1 + R_P + R_2}{R_P + R_2} U_Z = \frac{2+10+2}{10+2} \times 2 \approx 2.3 \, (\text{V})$$

当 R_P 调到最下端时，U_O 取最大值

$$\frac{U_Z}{R_2} = \frac{U_O}{R_1 + R_P + R_2}$$

$$U_{Omax} = \frac{R_1 + R_P + R_2}{R_2} U_Z = \frac{2+10+2}{2} \times 2 = 14 \, (\text{V})$$

6.3　三端集成稳压器及应用电路

利用分立元件组装的稳压电路，输出功率大、安装灵活、适应性广，但体积大、焊点多、调试麻烦、可靠性差。随着电子电路集成化的发展和功率集成技术的提高，出现了各种各样的集成稳压器。集成稳压器是指将调整管、取样放大、基准电压、启动和保护电路等全部集成在一半导体芯片上而形成的一种稳压集成块，称为单片集成稳压器。它具有体积小、可靠性高、使用简单等特点，尤其是集成稳压器具有多种保护功能，包括过流保护、过压保护和过热保护等。集成稳压电路种类很多，按引出端的数目可分为三端集成稳压器和多端集成稳压器。其中，三端集成稳压器的发展应用最广，采用和三极管同样的封装，

使用和安装也和三极管一样方便。三端集成稳压器只有三个外部接线端子，即输入端、输出端和公共端。三端稳压器由于使用简单、外接元件少、性能稳定，因此广泛应用于各种电子设备中。三端稳压器可分为固定式和可调式两类。

6.3.1　三端集成稳压器的主要参数

集成稳压器的参数可分为性能参数、工作参数和极限参数三类。

(1)性能参数

集成稳压器的性能参数是指在给定的工作条件下，集成稳压器本身所能达到的性能指标。其中主要有电压调整率、电流调整率和输出电阻等。这些参数的定义与前述直流稳压电源相应的技术指标相同。

(2)工作参数

工作参数是指集成稳压器能够正常工作的范围和保证正常工作所必需的条件。工作参数主要有以下几个：

① 最大输入—输出电压差 $(U_I - U_O)_{max}$

输入—输出电压差是指集成稳压器输入端和输出端之间的电压降。这个电压降所允许的最大值，就是稳压器的最大输入—输出电压差，若超过此值，会造成稳压器被击穿而损坏。

② 最小输入—输出电压差 $(U_I - U_O)_{min}$

能保持集成稳压器正常稳压的输入—输出电压降的最小值，就是最小输入—输出电压差，若小于此值，稳压器将失去稳压(电压调整)作用。

③输出电压范围 $(U_{Omin} \sim U_{Omax})$

对于固定输出集成稳压器，其输出电压在器件型号中以标称值给出。但由于半导体器件固有的离散性，实际输出电压与标称值之间具有一定的偏差。因此，器件参数表中一般给出输出电压范围或输出电压的偏差(以 $\Delta U_O\%$ 表示)。

对于可调输出集成稳压器，其输出电压范围是指在规定的输入—输出压差内，能获得稳定输出电压的范围。

④ 静态工作电流 I_Q

静态工作电流是指在加上输入电压以后，集成稳压器内部电路的工作电流。当输入电压变化或输出电流变化时，静态工作电流也相应地变化。这个变化值越小越好。

(3)极限参数

极限参数是表示集成稳压器被破坏的工作参数，反映集成稳压器的安全工作条件。

① 最大输入电压 U_{Imax}

最大输入电压是保证集成稳压器能安全工作的最大输入电压值。它取决于稳压器内部器件的耐压和功耗，使用中不应超过此值。需要说明的是单独考虑最大输入电压是没有意义的，只有和最大输入—输出电压差结合考虑，才能确定具体电路中稳压器输入端的最大输入电压。

② 最大输出电流 I_{Omax}

集成稳压器能正常工作的最大输出电流定义为最大输出电流，具有内部过流保护的集成稳压器，当输出电流达到规定的电流极限时，内部过流保护电路将起保护作用。

③ 最大功耗 P_M

集成稳压器的最大功耗 P_M 表示它所能承受的最大耗散功率。由于集成稳压器静态工作电流较小，所以在输出电流较大时，稳压器的功耗可表示为

$$P \approx (U_I - U_O)I_O$$

需要说明的是，集成稳压器的最大功耗与稳压器的外壳、外加散热器尺寸及环境温度有关。我们可以用集成稳压器的最大功耗 P_M 来表示它的热特性，只要它的芯片发热程度不超过最高结温或者处于芯片热保护能力之内，便认为集成稳压器的功耗是处于允许范围之内。

6.3.2 三端固定电压输出集成稳压器及应用电路

（1）型号和主要技术指标

固定式三端集成稳压器的三端是指电压输入、电压输出、公共接地三端。此类稳压器输出电压有正、负之分。三端固定式集成稳压器的通用产品主要有 CW7800 系列（输出固定正电源）和 CW7900 系列（输出固定负电源）。输出电压由具体型号的后两位数字代表，有 5 V，6 V，9 V，12 V，15 V，18 V，24 V 等。其额定输出电流以 78(79) 后面的字母来区分。L 表示 0.1 A，M 表示 0.5 A，无字母表示 1.5 A。如 CW7812 表示稳压输出 + 12 V 电压，额定输出电流为 1.5 A，其外形和引脚排列如图 1 – 66(a) 所示。

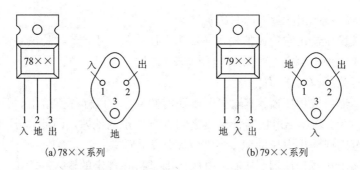

(a) 78×× 系列　　　　　(b) 79×× 系列

图 1 – 66　三端固定稳压器外形及引脚排列

三端集成稳压器内部电路设计完善，辅助电路齐全，具有过流、过压、过热保护。由它构成的稳压电路有多种，可以实现提高输出电压、扩展输出电流以及输出电压可调的功能。

（2）应用电路

① 基本应用电路。

三端集成稳压器的基本应用电路如图 1 – 67 所示。其中图 (a) 是用 CW7812 组成的输出 12 V 固定电压的稳压电路。图中 C_i 用以减小纹波以及抵消输入端接线较长时的电感效应，防止自激振荡，并抑制高频干扰。一般取 0.1 ~ 1 μF。C_o 用以改善负载的瞬态响应，减小脉动电压并抑制高频干扰，可取 1 μF。在电子电路中使用时要防止公共端开路，同时 C_i 和 C_o 应紧靠集成稳压器安装。电子电路中，常常需要同时输出正、负电压的双向直流稳压电源，由集成稳压器组成的此类电源形式较多。图 (b) 是其中的一种，它由 CW7815 和 CW7915 系列集成稳压器以及共用的整流滤波电路组成，该电路具有共同的公共端，可以同时输出正、负两种电压。

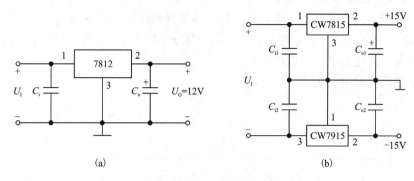

图 1 – 67　三端集成稳压器基本应用电路

② 提高输出电压的电路

当所需稳压电源输出电压高于集成稳压器的标准输出电压时，可以采用升压电路来提高输出电压。图 1 – 68(a)是外接稳压管来提高输出电压的电路，由图可以看出

$$U_0 = U_{\times\times} + U_Z$$

式中 $U_{\times\times}$ 是集成稳压器的输出电压，U_Z 是稳压管的稳定电压。电阻 R 是稳压二极管的限流电阻，二极管 VD 具有保护稳压器的作用，正常工作时 VD 处于反向截止状态。当输出端短路时，为防止稳压二极管通过集成稳压器的调整端和输出端接地，形成通路而损坏集成稳压器，可以在输出端接入二极管，电流可通过二极管流到输出回路，避免了电流由稳压器的接地端倒流进稳压器而造成稳压器损坏。

图 1 – 68(b)是利用外接电阻提高输出电压的电路，R_1 上的电压就是集成稳压器的标准输出电压。当忽略稳压器的静态工作电流 I_Q 时，

$$U_0 \approx \left(1 + \frac{R_2}{R_1}\right)U_{\times\times}$$

从上式可看出 $\frac{R_2}{R_1}U_{\times\times}$ 是所提高的电压部分，由 R_1 和 R_2 的比值来决定。当集成稳压器的输入电压变化时，其静态工作电流 I_Q 也随之变化，将影响集成稳压电源的稳压精度。所以，要求提高的电压值越大，R_2 取值越大，稳压电源的稳压精度就越低。

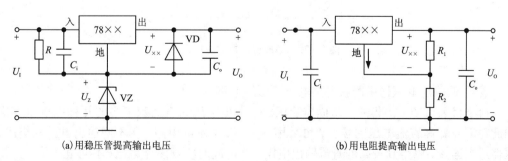

(a)用稳压管提高输出电压　　　　　　(b)用电阻提高输出电压

图 1 – 68　提高输出电压的电路

③ 扩大输出电流的电路

CW7800 系列的最大输出电流为 1.5 A，若要求稳压电源的输出电流大于 1.5 A 时，则必须采取扩展输出电流的办法。这可用外接功率管来解决。但要注意所接的三极管只能用 PNP 型晶体管，若必须采用 NPN 晶体管，则可用 PNP 型晶体管与它接成复合管的形式。图 1 – 69 是大电流输出的稳压电源电路。

稳压电源的输出电流为

$$I_O = I_C + I_{CW}$$

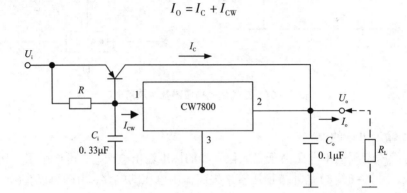

图 1 – 69   大电流输出的稳压电源电路

需要注意的是，由于采用外接扩流管，因此会对集成稳压器的稳压精度有影响。

由于三端集成稳压器价廉易购，因此用并联法扩大输出电流也是一种简单而有效的方法。如图 1 – 70 所示，其最大输出电流可达到单个集成稳压器最大输出电流的 n 倍，n 为并联稳压器的个数。为了避免因稳压器特性差异太大而导致某个稳压器过热，必要时可进行参数的测试筛选。对于固定负载，也可加一很小的均流电阻，如下图中虚线所示。

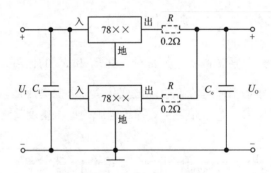

图 1 – 70   集成稳压器的并联运用

④ 用低输出电压稳压器获得高电压输出的电路

由于目前市场上出售的三端固定稳压器的输出电压只有为数不多的几种低电压规格，因此在需要较高直流电压的场合，可采用图 1 – 71 所示的电路，用不同输出电压的集成稳压器适当连接，以得到较高的直流输出电压，并可同时实现多路输出（不同电压值）。图 1 – 71 电路中第一级稳压器不受最高输入电压的限制，各级稳压器也不受最小输入—输出电压差的限制，因此使用灵活方便。当然，稳压器额定输出电流的选配，应保证前级大于后级，必要时前级稳压器也可并联使用。

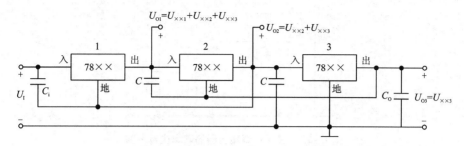

图 1-71 用低输出电压稳压器获得高电压输出的电路

6.3.3 三端可调电压输出集成稳压器及应用电路

三端固定式稳压器虽然通过外接电路的变化可以构成多种形式的稳压电源和其他电路,但性能指标有所下降。另外,固定输出电压的稳压电源使用起来也不太方便,能够解决上诉问题的便是三端可调式输出电压集成稳压器。它是在三端固定式稳压器基础上发展起来的一种性能更为优异的集成稳压器件,它除了具备三端固定式稳压器的优点外,既有正压稳压器,又有负压稳压器,同时就输出电流而言,有 100 mA ~ 0.5 A ~ 1.5 A 等各类稳压器,还可用少量的外接元件,实现大范围的输出电压连续调节(调节范围为 1.2 ~ 37 V),使用更为方便。三端可调稳压器的外形及引脚排列如图 1-72 所示。

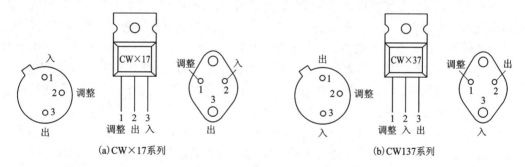

(a)CW×17系列   (b)CW137系列

图 1-72 三端可调稳压器的外形及引脚排列

其典型产品有输出正电压的 CW117、CW217、CW317 系列和输出负电压的 CW137、CW237、CW337 系列。同一系列的内部电路和工作原理基本相同,只是工作温度不同。如 CW117、CW217、CW317 的工作温度分别为 $-55 \sim 150℃$、$-25 \sim 150℃$、$0 \sim 125℃$。根据输出电流的大小,每个系列又分为 L 型系列($I_0 \leqslant 0.1$ A)、M 型系列($I_0 \leqslant 0.5$ A)。如果不标 M 或 L,则表示该器件的 $I_0 \leqslant 1.5$ A。

三端可调集成稳压器输出端与调整端之间的电压为基准电压 U_{REF},其典型值为 $U_{REF} = 1.25$ V。流过调整端的电流典型值为 $I_{REF} = 50$ μA。正常工作时,只要在输出端上外接两个电阻,就可获得所要求的输出电压值。三端可调稳压器的基本应用电路如图 1-73 所示。由图可知:

$$U_O = U_{R1} + U_{R2} = U_{REF} + \left(\frac{U_{REF}}{R_1} + I_{REF} \right) R_2 = U_{REF} \left(1 + \frac{R_2}{R_1} \right) + I_{REF} R_2 \approx 1.25 \times \left(1 + \frac{R_2}{R_1} \right)$$

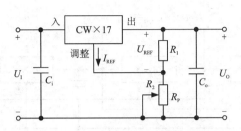

图 1 - 73　三端可调稳压器的基本应用电路

在空载情况下，为给稳压器的内部工作电源提供通路，并保持输出电压的精度和稳定，要选择精度高的电阻，并且电阻要紧靠稳压器，防止输出电流在连线电阻上产生误差电压。电阻 R_1 一般选取 $100 \sim 120\Omega$，这样一来，只要调节电位器 R_P 就可改变 R_2 的大小，从而调节输出电压 U_o 大小。因为基准电压在输出端和调整端之间，这就决定了输出电压 U_o 大小只能从 1.25 V 以上开始调节，如果要求从 0 V 开始连续可调的稳压电源，可将 R_2 不接地，而接到一个 – 1.25 V 的电位上，而且输出电压的调节范围受集成稳压器最大输入—输出电压差的限制，对 CW117/CW217/CW317 来说，这个数值为 37 ~ 40 V。调整器上的电容器 C_i 可以消除长线引起的自激振荡，C_o 是用来抑制容性负载(500 ~ 5000Pf)时的阻尼振荡。

需要说明的是，在使用集成稳压器时，要正确选择输入电压的范围，保证其输入电压比输出电压至少高 2.5 ~ 3 V，即要有一定的压差。另一个不容忽视的问题是散热，因为三端集成稳压器工作时有电流通过，且其本身又具有一定的压差。这样三端集成稳压器就有一定的功耗，而这些功耗一般都转换为热量。因此，在使用中、大电流三端稳压器时，应加装足够尺寸的散热器，并保证散热器与集成稳压器的散热头(或金属底座)之间接触良好，必要时两者之间要涂抹导热胶以加强导热效果。

CW117/CW217/CW317 的最大输出电流为 1.5 V，如果需要更大的输出电流，必须采取扩流措施，可以根据需要采用外接 PNP 功率晶体管和利用并联集成稳压器的办法。

6.3.4　集成稳压器使用注意事项

虽然集成稳压器自身均具有多种保护功能，在正常工作过程中的可靠性较高，但在安装、维修和调试过程中，若不注意仍会导致损坏。因此，在使用中应注意以下几点：

①切忌接错引线。对三端集成稳压器，如果将输入和输出反接，则当电压超过某一值(一般为 7 V)时，可造成器件损坏。

②输入电压不能过低。稳压器的输入电压 U_I 不能低于输出电压 U_o 和最小压差 $(U_I - U_o)_{min}$ 之和，即 $U_I \geqslant U_o + (U_I - U_o)_{min}$，否则稳压器的稳压性能将降低，甚至不能正常工作。

③输入电压不可过高。输入电压不能超过 U_{Imax}，以免损坏器件。

④防止瞬态过电压。如果瞬态电压超过输入电压的最大值或低于地电位(对正电压输出稳压器而言)0.8 V 以下，并具有足够的能量时，会造成稳压器的损坏，尤其当输入端离滤波电容较远的情况下。为此，可在输入端和公共端之间加接一定容量(通常为 0.33 μF)的电容，以抑制输入瞬态过电压。

⑤对于大电流稳压器，滤波电路中滤波电容的容量要足够大，否则将导致稳压器负载能力变差。

⑥防止输入端短路。如果稳压器输出端所接电容 C_o 容量较大，在有一定输出电压时，若输入端短路，则 C_o 所存储的电荷将通过稳压器内部调整管的发射结泄放，有可能击穿调整管。所以必要时可在输入与输出端之间跨接一个保护二极管，如图 1 - 74 所示。

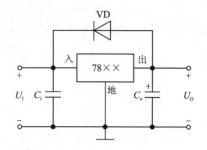

图 1 - 74 集成稳压器的输入短路保护

⑦大电流稳压器要注意缩短连接线和加装足够的散热器。

6.4 开关稳压电源

所谓开关稳压电源，实质是一个受控制的电子开关。电子开关在直流稳压电源中做调整元件，通过改变调整器件的导通时间和截止时间的相对长短，来改变输出电压的大小，达到稳定输出电压的目的。

在讨论串联线性稳压电源(包括线性集成稳压器)时我们已经知道，它是通过改变调整管上的压降来实现稳压的，调整管工作于放大区，对于大范围可调线性稳压电源来说，如果输入电压与输出电压差别较大时，调整管的功耗甚至会比真正使用的功耗还大，效率只能达到 30% ~50% 左右。而开关式稳压电源是利用控制电子开关的时间比例来达到稳压的目的。虽然开关稳压电源也采用三极管作调整管，但它工作于开关状态，导通时管子深度饱和，管压降很小，关断时电流趋近于零，两种状态功耗都很小，开关稳压电源本身的效率一般能达到 80% ~90%，甚至更高。

随着半导体技术的高度发展，集成开关稳压电源也应运而生，目前已形成了各种功能完善的集成开关稳压电源系列，使得开关稳压电源的制作和调试日益简化，更促进了开关电源的普及和应用。

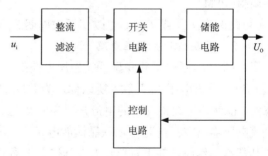

6.4.1 开关稳压电源基本原理

开关稳压电源的基本结构如图 1 -75 所示。

图 1 -75 开关稳压电源基本结构

交流电压 u_i 经过整流滤波电路转换为直流电压后，通过开关元件的开、断变为方波，然后将方波通过储能电路再转换为平滑的直流电压。控制电路主要是控制开关元件的开关频率或导通(开)、关断(关)的时间比例，从而实现稳压控制。开关稳压电路的原理及波形如图 1 -76 所示，图中 U_1 为输入直流电压，U_o' 为输出方波电压，VT 为理想开关管。方波电压的平均值为：

$$U_o = \frac{1}{T} \int_0^{T_{on}} U_1 dt = \frac{U_1 T_{on}}{T} = \frac{U_1(T - T_{off})}{T} = U_1 \delta$$

式中：T_{on} 为开关管导通时间；

T_{off} 为开关管截止时间；

$\delta = \dfrac{T_{on}}{T}$为方波的脉冲占空比。

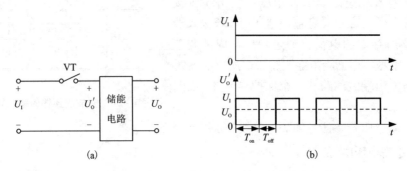

图1-76　开关稳压电路工作原理图

只要适当改变脉冲占空比,就可保持方波电压的平均值 U_0 的稳定,加大 T_{on}(或保持 T_{on} 不变减小 T)可以提高 U_0;反之,减小 T_{on} 可以降低 U_0。因此,只要在电路中通过某种方法用输出电压的变化量去控制开关管的导通时间,就能得到稳定的输出电压,从而实现稳压控制。δ 的控制有以下几种方式:

(1)在开关周期 T 不变的情况下,改变导通时间 T_{on},对脉冲的宽度进行调制,称为脉冲宽度调制(PWM)。

(2)在 T_{on}(或 T_{off})不变的情况下,改变开关周期 T,对脉冲的频率进行调制,称为脉冲频率调制(PFM)。

(3)既改变 T_{on}(或 T_{off}),也改变开关周期 T,称为脉冲宽度、频率混合调制。

6.4.2　并联型开关稳压电路

图1-77(a)画出了并联型开关稳压电路的开关管和储能电路。因为开关管 VT 和输入电压 U_I 以及输出电压 U_0 并联,所以称之为并联型。开关稳压电路的调整管是工作在开关状态的,也就是说调整管中的电流是时断时续的。那么,怎样才能把断续的电压变成连续的直流电压输出呢?这时必须依靠储能电路。

其基本工作原理如下:当开关管基极上加有正脉冲电压时,开关管饱和导通,集电极电位接近于零,二极管 VD 反偏截止,输入电压 U_I 通过电流 i_L 向电感 L 储能,同时由已充了电的电容 C 供给负载电流,电流流通路径如图1-77(b)所示。当开关管基极上没有正向脉冲电压或所加的是负脉冲电压时,开关管 VT 截止。由于电感中电流不能突变,因此这时电感 L 两端产生自感电动势并通过续流二极管 VD 向电容 C 充电,补充刚才放电时消耗的电能,并同时向负载 R_L 供电,电流流通路径如图1-77(c)所示。当电感 L 中释放的能量逐渐减小时,就由电容 C 向负载 R_L 放电,并很快又转入开关管饱和导通状态,再一次由输入电压 U_I 向电感 L 输送能量。用这种并联型电路可以组成不用电源变压器的开关稳压电路。

6.4.3　串联型开关稳压电路

图1-78(a)是一个典型的串联型开关稳压电路。图中只画出了开关管和储能电路的部分。三极管 VT 为开关管,储能电路包括电感 L、电容 C 和二极管 VD。因为开关调整管

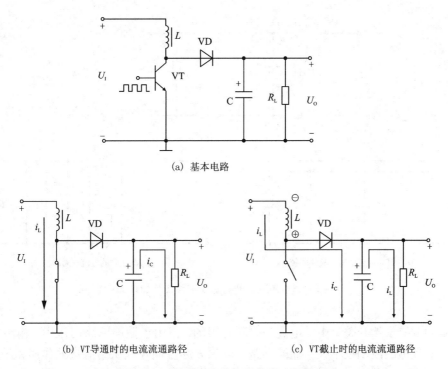

(a) 基本电路

(b) VT导通时的电流流通路径　　　　(c) VT截止时的电流流通路径

图 1-77　并联型开关稳压电路工作原理图

(简称开关管)是和输入电压以及负载串联的,所以称为串联型。开关管 VT 的基极上加的是脉冲电压,因此开关管工作在开关状态。

当开关管基极加上正脉冲电压时,开关管进入饱和导通状态,这时二极管 VD 反偏截止,输入电压 U_I 加到储能电感 L 和负载电阻 R_L 上。由于电感中的电流不能突变,所以流过电感的电流随着开关管的导通而逐渐增大。这时输入电压 U_I 向电感 L 输送并储存能量。开关管导通时间越长,即正脉冲越宽,电流增加得越大,储存的磁能就越多。因为电感 L 和负载 R_L 是串联的,所以通过电感的电流同时给电容 C 充电和给负载 R_L 供电,充电电流如图 1-78(b)所示。

当开关管基极上没有正向脉冲电压或所加的是负脉冲电压时,基极处于零电位或负电位,开关管截止。这时电感 L 中的电流停止增长,因为电感中的电流不能突变,所以电感 L 两端产生一个自感反电势,它的极性是左负右正。它使二极管 VD 处于正偏而导通,于是电感 L 中储存的磁能通过 VD 向电容 C 充电,并同时向负载 R_L 供电,其电流方向如图 1-78(c)所示。在开关管截止的后期,电感 L 中电流下降到较小时,电容 C 开始放电以维持负载所需要的电流。当电容 C 上的电能释放到一定程度将要使负载两端的电压降低时,电路又转入开关管导通期,输入电压 U_I 又通过开关管向电容 C 充电和向负载 R_L 供电,这样就保证了输出电压 U_O 维持在一定的数值上。由于电容 C 是和输出端并联的,输出电压 U_O 就是电容两端的电压。这个电压的高低是由电容储存电荷的多少决定的,而这些电荷是由输入电压 U_I 和电感 L 中储存的磁能转换供给的,因此只要提供的电荷足够多,才能保证电容两端的电压,即输出电压 U_O 的数值基本不变。

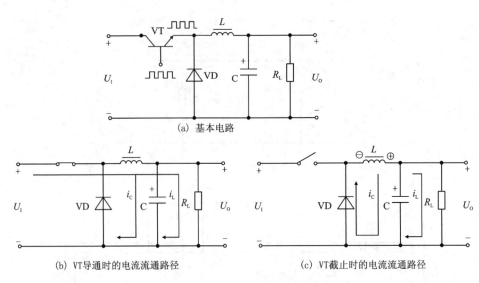

(a) 基本电路

(b) VT导通时的电流流通路径   (c) VT截止时的电流流通路径

图1-78 串联型开关稳压电路工作原理图

由此可见，虽然开关管中的电流是时断时续的，但由于储能电路的作用，输出电压却是连续的，数值的波动也不大。储能电路中电感 L 起着储存和供给能量的作用，开关管导通时储存能量，开关管截止时释放能量，这样就保证了电流的连续性。储能电路中的电容 C 除了储能作用外，主要起着调节和平滑的作用，或者说是滤波作用。它有时充电，有时放电，使输出电压维持在一定的数值上。二极管 VD 的作用是为电感 L 释放能量提供通路，所以称它为续流二极管。

6.4.4 一体化集成开关电源

（1）集成开关电源简介

早期的开关稳压电源，由于全部使用分立元件，使得电路十分复杂，且体积庞大。随着集成电路技术的发展，出现了将开关稳压电路中控制电路部分集成化的集成开关稳压器，使得开关稳压电源的电路大为简化，极大地促进了开关稳压电源的应用和发展。后来又出现了将开关功率管和控制电路集成在一起的具有完善的自动保护功能的集成电路。如美国 Power Integration 公司 1997 年推出的 TOPSwitch 系列三端开关电源集成电路。由于此类集成电路外接元件少，使得整个开关稳压电源电路非常简单，且体积小、可靠性高。

为了使直流电源满足小型化、低能耗的要求，随着开关电源自身技术的不断改进和发展，目前已有将整个开关电源封装为单个固件的集成一体化开关电源，其外部仅有输入和输出两种端子，使用十分方便。如国产 4NIC - Q 系列集成一体化开关电源，它的部分产品的外形如图 1 -79 所示，主要技术参数如下：

① 输入电压：AC 220 V ±20%，频率 47 ~ 60 Hz；

② 输出电压：DC 2 ~ 500 V，最大输出电流 300 A；

③ 电压调整率：0.2%；

    电流调整率：0.5%；

    纹波系数：≤1%；

图 1 - 79　几种一体化集成开关电源外形图

④ 输出方式：单路、多路、正负、可调或四者合一；

⑤ 保护功能：过流、短路、过热、过压。

（2）开关稳压电源的主要特点

① 功耗小、效率高

由于开关稳压电路中的开关管工作在开关状态，导通时管压降很小，截止时电流几乎为零，因此工作时管耗很小，使得开关电源的效率很高，可达 80% ~ 90%。而线性稳压电源的效率一般低于 50%。

② 稳压范围宽

由于开关稳压电源的输出电压是由脉冲波形的占空比调节的，受输入电压幅度变化的影响较小，所以其稳压范围很宽。一般开关稳压电源的输入可在 50% ~ 120% 范围内变化。对于 220 V 的电网电压，在 110 ~ 260 V 范围内，开关稳压电源的直流输出仍能获得满意的稳压效果。而线性稳压电源一般只允许电网电压在 10% 范围内波动。

③ 体积小、重量轻

因为开关稳压电源所使用的都是高频变压器，其体积和重量都很小，而且大多数开关稳压电源省去 50 Hz 的工频电源变压器，直接与电网连接，所以其重量和体积与同等输出功率的线性稳压电源相比减小很多。

④ 输出纹波电压大

由于开关稳压电源中的开关管工作在高频开关状态，所以其输出纹波电压较大，且易造成对其他设备的高频干扰。但采取必要的屏蔽及其他抑制干扰的措施，可以使这种高频干扰减小到最低程度。

一体化开关电源模块由于使用方便，应用日益广泛。

三、任务实施

任务1　设备与器材准备

1.1　常用工器具准备

（1）工具：电烙铁、镊子、钳子、接线板、吸锡器等。

（2）仪表：万用表、示波器等。

1.2　器件与材料准备

所需元件如表1－5所示。

表1－5　串联型稳压电源套件元件清单

序号	名称	规格	位号	数量	序号	名称	规格	位号	数量
1	整流二极管	1N4007	D1、D2、D3、D4	4	9	电解电容	1000 μF	C1	1
2	稳压二极管	6.8 V	D5	1	10	电解电容	10 μF	C2、C3、C4	3
3	发光二极管	5MM	D6	1	11	电解电容	470 μF	C5	1
4	电阻	1K	R1、R2、R4、R5	4	12	可调电阻	1K	RP1	1
5	电阻	47K	R3	1	13	接线座	2 位	X1、X2	2
6	电阻	1.5K (1.6K)	R6	1	14	PCB 板	45×70 mm		1
7	三极管	9013	Q2、Q3	2	15	散热片（含螺钉）	30×24×30 mm		1
8	三极管	D880	Q1	1	16	说明书			1

任务2　手工焊接练习

2.1　焊接的基本知识

2.1.1　焊接的种类

焊接是使金属连接的一种方法，是电子产品生产中必须掌握的一种基本操作技能。现代焊接技术主要分为熔焊、钎焊和接触焊三类。

焊接技术多种多样，但使用最多、最具有代表性意义的是锡焊。本课程练习使用锡焊。

2.1.2　焊料、焊剂和焊接的辅助材料

（1）焊料

焊料是一种熔点低于被焊金属，在被焊金属不熔化的条件下，能润湿被焊金属表面，并在接触面处形成合金层的物质。

焊料按其组成成分，可分为锡铅合金焊料、银焊料、铜焊料等。锡铅合金焊料又称焊

锡,它具有熔点低、机械强度高、抗腐蚀性能好的特点,因此成为最常用的焊料。对焊接有特殊要求的一些场合,会使用掺有某些金属的焊锡。例如,在锡铅合金中掺入少量的银,可使焊锡的熔点降低,强度增大;在锡铅合金中掺入镉,可使焊锡变成高温焊锡。

（2）焊剂

焊剂又称助焊剂,它是焊接时添加在焊点上的化合物,是进行锡铅焊接的辅助材料。焊剂能去除被焊金属表面的氧化物,防止焊接时被焊金属和焊料再次出现氧化,并降低焊料表面的张力,有助于焊接。常用的助焊剂有:

①无机焊剂:这种焊剂的特点是有很好的助焊作用,但是具有强烈的腐蚀性;由于电子元器件的体积小,外形及引线精细,若使用无机焊剂,会造成日后的腐蚀断路故障,因而电子焊接中通常不允许使用无机焊剂。

②有机助焊剂:这种焊剂的特点是有较好的助焊作用,但有一定的腐蚀性,残余的焊剂不容易清除,且挥发物对人体有害,因此在电子产品的焊接中也不使用。

③松香类焊剂:该焊剂属于树脂系列焊剂。这种焊剂的特点是有较好的助焊作用,且无腐蚀、绝缘性能好、稳定性高、耐湿性好,焊接后容易清洗。因此在电子产品的焊接中,常使用此类焊剂。

2.2 焊接方法

手工焊接是焊接技术的基础。它适合于产品试制、电子产品的小批量生产、电子产品的调试与维修以及某些不适合自动焊接的场合。

学好手工焊接的要点是:保证正确的焊接姿势,熟练掌握焊接的基本操作步骤和手工焊接的基本要领。

（1）正确的焊接姿势

一般采用坐姿焊接,工作台和坐椅的高度要合适。在焊接过程中,为减小焊料、焊剂挥发的化学物质对人体的伤害,同时保证操作者的焊接便利,要求焊接时电烙铁离操作者鼻子的距离以 20 ~ 30 cm 为佳。

焊接操作者拿电烙铁的方法有三种:

①反握法

如图 1 - 80(a)所示。反握法对被焊件的压力较大,适合于较大功率的电烙铁(> 75 W)对大焊点的焊接操作。

②正握法

如图 1 - 80(b)所示。正握法适用于中功率的电烙铁及带弯头的电烙铁的操作,或直烙铁头在大型机架上的焊接。

③笔握法

如图 1 - 80(c)所示。笔握法适用于小功率的电烙铁焊接印制板上的元器件。

（2）手工焊接操作的基本步骤

正确的焊接操作过程分为五个步骤(也称五步法):

①准备

焊接前应准备好焊接的工具和材料,清洁被焊件及工作台,进行元器件的插装及导线端头的处理工作;然后左手拿焊锡,右手握电烙铁,进入待焊状态。

②加热

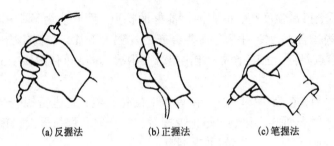

(a)反握法　　　(b)正握法　　　(c)笔握法

图1-80　电烙铁的握法

用电烙铁加热被焊件,使焊接部位的温度上升至焊接所需要的温度。

③加焊料

当焊件加热到一定的温度后,即在烙铁头与焊接部位的接合处以及对称的一侧,加上适量的焊料。

④移开焊料

当适量的焊料熔化后,迅速向左上方移开焊料;然后用烙铁头沿着焊接部位将焊料拖动或转动一段距离,确保焊料覆盖整个焊点。

⑤移开烙铁

当焊点上的焊料充分润湿焊接部位时,立即向右上方45°的方向移开电烙铁,结束焊接。

上述②~⑤的操作过程,一般要求在2~3 s的时间内完成;实际操作中,具体的焊接时间还要根据环境温度的高低、电烙铁的功率大小以及焊点的热容量来确定。在焊点较小的情况下,也可采用三步法完成焊接,即将五步法中的②、③步合为一步,指加热被焊件和加焊料同时进行;④、⑤步合为一步,指同时移开焊料和烙铁头。

五步操作法如图1-81所示,三步操作法如图1-82所示。

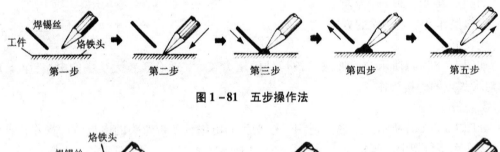

焊锡丝　　　　　　　　　　　　　　　　　　　　　　　　　　　　　　　　
工件　　　　烙铁头
第一步　　　第二步　　　第三步　　　第四步　　　第五步

图1-81　五步操作法

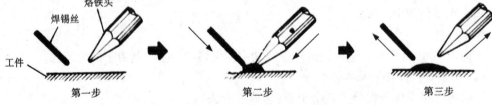

焊锡丝　　　烙铁头

工件
第一步　　　　　　　第二步　　　　　　　第三步

图1-82　三步操作法

(3)手工焊接的操作要领

①焊前准备

焊接前,根据被焊物的大小,准备好相应的焊接工具和材料,如:电烙铁、镊子、斜口钳、尖嘴钳、剥线钳、焊料、焊剂、元器件等。清洁元器件、元件引脚的弯制成形(如图1-83)及工作台面。

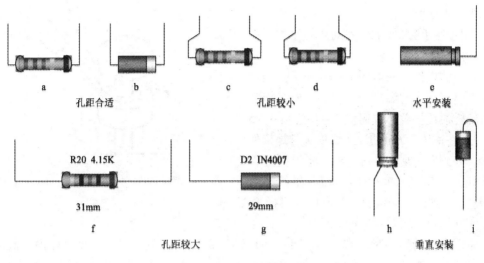

图1-83　元件引脚的弯制成形

②电烙铁的操作方法

在加热时,电烙铁必须同时对连接点上的若干个被焊金属加热,如图1-84所示。焊接结束时,要注意电烙铁的撤离方向。因为电烙铁除了具有加热作用外,还能够控制焊料的留存量。如图1-85所示为电烙铁撤离方向与焊料留存量的关系。

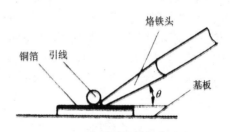

图1-84　电烙铁接触焊点的方法

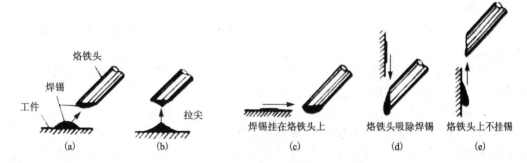

图1-85　电烙铁的撤离方向与焊料的留存量

图(a)中,电烙铁以45°的方向撤离,焊点圆滑,带走少量焊料。

图(b)中,电烙铁垂直向上撤离,焊点容易拉尖。

图(c)中,电烙铁以水平方向撤离,带走大量焊料。

图(d)中,电烙铁沿焊点向下撤离,带走大部分焊料。

图(e)中,电烙铁沿焊点向上撤离,带走少量焊料。

掌握上述撤离方向,就能控制焊料的留存量,使每个焊点符合要求。

③焊料的供给方法

手工焊接时,通常是一手(右手)拿电烙铁,一手(左手)拿焊料,先对焊点加热,而后再加焊料。

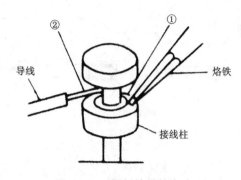

图 1-86 焊料的供给方法

焊料的供给方法如图 1-86 所示。当被焊件加热到一定的温度时,用左手的拇指和食指轻轻捏住松香芯焊锡丝(端头留出 3~5 cm),先在图 1-86 的①处(烙铁头与焊接件的接合处)供给少量焊料,然后将焊锡丝移到②处(距烙铁头加热的最远点)供给合适大焊料,直到焊料润湿整个焊点时便可撤去焊锡丝。

④掌握合适的焊接时间和温度

掌握合适的焊接时间和温度,可以保证形成良好的焊点。温度太低,焊锡的流动性差,在焊料和被焊金属的界面难以形成合金,不能起到良好的连接作用,并会造成虚焊(假焊)的结果;温度过高,易造成元器件损坏、电路板起翘、印制板上铜箔脱落,还会加速焊剂的挥发,被焊金属表面氧化,造成焊点夹渣而形成缺陷。

焊接的温度与电烙铁的功率、焊接的时间、环境温度有关。为保证合适的焊接温度,可以通过选择电烙铁和控制焊接时间来调节。电烙铁的功率越大,产生的热量越大,温升越快;焊接时间越长,温度越高;环境温度越高,散热越慢。要真正掌握焊接的最佳温度,获得最佳的焊接效果,还须进行严格的训练,在实际操作中去体会。

2.3 焊接质量

2.3.1 焊接后的处理

焊接结束后,应将焊点周围的焊剂清洗干净,并检查有无漏焊、错焊、虚焊等现象。

(1)虚焊

虚焊又称假焊,是指焊接时焊点内部没有真正形成金属合金的现象,如图 1-87(a)、(b)所示。

造成虚焊的主要原因是:元器件引线或焊接面未清洁好、焊锡质量差、焊剂性能不好或用量不当、焊接温度掌握不当、焊接结束但焊锡尚未凝固时焊接元件移动等。

虚焊造成的后果:电路工作不正常,信号时有时无,噪声增加。

虚焊点是焊接中最常见的缺陷,也是最难发现的焊接质量问题。有些虚焊点的内部开始时有少量连接部分,在电路开始工作时没有暴露出其危害;随着时间的推移,外界温度、湿度的变化,电子产品使用时的振动等,虚焊点内部的氧化逐渐加强,连接点越来越小,最后脱落成浮置状态,导致电路工作时好时坏,最终完全不能工作。据统计,在电子产品的故障中,有将近一半是由于虚焊造成的。所以,虚焊是电路可靠性的一大隐患,必须严格避免。

(2)拉尖

拉尖是指焊点表面有尖角、毛刺的现象，如图1-87(c)所示。

造成拉尖的主要原因是：烙铁头离开焊点的方向不对、电烙铁离开焊点太慢、焊料中杂质太多、焊接时的温度过低等。

拉尖造成的后果是：外观不佳、易造成桥接现象；对于高压电路，有时会出现尖端放电的现象。

(3)桥接

桥接是指焊锡将电路之间不应连接的地方误焊接起来的现象，如图1-87(d)所示。

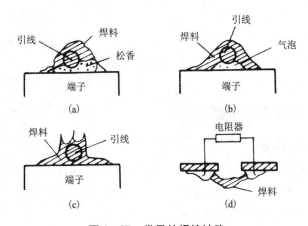

图1-87 常见的焊接缺陷

(a)、(b)虚焊 (c)拉尖 (d)桥接

造成桥接的主要原因是：焊锡用量过多、电烙铁使用不当、导线端头处理不好、自动焊接时焊料槽的温度过高或过低等。

桥接造成的后果是：导致产品出现电气短路，有可能使相关电路的元器件损坏。

(4)球焊

球焊是指焊点形状像球形、与印制板只有少量连接的现象。

造成球焊的主要原因是：印制板面有氧化物或杂质。

球焊造成的后果是：由于被焊部件只有少量连接，因而其机械强度差，略微振动就会使连接点脱落，造成断路故障。

(5)印制板铜箔起翘、焊盘脱落

造成印制板铜箔起翘、焊盘脱落的主要原因是：焊接时间过长、温度过高、反复焊接；或在拆焊时，焊料没有完全熔化就拔取元器件。

印制板铜箔起翘、焊盘脱落造成的后果是：使电路出现断路或元器件无法安装的情况，甚至整个印制板损坏。

(6)焊点的各种形状

焊点的各种形状，如图1-88所示：焊点a一般焊接比较牢固；焊点b为理想状态，一般不易焊出这样的形状；焊点c焊锡较多，当焊盘较小时，可能会出现这种情况，但是往往有虚焊的可能；焊点d,e焊锡太少；焊点f提烙铁时方向不合适，造成焊点形状不规则；焊点g烙铁温度不够，焊点呈碎渣状，这种情况多数为虚焊；焊点h焊盘与焊点之间有缝隙，为虚焊或接触不良；焊点 i 引脚放置歪斜。一般形状不正确的焊点，元件多数没有焊接牢固，一般为虚焊点。

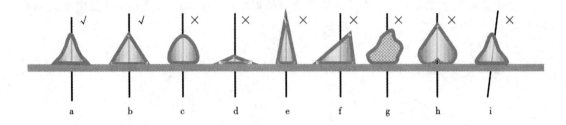

图 1－88　焊点的各种形状

任务 3　直流稳压电源电路仿真

3.1　Multisim 10 简介

Multisim 10 是美国国家仪器公司（NI，National Instruments）于 2007 年 3 月推出的 NI Circuit Design Suit 10 中的一个重要组成部分，它可以实现原理图的捕获、电路分析、仿真仪器测试、射频分析、单片机等高级应用。

3.3.1　Multisim 10 的特点

直观的图形界面；

丰富的元器件库；

丰富的测试仪器仪表；

完备的分析手段；

强大的仿真功能；

完美的兼容能力。

3.3.2　Multisim 的主窗口

点击"开始"→"程序"→"National Instruments"→"Circuit Design Suite 10.0"→"Multisim"，启动 Multisim 10，可以看到如图 1－89 所示的 Multisim 的主窗口。

（1）Multisim 的菜单栏

Multisim 10 有 12 个主菜单，如图 1－90 所示，菜单中提供了本软件几乎所有的功能命令。

（2）Multisim 的工具栏

Multisim 的工具栏的图 1－91 所示。

（3）Multisim 的元器件库

Multisim 提供了丰富的元器件库，元器件库栏图标和名称如图 1－92 所示。

（4）Multisim 的仪器仪表库

仪器仪表库的图标及功能如图 1－93 所示。

3.2　Multisim 10 基本操作

文件（file）的基本操作

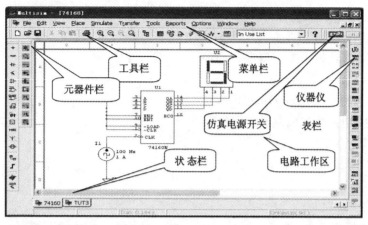

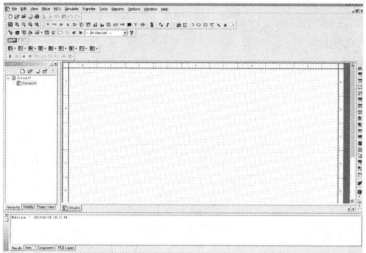

图 1 – 89

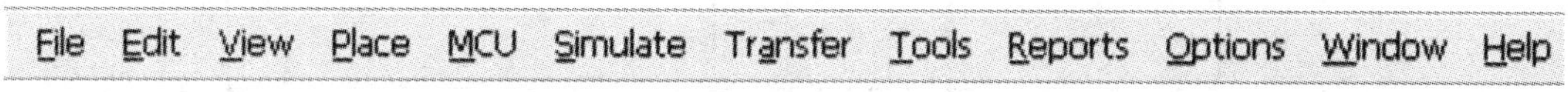

File Edit View Place MCU Simulate Transfer Tools Reports Options Window Help

图 1 – 90

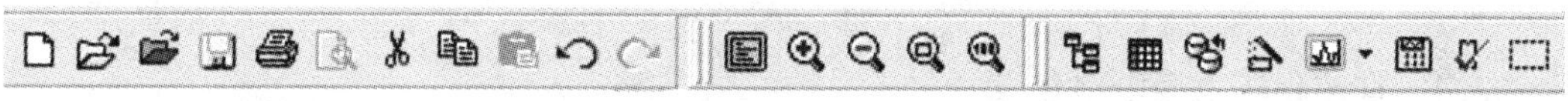

图 1 – 91

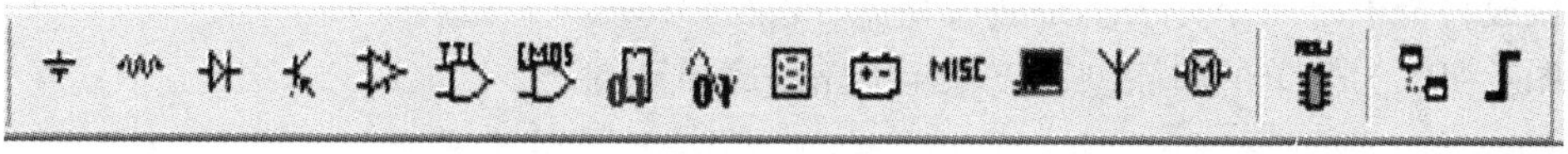

图 1 – 92

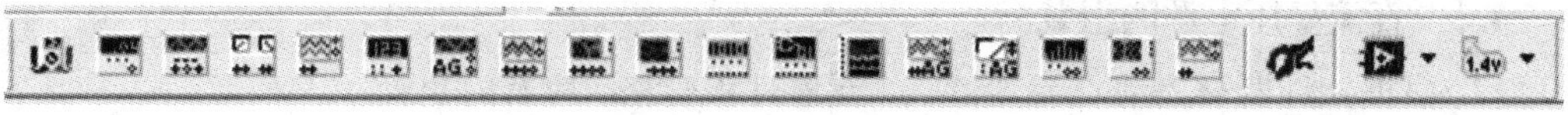

图 1 – 93

编辑(Edit)的基本操作

创建子电路:

在电路工作区内输入文字(Place→Text)

输入注释(Place→Comment)

编辑图纸标题栏(Place→Title Block)

Multisim 10 电路创建的基础创建步骤:

(1)创建电路文件;

(2)在工作区中放置元件;

(3)元件布局;

(4)电路连线;

(5)保存电路;

(6)子电路与层次电路的设计;

(7)各种仿真测试。

3.3　直流稳压电源电路原理图

直流稳压电源电路原理图如图 1-94 所示。

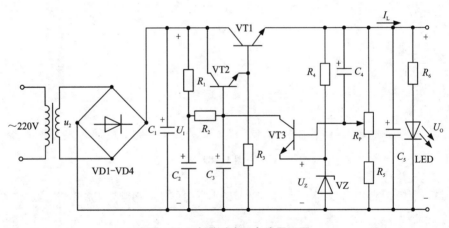

图 1-94　串联型稳压电路原理图

3.4　直流稳压电源电路仿真

电子仪器和设备一般都用直流电源供电,而通常电网所供给的都是交流电。要将交流电变换成直流电最简单方法就是通过整流、滤波和稳压电路进行变换。

图 1-95 为简单的串联型直流稳压电路仿真原理图。

任务4　制作直流稳压电源

4.1　直流稳压电源的组装

(1)根据元件器材表清点元器件,如元器件不合格,应及时更换。

(2)根据稳压电源的电路图和装配图进行焊接装配,具体要求见评分表。

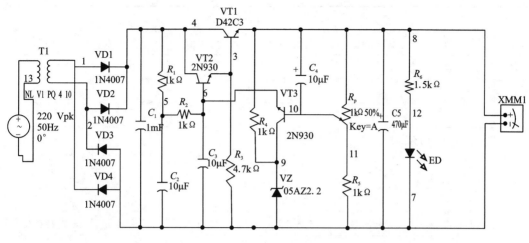

图 1-95　串联型稳压电路仿真原理图

4.2　直流稳压电源的调试

(1)按评分表中的要求对稳压电源进行调试,调试结果填入评分表内。

(2)输出电压实现 12~14 V 可调。

(3)接通 220 V 的交流电,调节 R_P,测量输出电压 U_o 的实际可调范围;将 220 V 交流电波动 ±10% ,测量输出电压值,观察集成稳压器工作是否正常。

4.3　直流稳压电源的故障排除

发现直流稳压电源故障后,先检查各元器件是否出现虚焊或短路等现象。确认电路焊接等无误后,对故障进行分析,弄清可能是哪部分电路或哪个元器件出现问题,可采取测试元器件两端电压或电阻的方法确认元器件本身是否存在故障。

如果出现直流输出电压不正常,首先检查整流滤波电压是否正常,然后再检查比较放大环节和调整管部分。

4.4　安全文明操作要求

(1)严禁带电操作(不包括调试),保证人身安全。

(2)工具摆放有序。

(3)使用仪器、仪表时应选用合适的量程,防止损坏仪器、仪表。

四、考核评价

1　装调报告

直流稳压电源安装与调试项目表

班级:_____　　工位号:_____　　姓名:_____

一、元件识别与测量

1. 电阻类

标号	色环排列	标称阻值	标称误差	实际阻值	实际误差	选择挡位
R_1						
R_3						
R_6						

简答题：电阻的作用有哪些?

2. 电容类

标号	电容类型	介质	标称容量	耐压	实际容量	选择挡位
C_1						
C_2						
C_5						

简答题：电容的主要特性是什么? 其作用有哪些?

3. 二极管类

标号	型号	作用	材料	正向阻值	反向阻值	电路符号
VD_1						
VZ						
LED						

简答题：二极管的主要特性是什么? 其应用有哪些?

4. 三极管类

标号	型号	作用	材料	电路符号	各管脚名称	
VT_1						
VT_2						

二、直流稳压电源的装配与测试

1. 电路板的焊接

基本要求	实际情况
焊点大小适中,无漏、假、虚、连焊,焊点光滑、圆润、干净、无毛刺;引脚加工尺寸及成形符合工艺要求;导线长度、剥头长度符合工艺要求,芯线完好,捻头镀锡。	

2. 直流稳压电源的装配

基本要求	实际情况
印制板插件位置正确,元器件极性正确,元器件、导线安装及字标方向均应符合工艺要求;接插件、紧固件安装可靠牢固,印制板安装对位;无烫伤和划伤处,整机清洁无污物。	

3. 电路主要电压点测试

被测元件	VT$_1$			VT$_2$			VT$_3$		
测量点	U_e	U_b	U_c	U_e	U_b	U_c	U_e	U_b	U_c
电压值									

4. 电路调试与回答问题

	问题	回答
1	调节电位器 R_P,求输出电压的可调节范围。	
2	画出串联型稳压电源及其稳压部分的方框图,并分析其稳压原理。	
3	在串联稳压电源中,比较放大管 VT$_3$ 起什么作用,若它的 C、E 极击穿,输出电压将如何变化?	
4	在串联稳压电源中,调整管 VT$_1$ 的 C、E 极击穿或断路,输出电压将如何变化?	
5	稳压二极管 VZ 在稳压电路中有什么作用? 和它串接的电阻 R_4 有什么作用?	

2 成果展示

(1)直流稳压电源制作、调试完成以后,要求每小组派代表对所完成的作品进行展示,展现组装、制作的直流稳压电源功能;

(2)呈交不少于 2000 字的小组任务完成报告,内容包括直流稳压电源电路图及工作原理分析、直流稳压电源的组装、制作工艺及过程、功能实现情况、收获与体会几个方面;

(3)进行成果展示时要用 PPT,且要求美观、条理清晰;

(4)汇报要思路清晰、表达清楚流利,可以由小组成员协同完成。

成果展示结束后,进行小组互评,并给出互评分数。

3 项目评价

项目考核评价表

项目1 直流稳压电源的制作

学生姓名		班级		学号	
考核条目	考核内容及要求	配分	评分标准	扣分	
安全文明生产	操作规范、安全。	10	损坏仪器仪表该项扣完；桌面不整洁，扣5分；仪器仪表、工具摆放凌乱，扣5分。	
元件识别和选择	元件清点检查：用万用电表对所有元器件进行检测，并将不合格的元器件筛选出来进行更换，缺少的要求补发。	20	错选或检测错误，每个元器件扣2分。	
电子产品焊接	按装配图进行接装。要求：无虚焊、桥接、漏焊、半边焊、毛刺、焊锡过量或过少、助焊剂过量等；无焊盘翘起、脱落；无损坏元器件；无烫伤导线、塑料件、外壳；整板焊接点清洁。	30	焊接不符合要求，每处扣2分。	
电子产品装配	元器件引脚成型符合要求；元器件装配到位，装配高度、装配形式符合要求；外壳及紧固件装配到位，不松动，不压线；插孔式元器件引脚长度2~3 mm，且剪切整齐。	20	装配不符合要求，每处扣2分。	
电子产品调试	正确使用仪器仪表。	5	装配完成检查无误后，通电试验，如有故障应进行排除。按要求进行相应数据的测量，若测量正确，该项计分，若测量错误，该项不计分。	
	测量整流输出电压。数据记录：_____。	5		
	测量稳压器输出电压调节范围。数据记录：_____。	5		
	组装完后，将输出电压调节至12 V。	5		
自评得分					
小组互评					
考评老师					

思考与练习

一、填空题：

1.半导体材料的主要特性为_____、_____、_____。

2.二极管的主要特性是具有_____。

3.N型半导体中多子是_____，P型半导体中多子是_____。

4.半导体二极管进行代换时主要考虑的两个参数是_____和_____。

5.发光二极管的主要功能是_____，光电二极管的主要功能是_____。

6.工作在放大区的某三极管，当基极电流从 12 μA 增大到 22 μA 时，集电极电流从 1 mA 变为 2 mA，那么该三极管放大倍数约为_____。

7.三极管的电流分配关系式为_____。

8.从三极管输出特性上，可划分三个工作区域，分别为_____、_____和_____。

9.已知一个三极管的 I_{CEO} 为 400 μA，当基极电流为 20 μA 时，集电极电流为 1 mA，则该管的 I_{CBO} 为_____。

10.光照射在光敏电阻表面时，它的电阻值会_____。

11.太阳能电池是利用_____效应产生电能的。

12.光电耦合器是以光为媒介传输电信号实现_____转换的器件。

二、选择题：

1.PN 结加反向电压时，空间电荷区将_____。

A.变窄　　　　　　B.不变　　　　　　C.变宽　　　　　　D.无法确定

2.用万用表 R×1 kΩ 挡测量二极管，若测出二极管正向电阻为 1 kΩ，反向电阻为 5 kΩ，则这只二极管的情况是_____。

A.内部已断路　　　　　　　　　B.内部已短路

C.没有坏但性能不好　　　　　　D.性能良好

3.处于放大状态时，硅三极管的发射结正向压降为_____。

A.0.1~0.3 V　　　B.0.3~0.6 V　　　C.0.6~0.8 V　　　D.0.8~1.0 V

4.NPN 三极管工作在放大状态时，两个结的偏压为_____。

A.$U_{BE}>0$, $U_{BE}<U_{CE}$　　　　　　B.$U_{BE}<0$, $U_{BE}<U_{CE}$

C.$U_{BE}>0$, $U_{BE}>U_{CE}$　　　　　　D.$U_{BE}<0$, $U_{BE}>U_{CE}$

5.光敏电阻对光线很敏感，其阻值随外界光照强度而变。当无光照时呈现_____状态，有光照时其阻值迅速_____。

A.高阻　减小　　B.高阻　增大　　C.低阻　减小　　D.低阻　增大

三、判断题：

1.二极管的反向饱和电流越小，说明其单向导电性越好。（　　　）

2.三极管的输出特性是描述 I_B 与 U_{CE} 之间的关系。（　　　）

3.P 型半导体内，空穴远大于自由电子，因此它带正电。（　　　）

4.NTC 热敏电阻在一定工作温度范围内电阻值随温度增加而增加。（　　　）

5.稳压二极管用于稳压时必须接正向电压。（　　　）

四、解答题：

1.某放大电路中三极管三个电极 X、Y、Z 的电流如图 1-96 所示，用万用表测得 $I_X = -2$ mA，$I_Y = -0.04$ mA，$I_Z = +2.04$ mA，试分析 X、Y、Z 各代表三极管哪个极，并说明此管是 NPN 型还是 PNP 型，它的放大倍数是多少？

2.电路如图 1-97 所示，稳压管 VZ 的稳定电压 $U_Z = 6$ V，限流电阻 $R = 3$ kΩ，设 $u_i = 10\sin\omega t$(V)，试画出 u_o 的波形。

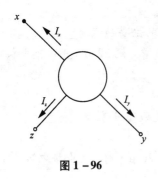

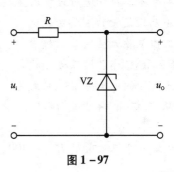

图 1 - 96　　　　　　　　　　　图 1 - 97

3. 有两只半导体三极管，一只管子的 $\beta = 100$，$I_{CEO} = 200\ \mu A$，另一只管子的 $\beta = 50$，$I_{CEO} = 10\ \mu A$，其他参数大致相同，你认为应该选用哪一只可靠？

4. 图 1 - 98 所示各电路中稳压管 VZ_1 和 VZ_2 的稳压值分别为 6 V 和 6.3 V，稳定电流均为 10 mA，最大稳定电流均大于 30 mA，正向压降均为 0.7 V，试求各电路输出电压 U_0 的大小。

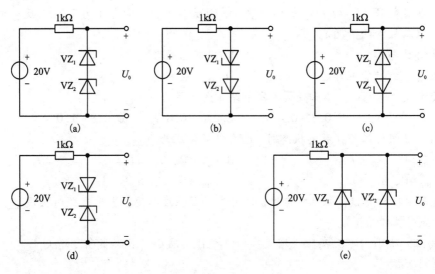

图 1 - 98

5. 半导体三极管所组成的简单电路如图 1 - 99 所示，设图中所用的三极管是硅管，其 U_{BE} 约为 0.7 V。其他电路参数如图中所示，试求集电极电流 I_C。

6. 晶体管串联型稳压电路如图 1 - 100 所示，其中 $U_I = 24$ V，$U_Z = 5.3$ V，三极管的 $U_{BE} = 0.7$ V，$U_{CES1} = 2$ V，$R_1 = R_2 = R_P = 300\ \Omega$。试求：

(1) U_0 的可调范围。

(2) 变压器副边电压有效值 U_2。

(3) 若把 R_P 改为 500 Ω，其他参数不变，则 U_{0max} 为多少？

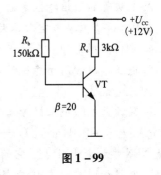

图 1 - 99

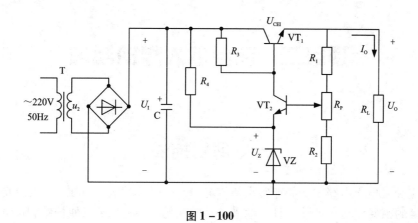

图 1 - 100

7. 在图 1 - 101 中, 若 $I_W = 5$ mA, $R_1 = 5$ Ω。试求:

(1) 输出电压 U_0 的表达式。

(2) 当 $R_2 = 5$ Ω 时, 确定输出电压 U_0 的数值。

(3) 这个电路的功能是什么?

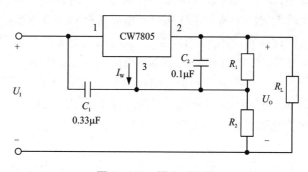

图 1 - 101　题 1 - 10 图

项目二 音频放大器的制作

一、项目描述

放大电路是电子电路中一类非常重要的电路，它用来对信号电压、电流或功率进行放大，使信号的幅度或功率足够大且与原来信号的变化规律一致，以便控制和推动较大的负载。在应用或设计放大电路时，人们不仅要考虑它对信号的放大能力，还要考虑它对信号的保真能力以及放大电路自身的损耗等要素。音频放大器是一种工作于中低频率段的放大器，它包含了多种典型放大电路，在电子音响设备、通信设备中应用广泛。

本项目将通过完成一种典型分立元件音频放大器的分析与制作，来掌握基本放大电路的组成、作用与一般分析方法。项目分设备与器材准备、电路仿真和实物安装调试三个阶段完成。在实施过程中，需要先对放大电路的一般概念、性能指标和分析方法有所了解，并掌握各种元器件在放大电路中所起的作用以及电路指标对元件参数的要求，还应熟悉不同类型结构放大电路的特点和使用范围，才能实现对放大电路的灵活运用。此外，掌握元器件资料的查阅渠道和方法，学会电路的仿真、测试、安装、调试以及故障查找和排除方法也是本项目的重要内容。本项目的知识准备部分对放大电路基本原理进行了逐一介绍，本项目的任务实施部分，对实施步骤和技能训练进行了详细的安排，供项目实施参考。

通过对本项目的学习和实践，要求达到如下目标：

（1）知识目标

通过对项目二的学习，理解三极管放大电路的组成、各元件的作用和性能指标，掌握对放大电路进行定性电量分析的图解分析法和微变等效电路法，掌握由三极管、场效应管构成的不同类型放大电路的特性与应用，理解功率放大电路的不同性能要求、结构和参数。

（2）技能目标

通过项目二的技能训练，培养放大电路的识图读图能力，根据需要查阅元器件手册，获取所需元件参数的能力。掌握放大电路的安装、调试、性能测试和故障判断与排除方法。进一步熟悉万用表、交流毫伏表、示波器等常见电子仪表的使用。

（3）态度目标

通过对项目二的学习，培养学生的自主学习、自我评价、信息收集和筛选、团队协作等职业能力，并养成自觉遵守工作纪律和工作流程、注重整理和整洁的职业习惯。

二、知识准备

1 共射放大电路

顾名思义，放大电路是用来对信号进行放大的一类电路。其放大的目标可能是信号电压、电流或者功率。在各种电子产品中，随处可以见到放大电路的身影。例如：收音机内的放大电路将天线接收到的微弱信号放大以驱动扬声器；感应门的传感器将接收到的声光等信号转成电信号，这些电信号也要经放大电路放大后才能驱动继电器、电动机等执行机构，实现门的自动开关。这样的例子举不胜举。放大电路在手机等各种通信设备、电视机等各种家用电器、数字万用表等各种电子仪表中起着非常重要的作用。

放大电路根据元件的不同可以分为双极型三极管（BJT）放大电路和场效应管（FET）放大电路，这两种半导体器件工作原理不同，所构成的放大电路特性也大不相同。

放大电路根据信号类型的不同又可以分为交流放大电路和直流放大电路，其中交流放大电路用来放大快速变化的电信号，直流放大电路则用来放大直流信号或变化很缓慢的信号。本项目中主要讨论交流放大电路。

如图 2-1 所示为放大电路的模型，其中方框内的二端口网络是一般放大电路的模型，其中左边端口表示输入端口，与信号源相连，右边端口是输出端口，与负载相连。作为放大电路核心元件的双极型三极管或场效应管，它的三个电极总有一个电极处于放大电路的输入端，也总有一个电极处于放大电路的输出端，第三个电极作为公共端为输入输出回路共用。

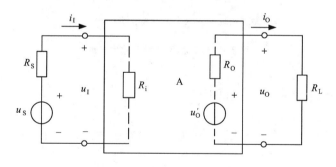

图 2-1 放大电路的模型

对于双极型三极管而言，它在放大电路中一般有三种连接方式，又称为三种组态，分别为共射、共集和共基，如图 2-2 所示，它的集电极一般不作输入端使用，基极不作输出端使用。

共发射极放大电路是三极管放大电路中应用最广泛的一种类型，下面先以共射放大电路为例，讨论放大电路的组成、各元件的作用以及放大电路的一般分析方法。

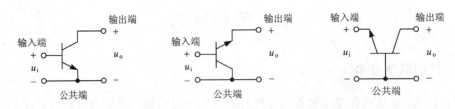

图 2 - 2　三种基本放大电路组态(以 NPN 型三极管为例)

1.1　放大电路的组成与元件作用

图 2 - 3 为基本共发射极放大电路,整个电路可分为输入回路和输出回路两个部分,发射极既属于输入回路,也属于输出回路,为公共端。AO 端口为输入端口,接收待放大的交流信号。BO 端口为输出端口,输出放大后的交流信号。电路中 A 端点为输入端,B 端点为输出端点,O 端点为公共端点。

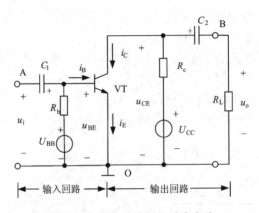

图 2 - 3　基本共发射极放大电路

图 2 - 3 所示放大电路中各元件的作用如下:

(1)三极管 VT

三极管由于具有电流放大作用,而成为放大电路中的核心元件,此处采用的是 NPN 型三极管。

(2)集电极直流电源 U_{CC}

U_{CC} 连接在发射极与集电极之间,正极与集电极相连,保证三极管 VT 发射结获得正向偏置,集电结获得反向偏置,为三极管创造放大条件。U_{CC} 一般为几伏到几十伏。

(3)基极直流电源 U_{BB}

U_{BB} 处于基极和发射极之间,其作用是使发射结处于正向偏置,并提供基极偏置电流。

(4)集电极负载电阻 R_c

集电极负载电阻 R_c 具有两方面的作用:第一是将集电极电流的变化转换成电压的变化,以实现电压放大功能;第二是为集电结提供正确的直流电流偏置,直流电源 U_{CC} 通过该电阻给集电极提供集电极电流。集电极电流一般在毫安级别,R_c 的取值一般在几百欧到几千欧。

（5）基极偏置电阻 R_b

基极偏置电阻 R_b 也有两个方面的作用：一是向三极管的基极提供合适的偏置电流；二是使发射结获得必需的正向偏置电压。改变 R_b 的大小可使三极管获得合适的静态工作点，由于三极管的基极电流很小，R_b 的阻值较大，一般取几十千欧到几百千欧。

（6）耦合电容 C_1 和 C_2

在交流放大电路中，直流分量起到的是偏置作用，即保证三极管等元件工作在正确的工作区，交流分量才是需要放大的有用信号，因此，利用电容器的"隔直通交"特性，可以起到两方面的作用：一方面用做隔直电容，C_1 和 C_2 分别接在放大电路的输入端和输出端，隔断前（或后）级电路与本级电路之间的直流电流，使各级的三极管等元件各自独立地工作在正确的工作区域；另一方面，需要放大的交流信号，几乎可以畅通无阻地通过 C_1 和 C_2，这又被称为电容器的交流耦合作用。为了使交流信号在电容器上的损失很小，C_1 和 C_2 的电容量一般较大，通常采用几微法到几十微法的电解电容。这种电容在连接时应当注意其极性：电容的正极接高电位，负极接低电位。

此外，电阻 R_L 是放大电路的外接负载，它可以是耳机、扬声器等执行机构，也可以是后级放大电路的输入电阻。

在图 2-3 所示电路中，用到了两个电源 U_{CC} 和 U_{BB}，而在实际电路中，通常基极回路不再使用单独的电源，而是将基极偏置电阻与集电极电源 R_b 相连接，从 U_{CC} 获取基极所需的偏置电流和发射结所需的正向电压，如图 2-4(a) 所示。

此外，在电子电路中，对于直流电源通常采用标示电位的习惯画法，即不再画出电源的符号，而是选择它与交流信号的公共端相接的一端为参考电位点，称为"地"（标为" $i_C = \beta i_B$ "），然后标明它的另一端相对于"地"的电位，也就是电源电压。如图 2-4(a) 电路按照电子电路的习惯画法可以画成图 2-4(b) 的形式。

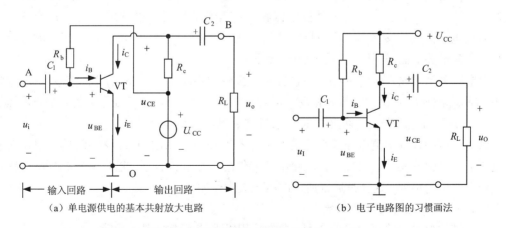

（a）单电源供电的基本共射放大电路　　　　（b）电子电路图的习惯画法

图 2-4　单电源供电的基本共射放大电路

1.2　放大电路中电流、电压的符号及波形

1.2.1　放大电路中电流、电压的符号规定

从放大电路的组成可以看出，交流放大电路要正常工作也离不开直流电源的作用，所谓交流信号的放大，实质上是将直流电源的能量转换为交流信号的能量。因此在对放大电路进行分析的时候，既需要分析电路中的交流分量，也要分析电路中的直流分量。为了分析的方便，电路中的交、直流信号的表示有特定的规定，如表 2 – 1 所示。

表 2 – 1　模拟电路中交直流参数的符号表示法

序号	物理量	符号（例）	备注
1	交流分量的瞬时值	i_b，u_{be}	物理量小写，下标小写
2	直流分量（静态值）	I_B，U_{BE}	物理量大写，下标大写
3	总电流或电压的瞬时值	i_b，u_{be}	物理量小写，下标小写
4	交流分量的有效值	I_b，U_{be}	物理量大写，下标小写
5	交流量的相量表示法	$\dot{I}_b$，$\dot{U}_{be}$	有效值上方加点

一般情况下，电路中某处的电流或电压应当是交流和直流分量的叠加，即应当有：

$$i_B = I_B + i_b，u_{BE} = U_{BE} + u_{be}$$

1.2.2　放大电路中电流、电压的波形

放大电路无信号输入时，由于直流电源的作用，电路中存在直流电流和直流电压，称作静态电流或静态电压。

当待放大的交流信号经电容 C_1 耦合至三极管基极时，基—射间电压在原有静态值的基础上产生波动变化，即将交流信号叠加在了静态电压之上，波形如图 2 – 5 输入端所示，三极管发射结上电压的变化引起了基极电流相应的变化，根据三极管的电流控制关系 $i_C = \beta i_B$，基极电流的变化又将引起集电极电流的变化。因此三极管的 u_{BE}、i_B、i_C 都是由直流分量和交流分量叠加而成，具有相似的波形特征。

由电压关系式 $u_{CE} = U_{CC} - i_C R_C$ 可以计算三极管输出端电压。显然，当 i_C 增大时，u_{CE} 将减小，即 u_{CE} 波形的变化方向与 i_C 相反。尽管 u_{CE} 的波形仍然有交直流分量的叠加，再经隔直电容 C_2 去除直流成分后，输出电压 u_0 已只剩下单纯的交流分量。

以上分析的各处电流电压波形均已标示在图 2 – 5 中，从图中可以看出，输出电压与输入电压的相位恰好相反，而且只要电路中各元件的参数选择合适，输出电压的幅度可以远大于输入电压的幅度，这就是通常所说的电压放大作用。

1.2.3　放大电路的技术指标

为了描述放大电路对信号的作用，通常采用以下技术指标进行衡量：

（1）输入电阻 R_i

对于信号源而言，放大电路相当于一个负载，当信号电压加到放大电路的输入端时，在其输入端产生一个相应的电流，从输入端往里看进去相当于一个等效的电阻，如图 2 – 1。这个等效电阻就是放大电路的输入电阻。显然，输入电阻为交流输入电压有效

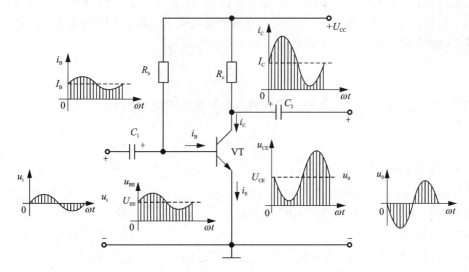

图 2 - 5　基本共射放大电路中的电流、电压波形

值与相应的输入电流有效值之比，即

$$R_i = \frac{U_i}{I_i} \tag{2-1}$$

输入电阻是衡量放大电路对信号源影响程度的一个指标。对信号源而言，其值越大，放大电路从信号源索取的电流就越小，对信号源影响就越小。在多级放大电路中，本级的输入电阻也就是前级的负载。

（2）输出电阻 R_o

同样，对于负载而言，放大电路起到信号源的作用，从输出端看进去相当于一个等效的具有内阻 R_o 的电压源 u_o'，如图 2 - 1 所示。R_o 就称为放大电路的输出电阻。输出电阻可以这样测量：在输入端加入一个固定的交流信号 U_i，先测出负载开路时的输出电压 U_o'，再测出接上负载电阻 R_L 后的输出电压 U_o，由于输出电阻 R_o 的影响，使输出电压下降，即使得：

$$U_o = U_o' \frac{R_L}{R_o + R_L}$$

所以输出电阻为

$$R_o = \left(\frac{U_o'}{U_o} - 1\right) R_L \tag{2-2}$$

输出电阻是描述放大电路带负载能力的一项技术指标。通常放大电路的输出电阻越小越好。R_o 越小，说明放大电路的带负载能力越强。在多级放大电路中，本级的输出电阻相当于下级的信号源内阻。

（3）放大倍数 A_v

放大倍数（也称增益）是表示放大能力的一项重要指标。常用的有电压放大倍数 A_u、电流放大倍数 A_i。

电压放大倍数 A_u 用来表示放大电路放大信号电压的能力，顾名思义它应当是输出电压与输入电压之比。由于放大电路放大的是交流信号，A_u 定义为交流信号的相量之比，见式 (2-3)，这样定义的 A_u 一般是一个复数。在低频的情况下，由于人们更多地关心电压幅度的变化，也常用输出电压与输入电压有效值之比来计算 A_u。

$$A_u = \frac{U_o}{U_i} \qquad (2-3)$$

同理，电流放大倍数 A_i 表示放大电路放大信号电流的能力，用式(2-4)来定义。

$$A_i = \frac{P_O}{P_i} \qquad (2-4)$$

1.3 放大电路分析

由于放大电路中各点的电流、电压一般为交流分量与直流分量的叠加，因此分析放大电路既要分析其静态情况，又要分析动态情况。

1.3.1 静态分析

静态分析的目标是求出三极管在未加交流信号时的直流电流(I_{BQ}、I_{CQ})和直流电压 (U_{BEQ}、U_{CEQ})值，这是因为它们决定了三极管的工作状态，此处下标 Q 是静态(quiescent)的意思，同时又是静态工作点的符号。由于 I_{BQ}、U_{BEQ} 在三极管的输入特性曲线上对应着一个坐标点 Q，I_{CQ}、U_{CEQ} 在三极管的输出特性曲线上对应着一个坐标点 Q，由这四个值所确定的三极管静态工作条件被形象地称为静态工作点。在这四个值当中，三极管的发射结正向导通压降 U_{BEQ} 一般情况下可以认为是定值(硅管约 0.7 V，锗管约 0.3 V)，作静态分析时，只需再求出其他三个值即可。

为分析静态工作点的方便，可以先画出电路的直流通路。所谓直流通路，即放大电路直流电流通过的路径。对直流电流而言，电容视为开路，电感视为短路，将交流信号源的作用也去掉，其他不变，基本共射放大电路的直流通路如图 2-6 所示。

在图 2-6 中的基极回路应用基尔霍夫电压定律可得：

$$I_{BQ} = \frac{U_{CC} - U_{BEQ}}{R_b} \qquad (2-5)$$

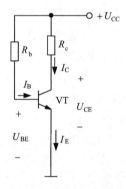

图 2-6　基本共射放大电路的直流通路

求 I_{CQ}、U_{CEQ} 有两种方法：图解法和估算法。

(1)图解法

图解法的前提是必须已知三极管的输出特性曲线(输出特性可以由晶体管特性测试仪得到)。对于基本放大电路的输出回路，应用基尔霍夫电压定律可得

$$u_{CE} = U_{CC} - i_C R_C \qquad (2-6)$$

式(2-6)描述的是放大电路输出电流与输出电压的关系，它是输出特性曲线图上某一直线的方程，该直线称为直流负载线。直流负载线斜率为 $-\frac{1}{R_C}$，与纵坐标轴的交点为 $\frac{U_{CC}}{R_C}$，与横坐标轴的交点为 V_{CC}，如图 2-7 中直线 AB 所示。直流负载线与三极管输出特性曲线族中 $i_B = I_{BQ}$ 曲线的交点即为静态工作点 Q，分别读出 Q 点的横纵坐标值就是 U_{CEQ} 和 I_{CQ}。

例 2-1　已知基本共射放大电路 $U_{CC} = 20$ V，$R_c = 6.8$ kΩ，$R_b = 500$ kΩ，三极管为

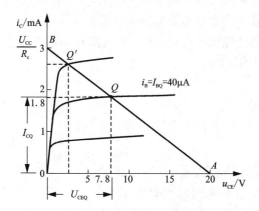

图 2 – 7　三极管输出特性曲线与直流负载线

3DG100，其输出特性曲线如图 2 – 7 所示，试用图解法求放大电路的静态工作点。

解：$I_{BQ} = \dfrac{U_{CC} - U_{BEQ}}{R_b} \approx \dfrac{U_{CC}}{R_b} = \dfrac{20}{500} = 0.04 \text{ mA} = 40 \text{ μA}$

直流负载线与纵轴交点为：$\dfrac{U_{CC}}{R_c} = \dfrac{20}{6.8} \approx 3 \text{ mA}$，

直流负载线与横轴交点为：$V_{CC} = 20 \text{ V}$。

连接两交点作出直流负载线，找到直流负载线与 $i_{BQ} = 40$ μA 曲线的交点 Q，读出 Q 点的坐标：$I_{CQ} = 1.8 \text{ mA}$，$U_{CEQ} = 7.8 \text{ V}$。

（2）估算法

估算法必须在三极管电流放大倍数 β 已知的前提下进行，先用利用公式（2 – 5）计算出电流 I_{BQ}，再由三极管上的电流放大关系可以估算出 I_{CQ}：

$$I_{BQ} = \frac{U_{CC} - U_{BEQ}}{R_b} \approx \frac{U_{CC}}{R_b} = \frac{20}{500} = 0.04 \text{ mA} = 40 \text{ μA} \qquad (2 – 7)$$

在直流通路的输出回路中应用基尔霍夫电压定律则可以估算出 U_{CEQ}：

$$U_{CEQ} = U_{CC} - I_{CQ}R_C \qquad (2 – 8)$$

式（2 – 8）实际上是式（2 – 6）在静态情况下的表达式。

例 2 – 2　在例 2 – 1 中，已知三极管 3DG100 的电流放大倍数 $\beta = 45$。试用估算法求解静态工作点。

解：$I_{BQ} = \dfrac{U_{CC} - U_{BEQ}}{R_b} \approx \dfrac{U_{CC}}{R_b} = \dfrac{20}{500} = 0.04 \text{ mA} = 40 \text{ μA}$

$I_{CQ} = \beta I_{BQ} = 45 \times 0.04 = 1.8 \text{ mA}$

$U_{CEQ} = U_{CC} - I_{CQ}R_c = 20 - 1.8 \times 6.8 \approx 7.8 \text{ V}$

1.3.2　动态分析

放大电路的动态就是指已经具备合适的静态工作点的放大电路中接入交流信号后的工作状态。动态时，电路中的电压、电流均在静态值的基础上作相应的变化。

放大电路的动态分析方法也有两种：图解法和微变等效电路法。这两种分析方法需要的分析条件不同，分析出的结果也各有所侧重。图解法必须具备三极管的输入输出特性曲线，其分析结果主要能直观地展现电路中各处电流电压响应的情况，从而可以定性和定量地分析放大电路所起的作用。微变等效电路法分析必须掌握三极管的电流放大倍数 β 等参数，侧重于对放大电路的性能指标进行分析，通过所获得的性能指标也能分析出电路在一定激励下输出端的电流电压响应。

（1）图解法

①电路空载时的情况

仍以例 2-1 中的基本共射放大电路为例，空载时电路如图 2-8 所示。

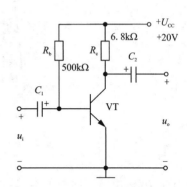

图 2-8　空载的基本共射放大电路

设输入端加上正弦信号电压 $u_i = U_{im}\sin\omega t = \sqrt{2} U_i\sin\omega t(\text{V})$，由于电容 C_1 在静态时已充有电压 U_{BEQ}，所以，使得 B、E 之间的总电压为交流、直流电压之和，即：

$$u_{BE} = U_{BEQ} + u_i = U_{BEQ} + U_{im}\sin\omega t$$

由此可知 u_{BE} 的波形如图 2-9（a）中曲线①，通过输入特性曲线找到曲线①上各点对应的电流 i_B 值，就可以逐点描绘出 i_B 的波形，如图 2-9（a）中曲线②。如果输入电压的幅度 U_{im} 为 0.02 V，从图中可以看到 i_B 将以 40 μA 为基础，在 20～60 μA 之间变动。在小信号工作条件下，Q 点附近的曲线可看作为直线段，即 i_B 与 u_{BE} 呈线性关系。因此，i_B 的变化规律也与 u_{BE} 相似，在静态值的基础上按正弦规律变化，即：

$$i_B = I_{BQ} + I_{bm}\sin\omega t$$

再来看放大电路输出回路的情况，由于不带负载，此时的回路电压方程 $u_{CE} = U_{CC} - i_C R_C$ 将三极管的输出电流电压关系约束在直流负载线上。因此可以利用直流负载线来进行图解分析：当 i_B 在 I_{BQ} 的基础上作正弦规律变化时，直流负载线与输出特性曲线的交点也会随之改变，在图中的 Q_1 和 Q_2 点之间来回移动。逐点找出 i_B 波形上各点在直流负载线上对应点的纵坐标与横坐标，就可以描绘出 i_C 和 u_{CE} 的波形曲线，如图 2-9（b）中曲线③、④。由于在三极管的放大工作区内，有 $i_C = \beta i_B$，即 i_C 与 i_B 为线性关系，输出特性曲线族在工作范围内的间隔近似可视为均匀，据此描绘的 i_C 和 u_{CE} 也将分别在一定的直流值的基础上按正弦规律变化：

$$i_C = I_{CQ} + I_{cm}\sin\omega t \quad (\text{mA})$$
$$u_{CE} = U_{CEQ} + U_{cem}\sin(\omega t - \pi) \quad (\text{V})$$

从式中可以看出，直流值 I_{CQ} 和 U_{CEQ} 就是交流量为零时的 i_C 和 u_{CE}，也就是静态值。

而从 u_{CE} 的波形中取出交流分量 u_{ce} 就得到输出电压 u_o 的波形。可以看出，u_o 与 u_i 相位恰好相反。

结合静态分析的结果，图 2-8 所示空载放大电路在交流信号后各处的电流、电压瞬时响应为：

$$u_{BE} = 0.7 + 0.02\sin\omega t \quad (\text{V})$$
$$i_B = 40 + 20\sin\omega t \quad (\mu\text{A})$$
$$i_C = 1.8 + 0.9\sin\omega t \quad (\text{mA})$$
$$u_{CE} = 7.8 + 6\sin(\omega t - \pi) \quad (\text{V})$$

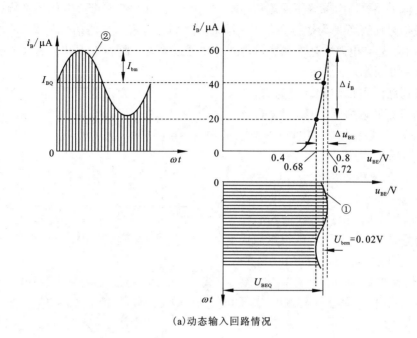

（a）动态输入回路情况

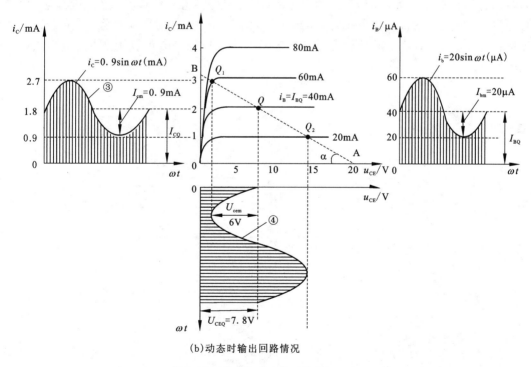

（b）动态时输出回路情况

图2-9　放大电路空载时的图解分析

②电路带负载时的情况

当放大电路的输出端带上负载时，由于电容C_2的隔直作用，仅有交流信号能通过C_2传递到负载。为了分析交流信号的方便，通常作出电路的交流通路。

　　所谓交流通路，是用来分析交流信号响应的路径，而不考虑直流电位的影响。直流电压源对交流信号而言可视为短路，电路中用来隔直的大电容对交流信号几乎没有衰减，也可以视为短路，如果电路中还有较大的电感，则可以视为开路。基本共射放大电路的交流通路如图 2 − 10 所示。

　　从交流通路图可以看出，R_L 与 R_C 对交流信号而言是并联关系，通常将 R_L 与 R_C 的并联等效负载称为放大电路的交流负载，用 R'_L 表示，即：

$$R'_L = R_C /\!/ R_L \qquad (2-9)$$

　　从不带负载时的交流分析可以了解到，当输入信号变化，也就是在输入端叠加了交流信号时，由于只有 R_C 能够影响到输出信号的变化量（即交流分量），u_{CE} 和

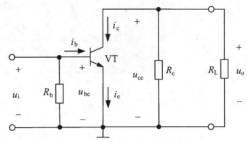

图 2 − 10　基本共射放大电路的交流通路

i_C 的关系被约束在以 $-1/R_C$ 为斜率的直流负载线上。那么，当放大电路带负载电阻 R_L 时，从交流通路可以看出，能够影响到输出信号的变化量（即交流分量）既有 R_C 又有 R_L，因此 u_{CE} 和 i_C 的关系应当被约束在以 $-1/R'_L$ 为斜率的一条直线上。又因为当输入交流信号变到零（$u_i = 0$）时，u_{CE} 和 i_C 的值变为 U_{CEQ} 和 I_{CQ}，所以这条直线必通过静态工作点 Q。这条斜率为 $-1/R'_L$ 且过静态工作点 Q 的直线被称做交流负载线，如图 2 − 11 中的 MN，Q 点是交流负载线与直流负载线的交点。由于交流负载 R'_L 小于直流负载 R_L，所以交流负载线比直流负载线更陡一些。

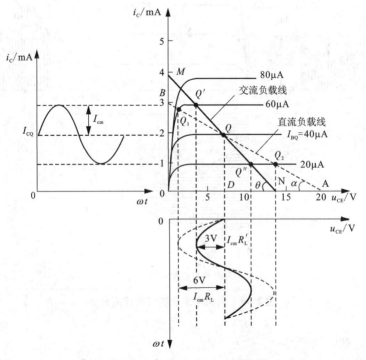

图 2 − 11　放大电路带负载时的图解分析

当放大电路输入端加入交流信号电压后，在基极总电流 i_B 随信号的变化而发生变化的同时，实际工作点将沿交流负载线(在 Q' 和 Q'' 之间)上下移动作动态变化。从图 2-11 中可以看到放大电路带有负载后，集电极电压 u_{CE} 的变化范围，从原来直流负载线上的 Q_1Q_2 之间，缩小到交流负载线上的 $Q'Q''$ 之间，尽管 i_C 的变化量 Δi_C 变化不大，但 u_{CE} 的变化量 Δu_{CE} 却减小很多，可见带上负载后输出电压的动态范围变小了。

③放大电路的波形失真

利用图解分析法还可以看出静态工作点与波形失真的关系，从而理解合理选择静态工作点的重要性。

波形失真是指输出波形不能很好地重现输入波形的形状，即输出波形相对于输入波形发生了变形。对一个放大电路来说，要求输出波形的失真尽可能小。但是，当静态工作点位置选择不当时，将出现严重的非线性失真。如图 2-12 所示，设正常情况下静态工作点位于 Q 点，则可以得到几乎不失真的 i_C 和 u_{CE} 波形。如果静态工作点的位置定得太低或太高，都将使输出波形产生严重失真。

当 Q 点位置选得太高，接近饱和区时，见图 2-12 中的 Q_1 点，这时尽管 i_B 的波形完好，但 i_C 的正半周和 u_{CE} 的负半周都出现了畸变，这种由于动态时实际工作点进入饱和区而引起的失真，称为"饱和失真"。

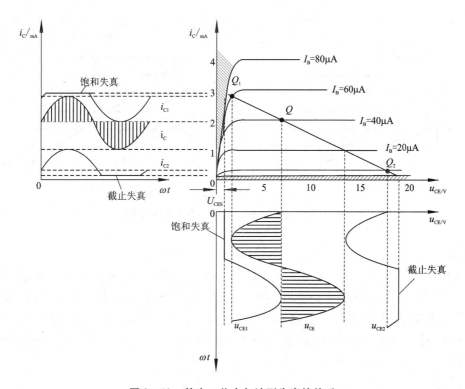

图 2-12　静态工作点与波形失真的关系

当 Q 点位置选得太低，接近截止区时，见图 2-12 中的 Q_2 点，这时由于在输入信号的负半周，实际工作点进入管子的截止区，使 i_C 的负半周和 u_{CE} 的正半周波形产生畸变，这种因工作点进入截止区而产生的失真称为"截止失真"。

饱和失真和截止失真都是由于三极管工作在特性曲线的非线性区域所引起的，因此都叫做"非线性失真"。

由以上对失真的分析可以看出，合理的静态工作点对于放大电路至关重要。在动态情况下，为了输出幅值较大，同时工作点的移动不超出放大区，即不引起非线性失真，静态工作点应选在交流负载线的中点。对于小信号的放大电路，失真可能性较小，为了减小损耗和噪声，工作点可适当选择低一些。对于大信号的放大电路，为了保证输出有较大的动态范围，工作点可适当选高一些。总之，工作点的选择应该视具体情况而定。

静态工作点的选择最终取决于电路的元件参数，在构成放大电路的元件中，对 Q 点影响较大的有以下这些：

a. R_b

当 U_{CC}、R_c 不变时，输出回路直流负载线不变。R_b 对静态工作点的影响体现在对 I_{BQ} 的影响上，R_b 增大时，I_{BQ} 将减小，静态工作点沿直流负载线下移，由 Q 点移向 Q_1 点，见图 2 -13(a)。反之，R_b 减小时，I_{BQ} 将增大，静态工作点沿直流负载线上移，由 Q 点移向 Q_2 点。可见，调节 R_b 能改变 I_{BQ}、I_{CQ} 和 U_{CEQ} 的大小，即改变静态工作点的位置。这是最常用的调整静态工作点的方法。

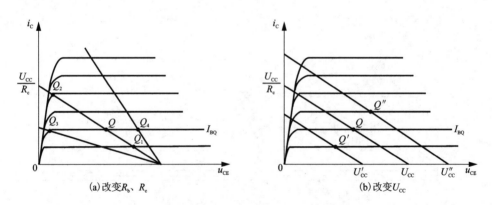

(a) 改变 R_b、R_c (b) 改变 U_{CC}

图 2 -13 放大电路参数与静态工作点的选择

b. R_c

当 U_{CC}、R_b 不变时，I_{BQ} 也不变。R_c 对静态工作点的影响则体现在影响了直流负载线的斜率。R_c 增加，直流负载线变得平坦，静态工作点由 Q 点移向 Q_3 点；反之，当 R_c 减小时，直流负载线变陡，静态工作点移向 Q_4 点，如图 2 -13(a)所示。R_c 太大，Q_3 点左移太多，U_{CEQ} 减小，易引起饱和失真；R_c 太小，交流负载电阻减小，交流负载线变陡，使输出电压幅度随之减小。

c. U_{CC}

当 R_c 和 R_b 固定时，直流负载线的斜率不变。U_{CC} 对静态工作点的影响体现在使负载线平移。U_{CC} 增加时，直流负载线向右平移，因为 R_b 不变，U_{CC} 同时使 I_{BQ} 也增加，因此静态工作点向右上方移动到 Q'' 处；反之，U_{CC} 减小时，I_{BQ} 减小，直流负载线向左平移，同时使 I_{BQ} 减小，使静态工作点向左下方移动到 Q' 处，如图 2 -13(b)所示。减小 U_{CC} 则减小了电路的不失真工作范围，电路可能同时出现两种非线性失真；增大 U_{CC} 可扩大电路的不失真工作范围，但 U_{CC} 增大会使电路功率消耗增大，此外增大 U_{CC} 还要考虑三极管击穿电压的限制。

（2）微变等效电路分析法

在低频小信号情况下，定量计算放大电路的技术指标通常采用微变等效电路法。

当三极管的输入信号为低频小信号时，如果静态工作点 Q 选取合适，信号则只在静态工作点附近小范围内变动，此时三极管输入特性曲线可以近似看作是线性的；同时如果输出信号也为低频小信号，保证输出信号的动态范围处在输出特性曲线的线性放大区域（i_C $=\beta i_B$）。此时，三极管可以用一个等效的线性电路来代替，即三极管的微变等效电路，如图 2 – 14 所示。

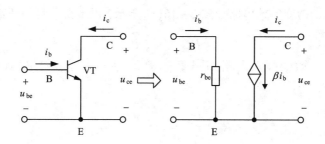

图 2 – 14   三极管的微变等效电路

三极管微变等效电路的等效原理如下：

由于 Q 点附近小范围内的输入特性曲线近似为直线，对于交流信号而言，三极管 B、E 间就相当于一个线性电阻 r_{be}（也表示为 h_{ie}），它的物理意义是：基极电流发生单位变化时，三极管发射结电压的变化量，即

$$r_{be} = \frac{\Delta U_{EE}}{\Delta I_B} = \frac{u_{be}}{i_b} \tag{2 – 10}$$

r_{be} 在工程上常用式（2 – 10）来进行估算，其值在几百欧到几千欧之间。

又由于三极管的电流控制作用，从输出端 C、E 间看三极管是一个受控电流源，且满足 $i_C = \beta i_b$。

用三极管的微变等效电路代替图 2 – 10 放大电路交流通路中的三极管，即构成基本共射放大电路的微变等效电路，如图 2 – 15 所示。

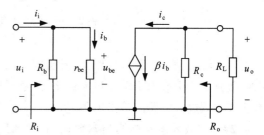

图 2 – 15   基本共射放大电路的微变等效电路

利用微变等效电路可完成放大电路各项技术指标的计算。

①电压放大倍数

根据等效电路，可知：输入信号 $\dot{U}_i = \dot{I}_b r_{be}$，输出信号 $\dot{U}_o = -\dot{I}_c(R_c /\!/ R_L) = -\beta \dot{I}_b R_L'$，则电压放大倍数为

$$A_\mathrm{u} = \frac{\dot{U}_\mathrm{o}}{\dot{U}_\mathrm{i}} = \frac{-\beta \dot{I}_\mathrm{b} R'_\mathrm{L}}{\dot{I}_\mathrm{b} r_\mathrm{be}} = -\beta \frac{R'_\mathrm{L}}{r_\mathrm{be}} \tag{2-11}$$

式中负号表示输出电压与输入电压反相。

②输入电阻

根据输入电路的定义式,由放大电路的等效电路可知

$$R_\mathrm{i} = R_\mathrm{b} \,/\!/\, r_\mathrm{be} \tag{2-12}$$

通常 R_b 的值很大,则有 $R_\mathrm{i} \approx r_\mathrm{be}$。

③输出电阻

根据电路理论,电路的输出电阻可以用开路电压除以短路电流的方法来计算。

输出端开路时,微变等效电路如图 2 – 16(a)所示,可求得电路的开路电压为

$$\dot{U}_\mathrm{OC} = -\dot{I}_\mathrm{c} R_\mathrm{c}$$

输出端短路时,微变等效电路如图 2 – 16(b)所示,可求得电路的短路输出电流,因此:

$$R_\mathrm{o} = \frac{\dot{U}_\mathrm{OC}}{\dot{I}_\mathrm{SC}} = \frac{-\dot{I}_\mathrm{c} R_\mathrm{C}}{-\dot{I}_\mathrm{c}} = R_\mathrm{C} \tag{2-13}$$

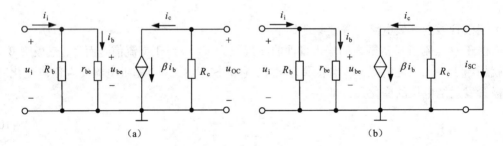

(a)　　　　　　　　　　　　　　(b)

图 2 – 16　计算输出电阻的电路

上述方法求输出电阻只适用于理论计算,不适用于实验测量。在测量中将放大电路的输出端短路可能引起输出电流过大而烧坏三极管。在实际测量中,应当使用式(2 – 2)对应的方法来求取放大电路的输出电阻。

例 2 – 3　放大电路结构与参数如图 2 – 8 所示,已知三极管的 $\beta = 45$,试求 A_u、R_i 和 R_o 的值。

解:$I_\mathrm{BQ} \approx \dfrac{U_\mathrm{CC}}{R_\mathrm{b}} = \dfrac{20}{500} = 0.04 \text{ mA} = 40 \text{ μA}$

$r_\mathrm{be} = 300 + \dfrac{26}{I_\mathrm{BQ}} = 300 + \dfrac{26}{0.04} = 950 \Omega \approx 1 \text{ k}\Omega$

$A_\mathrm{u} = -\beta \dfrac{R'_\mathrm{L}}{r_\mathrm{be}} = -45 \times \dfrac{6.8 \,/\!/\, 6.8}{1} = -153$

$R_\mathrm{i} = R_\mathrm{b} \,/\!/\, r_\mathrm{be} \approx 1 \text{ k}\Omega$

$R_o = R_c = 6.8 \text{ k}\Omega$

从本例分析结果可以看出，基本共射放大电路的电压放大倍数较高，输入输出信号反相；输入电阻较小，对信号源或前级电路的要求较高；输出电阻较大，带负载的能力不是很强。

1.4 分压式偏置稳定电路

基本放大电路具有结构简单、元器件少、放大倍数高等优点，但它的最大缺点就是稳定性差，只能在要求不高的电路中使用，而影响到它工作稳定性的最重要因素是温度：当温度变化时，三极管的电流放大系数 β、集电结反向饱和电流 I_{CBO}、穿透电流 I_{CEO} 以及发射结压降 U_{BE} 等都会随之发生改变，从而使静态工作点发生变动。为了使放大电路的工作稳定，通常通过改变偏置的方式来稳定静态工作点，分压式偏置电路就是一种常见的稳定静态工作点的电路。

1.4.1 分压式偏置放大电路的结构与工作原理

分压式偏置放大电路的结构如图 2-17(a)所示，其直流通路如图 2-17(b)所示，电路具有以下特点：

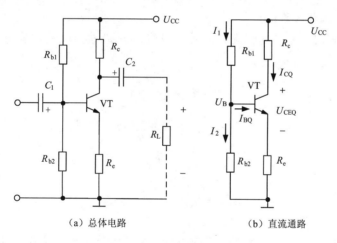

（a）总体电路　　　　（b）直流通路

图 2-17　分压式偏置放大电路

（1）基极静态电位由 R_{b1} 和 R_{b2} 两个电阻分压来决定。流过电阻 R_{b1} 和 R_{b2} 的静态电流 I_1 和 I_2 一般情况下并不相等，但由于 I_{BQ} 通常很小，当 R_{b1} 和 R_{b2} 的参数选取合适时，可以使 I_1，$I_2 \gg I_{BQ}$，即 $I_1 \approx I_2$。这样，基极电位 U_B 就完全取决于 R_{b2} 上的分压，即

$$U_B \approx U_{CC} \frac{R_{b2}}{R_{b1} + R_{b2}} \tag{2-14}$$

在这种情况下，基极电位 U_B 由电源 U_{CC} 经 R_{b1} 和 R_{b2} 分压所决定，其值不受温度影响，且与三极管参数无关。

（2）利用发射极电阻 R_e 的反馈作用可以自动调节 I_{BQ} 的大小，实现工作点稳定。设想当温度升高时，由于三极管的热敏性，集电极的静态电流 I_{CQ} 将增大，发射极电流 I_{EQ} 相应增加，这一电流流经发射极电阻 R_e 时引起 E 点电位升高，而 B 点电位不受温度影响，故而使 U_{BEQ} 下降，反馈到输入端，由三极管的输入特性可知，U_{BEQ} 的下降必导致 I_{BQ} 的下降，进

而通过三极管的电流控制关系，阻碍 I_{CQ} 的增大。整个过程可表示为

$$T(℃)\uparrow \to I_{CQ}\uparrow \to I_{EQ}\uparrow \to U_{EQ}\uparrow \to U_{BEQ}\downarrow \to I_{BQ}\downarrow$$

$$I_{CQ}\downarrow$$

其中符号↑表示增大，↓表示减小，→表示引起后面的变化。

从以上分析可以看出，静态工作点的稳定与 B 点电位的稳定密不可分，而 B 点电位稳定，不受温度影响。要求 I_1，$I_2 \gg I_{BQ}$，即要求 R_{b1} 和 R_{b2} 的值不能太大；但另一方面，R_{b1} 和 R_{b2} 的值也不能太小，否则可能由于 I_1 和 I_2 太大而在 R_{b1} 和 R_{b2} 上造成太大的能量消耗，也可以导致 R_{b1} 和 R_{b2} 对信号的分流太大，引起电路放大倍数的下降。在工程上，通常按以下经验公式选取 R_{b1} 和 R_{b2}：

对于硅管：

$$I_1 = (5 \sim 10)I_{BQ}, \quad U_{BQ} = (3 \sim 5)V \tag{2-15}$$

对于锗管：

$$I_1 = (10 \sim 20)I_{BQ}, \quad U_{BQ} = (1 \sim 3)V \tag{2-16}$$

1.4.2 静态工作点的估算

从分压式偏置放大电路的直流通路图 2-17(b) 可以看出电路的静态工作点可采用以下公式估算：

$$U_B \approx U_{CC}\frac{R_{b2}}{R_{b1} + R_{b2}}$$

$$I_{CQ} \approx I_{EQ} = \frac{U_B - U_{BEQ}}{R_e} \tag{2-17}$$

$$I_{BQ} \approx \frac{I_{CQ}}{\beta} \tag{2-18}$$

$$U_{CEQ} = U_{CC} - I_{CQ}(R_c + R_e) \tag{2-19}$$

1.4.3 性能指标的估算

为了分析分压式放大电路的各项动态指标，先画出其交流通路和微变等效电路，如图 2-18 所示。

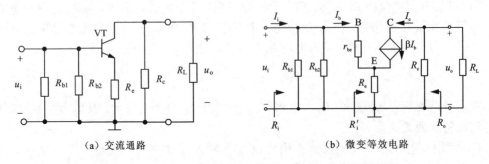

(a) 交流通路　　　　　　　　　　(b) 微变等效电路

图 2-18　分压式偏置放大电路的交流通路与微变等效电路

(1)电压放大倍数 A_u

由图 2 - 18(b)所示微变等效电路的输出回路可知：

$$U_o = -I_c R_L' = -\beta I_b R_L'$$

其中 $R_L' = R_c /\!/ R_L$。

从微变等效电路的输出端则可以看出：

$$U_i = I_b r_{be} + I_e R_e = I_b [r_{be} + (1 + \beta) R_e] \qquad (2 - 20)$$

根据电压放大倍数定义可以推出：

$$A_u = \frac{U_o}{U_i} = -\frac{\beta I_b R_L'}{I_b [r_{be} + (1 + \beta) R_e]} = -\frac{\beta R_L'}{r_{be} + (1 + \beta) R_e} \qquad (2 - 21)$$

将式(2 - 21)与式(2 - 11)比较，可以看出分压式偏置放大电路比基本放大电路的放大倍数要小得多，这是由 R_e 的负反馈作用造成的。如果既希望 R_e 发挥稳定静态工作点的作用，又不带来电压放大倍数的下降，则可以用一个大容量的电容(大约几十到几百微法) C_e 与之并联，如图 2 - 19(a)所示。对直流分量而言，C_e 可以视为开路，因此并上电容后的直流通路与静态工作点与未并电容没有不同，而对交流信号来讲，C_e 的交流旁路作用使发射极在交流通路中直接接地，如图 2 - 19(b)所示。如果令 $R_b = R_{b1} /\!/ R_{b2}$，则与基本共射放大电路的交流通路(图 2 - 10)完全相同，电压放大倍数也与之相同，为 $-\dfrac{\beta R_L'}{r_{be}}$，这就兼顾到了维持工作点稳定和较高放大倍数两方面的要求。

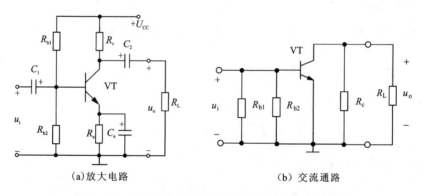

(a)放大电路　　　　　　　　　　　(b) 交流通路

图 2 - 19　具有集电极旁路电容的分压式偏置放大电路

(2)输入电阻的估算 R_i

由图 2 - 18(b)还可以计算分压式偏置电路的输入电阻。

根据定义及式(2 - 20)可知：

$$R_i' = \frac{U_i}{I_b} = r_{be} + (1 + \beta) R_e$$

$$R_i = R_{b1} /\!/ R_{b2} /\!/ R_i' = R_{b1} /\!/ R_{b2} /\!/ [r_{be} + (1 + \beta) R_e] \qquad (2 - 22)$$

如果基极偏置电阻 R_{b1}、R_{b2} 的值很大，则近似有：

$$R_i \approx r_{be} + (1 + \beta) R_e$$

将式(2 - 22)与式(2 - 12)比较可知，R_e 使放大电路的输入电阻提高了很多。高的输入电阻意味着电路能够从前级电路获得更高的输入电压和较小的输入电流，而如果电路中接入了发射极旁路电容 C_e，则输入电阻 R_i 的表达式与式（2-12）相同。由于 R_e 的作用是多方面的，电容 C_e 是否必要，应当根据电路性能指标的要求来决定，还可以将 R_e 分成两部分，C_e 只与部分电阻并联。

（3）输出电阻 R_o

用前述求输出电阻的方法，可以计算出图 2-18（b）所示微变等效电路的输出电阻

$$R_o = R_C$$

与式（2-13）完全一致。

例 2-4　电路如图 2-19（a）所示，已知三极管的 $\beta = 40$，$U_{CC} = 12$ V，$R_L = 4$ kΩ，$R_c = 2$ kΩ，$R_e = 2$ kΩ，$R_{b1} = 20$ kΩ，$R_{b2} = 10$ kΩ，C_e 足够大。试求：

①静态值 I_{CQ} 和 U_{CEQ}；

②发射极带旁路电容与不带旁路电容时的电压放大倍数；

③输入、输出电阻。

解：①估算静态值 I_{CQ} 和 U_{CEQ}

$$U_B \approx \frac{R_{b2}}{R_{b1} + R_{b2}} U_{CC} = \frac{10}{10 + 20} \times 12 = 4 \text{ V}$$

$$I_{CQ} \approx I_{EQ} = \frac{U_B - U_{BEQ}}{R_e} = 1.65 \text{ mA}$$

$$U_{CEQ} \approx U_{CC} - I_{CQ}(R_c + R_e) = 12 - 1.65 \times (2 + 2) = 5.4 \text{ V}$$

②电压放大倍数

$$r_{be} = 300 + (1 + \beta) \frac{26 \text{ mV}}{I_{EQ} \text{ mA}} = 300 + 41 \times \frac{26}{1.65} = 946 \text{ Ω} \approx 0.95 \text{ kΩ}$$

$$R_L' = R_c /\!/ R_L = \frac{2 \times 4}{2 + 4} = 1.33 \text{ kΩ}$$

发射极接上旁路电容时，

$$A_u = -\beta \frac{R_L'}{r_{be}} = -40 \times \frac{1.33}{0.95} = -56$$

发射极不接旁路电容时，

$$A_u = -\beta \frac{R_L'}{r_{be} + (1 + \beta)R_e} = -40 \times \frac{1.33}{0.95 + 41 \times 2} \approx -0.64$$

由此可见，无发射极旁路电容时，电压放大倍数要下降很多。

③输入电阻和输出电阻

发射极接上旁路电容时，输入电阻为

$$R_i = r_{be} /\!/ R_{b1} /\!/ R_{b2} = 0.83 \text{ kΩ}$$

发射极不接旁路电容时，输入电阻为

$$R_i = R_{b1} /\!/ R_{b2} /\!/ [r_{be} + (1 + \beta)R_e] = 6.17 \text{ kΩ}$$

可见，发射极电阻 R_e 的存在使输入电阻增大了很多。

输出电阻为：

$$R_o \approx R_c = 2 \text{ kΩ}$$

2　共集放大电路

在三极管三个组态的放大电路中，除了共射放大电路以外，共集放大电路也因为特点鲜明而应用广泛。

2.1　共集放大电路的组成

共集放大电路的一般形式如图2－20(a)所示，从信号的流向分析可知：它由基极输入信号，发射极输出信号。集电极是输入回路与输出回路的共同端，故称共集电路。又因为以发射极为信号输出端，它又被称为射极输出器。如图2－20(b)所示的交流通路图可以更清楚地看到这一点。

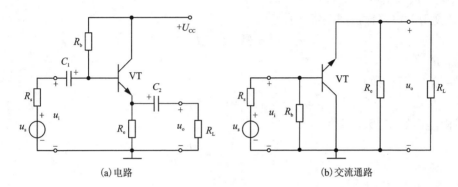

(a)电路　　　　　　　　　　　　　　　　(b)交流通路

图2－20　共集放大电路及其交流通路

2.2　共集放大电路的特点

以下从交流、直流两个方面对共集放大电路进行分析。

2.2.1　静态分析

作出共集放大电路的直流通路，如图2－21所示。

由图可知：

$$U_{CC} = I_{BQ}R_b + U_{BEQ} + I_{EQ}R_e$$

$$I_{BQ} = \frac{I_{EQ}}{1+\beta} \tag{2－23}$$

于是有

$$I_{CQ} \approx I_{EQ} = \frac{U_{CC} - U_{BEQ}}{R_e + \dfrac{R_b}{1+\beta}} \tag{2－24}$$

$$U_{CEQ} \approx U_{CC} - I_{CQ}R_e \tag{2－25}$$

其中发射极电阻R_e还具有稳定静态工作点的作用。其稳压过程与分压式偏置共射放大电路相似。

2.2.2　动态分析

为了动态分析的方便，先作出共集放大电路的微变等效电路，如图2－22所示。

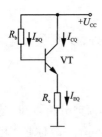

图 2 – 21 共集放大电路直流通路

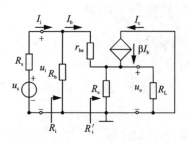

图 2 – 22 共集放大电路微变等效电路

(1)电压放大倍数 A_u 的估算

由微变等效电路输出回路可知:

$$U_o = (1 + \beta) I_o R_L'$$

式中 $R_L' = R_e /\!/ R_L$。

又由输入回路可知:

$$U_i = I_b [r_{be} + (1 + \beta) R_L']$$

根据电压放大倍数定义可得

$$A_u = \frac{U_o}{U_i} = \frac{(1 + \beta) R_L'}{r_{be} + (1 + \beta) R_L'} \qquad (2 – 26)$$

(2)输入电阻 R_i 的估算

由微变等效电路可以看出:

$$R_i' = r_{be} + (1 + \beta) R_L'$$

$$R_i = R_b /\!/ R_i' = R_b /\!/ [r_{be} + (1 + \beta) R_L'] \qquad (2 – 27)$$

(3)输出电阻 R_o 的估算

仍使用输出端开路电压除以短路电流的办法计算输出电阻。

当输出端开路时,微变等效电路如图 2 – 23(a)所示。

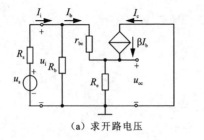

(a)求开路电压

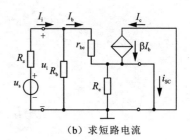

(b)求短路电流

图 2 – 23 共集放大电路输出电阻的分析

由输出回路可得

$$U_{OC} = (1 + \beta) I_b R_e$$

此时输入回路存在以下关系:

$$U_s = R_s I_i + I_b [r_{be} + (1 + \beta) R_e]$$

如果不计信号源内阻，则有

$$I_b = \frac{U_s}{r_{be} + (1+\beta)R_e}$$

由此可知电路开路时输出电压为：

$$U_{OC} = \frac{(1+\beta)R_e U_s}{r_{be} + (1+\beta)R_e} \tag{2-28}$$

当放大电路输出端短路时，微变等效电路如图2-23(b)所示。

由图可知

$$I_{SC} = I_e = (1+\beta)I_b$$

此时输入回路存在以下关系：

$$U_s = R_s I_i + I_b r_{be}$$

如果不计信号源内阻，则有

$$I_b = \frac{U_s}{r_{be}}$$

由此可知电路短路时输出电压为：

$$I_{SC} = I_e = (1+\beta)I_b = (1+\beta)\frac{U_s}{r_{be}} \tag{2-29}$$

由式(2-28)、(2-29)可得

$$R_o = \frac{U_{OC}}{I_{SC}} = \frac{\frac{(1+\beta)R_e U_s}{r_{be}+(1+\beta)R_e}}{(1+\beta)\frac{U_s}{r_{be}}} = \frac{R_e r_{be}}{r_{be}+(1+\beta)R_e}$$

上式整理可得

$$R_o = \frac{r_{be}}{1+\beta} /\!/ R_e \tag{2-30}$$

可以证明，当信号源内阻 R_s 不可忽略时，射极输出器的输出电阻为

$$R_o = R_e /\!/ \frac{r_{be}+(R_s /\!/ R_b)}{1+\beta}$$

2.2.3 射极输出器的特点与应用

根据上述交直流分析，可以归纳出射极输出器具有以下特点：

①比较稳定的工作点

由静态分析已知，当温度等外界因素变化时，R_e 的反馈作用可以使射极输出器具有较稳定的工作点。

②电压放大倍数接近于1的电压跟随性

由式(2-26)可以看出，共集放大电路的放大倍数小于1，但由于一般情况下 $r_{be} \ll (1+\beta)R_L'$，可近似认为 $A_u \approx 1$，即输出电压与输入电压近似相等，且相位相同。射极输出器的这种性质称为电压跟随性。因此射极输出器又称为射极跟随器。

此外，射极输出器虽然不具备电压放大能力，但当忽略基极偏置电阻的分流时，它的输入电流近似为基极电流，输出电流即为射极电流，可以证明，它具有近似为 $(\beta+1)$ 的电流放大倍数，即射极输出器可以实现电流放大与功率放大。

③较高的输入电阻

对比式(2-27)与式(2-12)可知,共集放大电路与共射放大电路相比,输入电阻要高很多,一般来说,射极输出器的输入电阻可高达几十千欧到几百千欧。

④较低的输出电阻

从式(2-30)可以看出,共集放大电路的输出电阻比共射放大电路要小得多,一般为几欧至几百欧,这意味着射极输出器具有较强的带负载能力。同时还可以看出,输出电阻的大小与三极管的β值关系密切,在电路其他参数都相同的情况下,β值越大的管子,输出电阻越小。

射极输出器的以上特点决定了它用途广泛。它常用来作为多级放大电路的输入级、中间隔离级和输出级。

(1)用做高输入电阻的输入级

在要求输入电阻较高的放大电路中,经常采用射级输出器作为输入级。利用它输入电阻高的特点,使流过信号源的电流减小,从而使信号源内阻上的压降减小,使大部分信号电压能传送到放大电路的输入端。减小信号在信号源内阻上的损耗实际上也是间接提高了放大电路的放大能力。

(2)用做低输出电阻的输出级

射极输出器输出电阻低意味着与负载的分压小,信号在本级输出电路的衰减小,因此带负载能力强。此外,当负载电流变动较大时,输出电压变化也较小,有利于输出电压的稳定。

(3)用作中间隔离级

在多级放大电路中,将射极输出器接在两级共射电路之间,利用其输入电阻高的特点,以提高前一级的电压放大倍数;利用其输出电阻低的特点,以减小后一级信号源内阻,从而提高了前后两级的电压放大倍数,隔离了两级耦合时的不良影响。这种插在中间的隔离级又称为缓冲级。

例2-5 共集放大电路如图2-20(a)所示,其中$R_b = 51\ \text{k}\Omega$,$R_e = 1\ \text{k}\Omega$,$U_{CC} = 12\ \text{V}$,$R_L = 1\ \text{k}\Omega$,$R_s = 1\ \text{k}\Omega$,$\beta = 70$,$U_{BE} = 0.7\ \text{V}$。试估算:

(1)静态工作点;

(2)电压放大倍数A_u、输入电阻R_i和输出电阻R_o。

解:(1)估算静态工作点

$$I_{CQ} \approx I_{EQ} = \frac{U_{CC} - U_{BEQ}}{R_e + \dfrac{R_b}{1+\beta}} = \frac{12 - 0.7}{1 + \dfrac{51}{1+70}} = 6.5\ \text{mA}$$

$$I_{BQ} = \frac{6.5\ \text{mA}}{70} \approx 0.093\ \text{mA}$$

$$U_{CEQ} \approx U_{CC} - I_{CQ}R_e = 12 - 6.5 \times 1 = 5.5\ \text{V}$$

(2)估算A_u、R_i和R_o

$$r_{be} = 300 + (1+\beta)\frac{26\ \text{mV}}{I_{EQ}\text{mA}} = 300 + 71 \times \frac{26}{6.5 + 0.093} \approx 0.58\ \text{k}\Omega$$

$$R_L' = R_e /\!/ R_L = 0.5\ \text{k}\Omega$$

$$A_u = \frac{(1+\beta)R_L'}{r_{be} + (1+\beta)R_L'} = \frac{71 \times 0.5}{0.58 + 71 \times 0.5} \approx 0.984 \approx 1$$

$$R_i = R_b /\!/ \left[r_{be} + (1+\beta)R_L'\right] = 51 /\!/ \left[0.58 + (1+70) \times 0.5\right] \approx 21.1 \ k\Omega$$

$$R_o = R_e /\!/ \frac{r_{be} + (R_b /\!/ R_s)}{1+\beta} = 1 /\!/ \frac{0.58 + 51 /\!/ 1}{1+70} \approx 22 \ \Omega$$

3 场效应管放大电路

场效应管与双极型三极管根本不同之处在于它是电压控制元件。场效应管除了具有体积小、耗电省、寿命长等与双极型三极管的相同的特点外，还具有输入电阻很高、输入电流趋近于零、热稳定性好、噪声低等特点，因此，由场效应管构成的放大电路也具备许多优点。

场效应管构成放大电路时，也像三极管放大电路一样有不同的组态，常见的放大组态有共源极和共漏极两种。

3.1 共源放大电路

为了不失真地放大变化信号，场效应管放大电路与双极型三极管放大电路一样，要建立合适的静态工作点。场效应管是电压控制器件，没有偏置电流，关键是要有合适的栅源偏压 U_{GS}。在实际应用中，常用的偏置电路有两种形式：自偏压电路与分压式偏置电路。

3.1.1 自偏压电路

自偏压电路是最简单的场效应管放大电路，如图 2 – 24 所示。

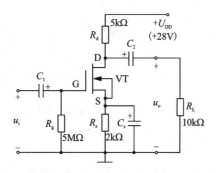

图 2 – 24 共源极自偏压放大电路

图 2 – 24 中 N 沟道耗尽型绝缘栅场效应管 VT 是放大电路的核心元件，电阻 R_g、R_d、R_s 共同为 VT 建立正确的偏置。

（1）静态分析

静态时，效应管 VT 的栅源电压 U_{GS} 为栅极电位 U_G 与源极电位 U_S 之差，即：

$$U_{GS} = U_G - U_S \tag{2-31}$$

由于栅极 G 与其他电极是绝缘的，所以没有直流电流流入。这也使得电阻 R_g 中无静态电流通过，R_g 上压降为 0，所以 $U_G = 0$。而耗尽型 MOS 管本身存在的导电沟道中有静态漏极电流 I_D 通过源极电阻 R_s，使源极 S 对地的电压为 $U_{GS} = U_G - U_S = 0 - U_S = -I_D R_s$，因此栅源偏压为

$$U_{GS} = U_G - U_S = 0 - U_S = -I_D R_s$$

这种利用静态漏极电流 I_D 在源极电阻 R_s 上产生电压降作为栅源偏置电压的方式，称为自给偏压。显然，这种自给偏压方式不适合于增强型 MOS 管，因为增强型 MOS 管无外加栅源电压时不能形成导电沟道，无法产生自偏压。

对于耗尽型 MOS 管，只要选择合适的源极电阻 R_s，就可获得合适的偏置电压和静态工作点了。自给偏压电路的静态工作点可按以下方程进行估算：

$$I_D = I_{DSS} \times \left(1 - \frac{U_{GS}}{U_P} \right)$$

$$U_{GS} = -I_D R_S$$

联立上两式，可以解得 I_D 和 U_{GS}，并由此得到

$$U_{DS} = U_{DD} - I_D (R_d + R_s) \tag{2-32}$$

（2）动态分析

对场效应管放大电路进行交流分析也可以采用微变等效电路法。

由于场效应管基本没有栅流，输入电阻 R_{gs} 极大，所以场效应管栅源之间可视为开路。又根据场效应管输出回路具有与负载无关的恒流特性，其输出电阻 r_{ds} 可视为无穷大，输出回路可等效为一个仅受 u_{gs} 控制的电流源，即 $i_d = g_m u_{gs}$。据此可以画出场效应管的微变等效电路，如图 2-25 所示，它与晶体三极管的微变等效电路相比更为简单。

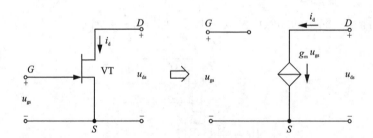

图 2-25　场效应管的微变等效电路

用微变等效模型替换图 2-24 中场效应管，并考虑耦合电容、源极交流旁路电容与直流源对交流信号近似短路，可以画出自给偏压共源放大电路的微变等效电路，如图 2-26 所示。

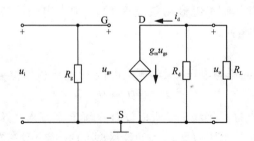

图 2-26　自给偏压共源放大电路的微变等效电路

根据微变等效电路可以分析电路的动态指标。

①电压放大倍数 A_u

由电路的输入回路可知：

$$U_i = U_{gs}$$

由输出回路可以看出

$$U_o = -I_d R'_L = -g_m U_{gs} R'_L$$

其中 $R'_L = R_d /\!/ R_L$。

将上两式代入电压放大倍数的定义式可得：

$$A_u = \frac{U_o}{U_i} = -g_m R'_L \tag{2-33}$$

另外，在此电路中，源极旁路电容的作用也类似于三极管放大电路的射极旁路电容，如果去除这一旁路电容，将引起交流信号在 R_s 上的损耗，电压放大倍数变小。可以证明，无源极交流旁路电容时，电路的放大倍数为

$$A_u = \frac{U_o}{U_i} = -\frac{g_m R'_L}{1 + g_m R_s}$$

②输入电阻 R_i

从微变等效电路图可以看出，放大电路的输入电阻为：

$$R_i = R_g \tag{2-34}$$

③输出电阻 R_o

仿照三极管共射放大电路输出电阻的计算方法，可以求得输出电阻

$$R_o \approx R_d \tag{2-35}$$

3.1.2　分压式偏置电路

由于自偏压电路不能适用于增强型 MOS 管，因此在使用这种场效应管时常仿照三极管的分压式偏置电路为其提供正确的工作点，如图 2-27 所示，其中电阻 R_{g1} 和 R_{g2} 起到分压作用，决定栅极 G 的静态电位，R_g 用来减小 R_{g1}、R_{g2} 对信号的分流作用，保持场效应管放大电路输入电阻高的优点。

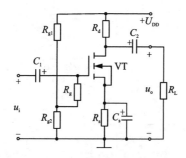

图 2-27　分压式偏置电路

（1）静态分析

由于场效应管栅极的绝缘特性，没有静态电流流过电阻 R_g，所以，栅极电位为电源 U_{DD} 在 R_{g1}、R_{g2} 上的分压，即

$$U_G = \frac{R_{g2}}{R_{g1} + R_{g2}} \times U_{DD} \qquad (2-36)$$

因此栅源电压

$$U_{GS} = U_G U_S = \frac{R_{g2}}{R_{g1} + R_{g2}} \times U_{DD} - I_D R_s \qquad (2-37)$$

联立 $I_D = I_{DSS} \times \left(1 - \dfrac{U_{DS}}{U_P}\right)^2$ 与式($2-37$)即可以求出 U_{GS} 和 I_D，再由输出回路方程式($2-32$)可以计算出 U_{DS}。

从式($2-37$)还可以看出，当 R_{g1}、R_{g2} 的取值合适时，U_{GS} 的值可以为正值、负值或零，因此这种偏置方式对耗尽型 MOS 管也同样适用。

（2）动态分析

作出分压式偏置放大电路的微变等效电路如图 $2-28$ 所示。

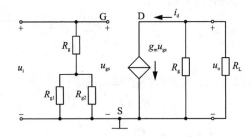

图 2 - 28　分压式偏置共源放大电路的微变等效电路

比较图 $2-28$ 与图 $2-26$ 可知，两电路仅在输入电阻上有所区别，电路采用分压式偏置方式后，输入电阻改变为

$$R_i = R_g + \frac{R_{g1} R_{g2}}{R_{g1} + R_{g2}} \qquad (2-38)$$

例 2 - 6　在图 $2-29$ 中，已知 $U_P = -2\ V$，$I_{DSS} = 1\ mA$，$g_m = 1.0\ mS$。

（1）试确定静态参数 I_D、U_{GS} 和 U_{DS}。

（2）试计算电路的动态指标 A_u、R_i 和 R_o。

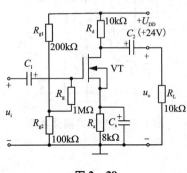

图 2 - 29

解：（1）列出与静态工作点 I_D、U_{GS} 相关的方程组：

$$\begin{cases} I_D = I_{DSS} \times \left(1 - \dfrac{U_{GS}}{U_P}\right)^2 \\ U_{GS} = \dfrac{R_{g2}}{R_{g1} + R_{g2}} \times U_{DD} - I_D R_s \end{cases}$$

代入数据得：

$$\begin{cases} I_D = 1 \times \left(1 + \dfrac{U_{GS}}{2}\right)^2 \\ U_{GS} = \dfrac{100}{200 + 100} \times 24 - 8 \times I_D \end{cases}$$

解方程组可以得到两组解，即 $U_{GS} = 0\ \text{V}$、$I_D = 1\ \text{mA}$ 及 $U_{GS} = -3.5\ \text{V}$、$I_D = 1.56\ \text{mA}$。其中第二组解 $U_{GS} = -3.5\ \text{V} < U_P$，沟道被夹断，所以此解不成立。应当选择第一组解：$U_{GS} = 0\ \text{V}$，$I_D = 1\ \text{mA}$。

进一步可求得 $U_{DS} = U_{DD} - I_D(R_d + R_s) = 24 - 1 \times (10 + 8) = 6\ \text{V}$

（2）根据式（2 - 33）、（2 - 38）、（2 - 35）可知，该电路的电压放大倍数为

$$A_u = -g_m R_L' = -1.0 \times 5 = -5$$

输入电阻为：

$$R_i = R_g + \frac{R_{g1} R_{g2}}{R_{g1} + R_{g2}} = 1000 + \frac{200 \times 100}{200 + 100} = 1.066\ \text{M}\Omega$$

输出电阻为：

$$R_o \approx R_d = 10\ \text{k}\Omega$$

从以上结果可以看出，场效应管共源放大电路电压放大倍数较低，放大能力不强，但输入电阻很高，适合于作多级放大电路的第一级。

3.2　共漏放大电路

除了共源极方式以外，共漏极放大也是场效应管的一种重要的工作组态。共漏极放大电路以栅极为输入端、源极为输出端，所以又称为源极输出器。

图 2 - 30 是一个典型的源极输出器电路，对其作静态与动态分析如下：

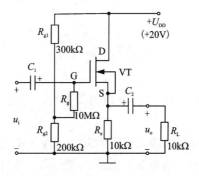

图 2 - 30　源极输出器电路

（1）静态分析

图 2 - 30 所示电路栅极也采用分压式偏置方式，因此栅源电压仍为

$$U_{GS} = \frac{R_{g2}}{R_{g1} + R_{g2}} \times U_{DD} - I_D R_s$$

同样可以联立上式与 $I_D = I_{DSS} \times \left(1 - \frac{U_{GS}}{U_P}\right)^2$ 求解 U_{GS} 和 I_D，但此时由输出回路可以看出求解 U_{DS} 的方程有所不同：

$$U_{DS} = U_{DD} - I_D R_s$$

（2）动态分析

图 2-29 电路的微变等效电路如图 2-31 所示，根据此可以分析电路的动态指标。

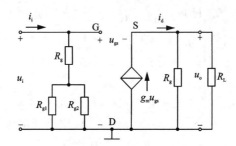

图 2-31　源极放大电路的微变等效电路

①电压放大倍数 A_u

由电路的输入回路可知：

$$U_i = U_{gs} + g_m U_{gs} R'_L$$

由输出回路可以看出

$$U_o = g_m U_{gs} R'_L$$

其中 $R'_L = R_d /\!/ R_L$。

将上两式代入电压放大倍数的定义式可得：

$$A_u = \frac{U_o}{U_i} = \frac{g_m U_{gs} R'_L}{U_{gs} + g_m U_{gs} R'_L} = \frac{g_m R'_L}{1 + g_m R'_L} \tag{2-39}$$

②输入电阻 R_i

由图可知源极输出器输入电阻为：

$$R_i = R_g + \frac{R_{g1} R_{g2}}{R_{g1} + R_{g2}}$$

③输出电阻 R_o

源极输出器的输出电阻可以仿照射极输出器的分析方法来计算，也可以采用外加电源法。

采用外加电源法时，先将电路中的信号源除去，即令图 2-31 中的 $U_i = 0$（短路），此时从输出端向放大电路内部看，电路为一无源二端网络，然后在输出端加一交流探察电压 u_p 代替 R_L，如图 2-32 所示。由 $R_o = \frac{U_p}{I_p}$ 即可求出输出电阻。

由图 2-32 可知：$U_{gs} = -U_p$，$I_d = -g_m U_{gs} = g_m U_p$，因此：

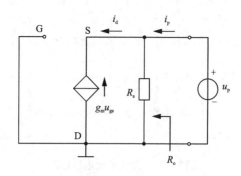

图 2 - 32　源极输出器输出电阻的计算

$$R_o = \frac{U_p}{I_p} = \frac{U_p}{I_d + \dfrac{U_p}{R_s}} = \frac{U_p}{g_m U_p + \dfrac{U_p}{R_s}} = \frac{1}{g_m + \dfrac{1}{R_s}}$$

即

$$R_o = R_s // \frac{1}{g_m} \qquad\qquad (2-40)$$

由此可知，源极输出器的输出电阻除了与源极电阻 R_s 有关外，还与跨导有关，跨导越大，输出电阻越小。

若电路的参数如图 2 - 30 所示，且已知跨导 $g_m = 3$ mS，则由以上分析可以计算得电路的动态参数：$A_u = 0.94$，$R_i \approx 10$ MΩ，$R_o \approx 323$ Ω。计算结果表明，源极输出器与射极输出器具有相类似的性质，如放大倍数接近于 1 的电压跟随性、输入电阻高和输出电阻较低，因此这两种放大电路的应用也是相似的。

4　多级放大电路

以上讨论的放大电路都是由一个晶体管或场效应管组成的单级放大电路，它们的放大倍数极有限，各具特色和优势的同时，也各自存在缺点。以 BJT 三极管为例，其共射放大电路电压放大倍数较高，但输入电阻不够高，可能造成信号在信号源内部较大的损耗，输出电阻比较大，带负载的能力不够强；当它组成共集放大电路即射极输出器时，有较高的输入电阻和较小的输出电阻，但又不具备电压放大能力。为了提高电路的放大倍数，同时具备多方面较高的性能，可以将这些电路连接起来，构成多级放大电路，如图 2 - 33 所示。

4.1　多级放大电路的耦合方式

在构成多级放大电路时，首先要解决两级放大电路之间的连接问题，即如何把前一级放大电路的输出信号通过一定的方式，加到后一级放大电路的输入端去继续放大，这种级与级之间的连接，称为级间耦合。多级放大电路的耦合方式有阻容耦合、直接耦合和变压器耦合等方式。

（1）阻容耦合

阻容耦合是指两级放大电路之间通过隔直电容相连接。图 2 - 34 所示的两级放大电路就采用了阻容耦合方式。图中两级都有各自独立的分压式偏置电路，以便稳定各级的静态

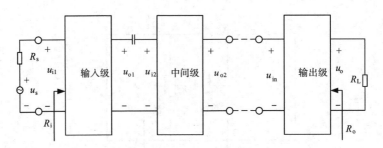

图 2-33 多级放大电路框图

工作点。阻容耦合的优点是：前后级直流通路彼此隔开，每一级的静态工作点都相互独立，互不影响，便于分析、设计和应用。其缺点是：不能传递直流信号和变化缓慢的信号，频率低的信号在通过耦合电容加到下一级时会有较大衰减，即低频特性差。此外为了尽量减少对交流信号的损耗，耦合电容一般取值较大，而在集成电路里因制造大电容很困难，所以阻容耦合不利于电路的集成化。

（2）直接耦合

直接耦合是将前后级直接相连的一种耦合方式。图 2-35 电路采用的就是这种耦合方式。直接耦合的优点是：既可以放大交流信号，也可以放大直流和变化非常缓慢的信号；所用元件少，电路简单，便于集成，所以集成电路中多采用这种耦合方式。其缺点是：前后级直流通路相通，各级静态工作点互相牵制、互相影响。另外还存在零点漂移现象。因此，在设计时必须解决级间电平配置和工作点漂移两个问题，以保证各级有合适的、稳定的静态工作点。

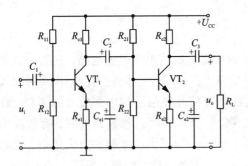

图 2-34　典型阻容耦合两级放大电路

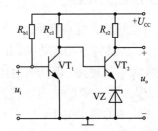

图 2-35　典型直接耦合两级放大电路

（3）变压器耦合

变压器耦合是用变压器将前级的输出端与后级的输入端连接起来的耦合方式。图 2-36 是一个典型的变压器耦合两级放大电路。变压器耦合的优点是：由于变压器通过磁路，把初级线圈的交流信号传到次级线圈，直流电压或电流无法通过变压器传给次级各级，因此各级直流通路相互独立；此外变压器还能实现阻抗、电压、电流变换。其缺点是：体积大、频率特性比较差且不易集成化，故其应用范围较窄，如低频功率放大和中频调谐放大等。

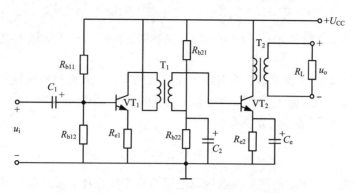

图 2 - 36　典型变压器耦合放大电路

4.2　多级放大电路的分析方法

从多级放大电路框图(图 2 - 33)可以看出,多级放大电路的前一级,可看成后一级的信号源,而后一级则可以视为前一级的负载。由此可以看出各个单级放大电路动态分析的性能指标的重要意义:作为后级电路,其输入电阻就是前一级的负载电阻;作为前级电路,其输出电阻就是后一级电路的信号源内阻。明确了这些关系后,在小信号放大的情况下,运用微变等效电路法,就能够方便地计算多级放大电路总体的性能指标了。

(1)输入电阻和输出电阻

根据输入电阻的概念,整个多级放大电路的输入电阻即为从第一级看进去的输入电阻。但在实际电路分析时应当注意,有一些单级放大电路的输入电阻与负载有关,例如射极输出器的输出电阻为 $R_i = R_b /\!/ [r_{be} + (1 + \beta) R_L']$,当这种电路作为第一级计算输入电阻时,就必须考虑第一级电路的负载,亦即第二级电路的输入电阻的影响。

同理多级放大电路的输出电阻即为从最后一级看进去的输出电阻。在分析实际电路时也应当注意,有一些单级放大电路的输出电阻与信号源内阻有关,例如射极输出器的输出电阻即为 $R_o = R_e /\!/ \dfrac{r_{be} + (R_s /\!/ R_b)}{1 + \beta}$。当这种电路出现在电路的最后一级,计算输出电阻就应当考虑倒数第二级的输出电阻的影响。

(2)电压放大倍数

在图 2 - 33 中,设第一级的电压放大倍数为

$$A_{u1} = \frac{U_{o1}}{U_{i1}} = \frac{U_{o1}}{U_i}$$

第二级的电压放大倍数为

$$A_{u2} = \frac{U_{o2}}{U_{i2}} = \frac{U_{o2}}{U_{o1}}$$

末级放大电路的电压放大倍数为

$$A_{un} = \frac{U_{on}}{U_{in}} = \frac{U_o}{U_{o(n-1)}}$$

则根据定义,n 级放大电路总的电压放大倍数为

$$A_u = \frac{U_o}{U_i} = \frac{U_{o1}}{U_i} \cdot \frac{U_{o2}}{U_{o1}} \cdot \cdots \cdot \frac{U_o}{U_{o(n-1)}} = A_{u1} \cdot A_{u2} \cdots A_{un} \qquad (2-41)$$

需要强调的是，在计算每一级的电压放大倍数时，要把后一级的输入电阻视为它的负载电阻。

由于多级放大电路的放大倍数为各级放大倍数的乘积，放大倍数往往很高，为了表示和计算的方便，常采用对数表示，称为增益。增益的单位常用"分贝"（dB）。

功率增益用"分贝"表示的定义是：

功率增益　　　　　　　　　　$$A_p = 10\lg \frac{P_o}{P_i} (\text{dB}) \qquad (2-42)$$

由于在给定的电阻上，电功率与电压或电流的平方成正比，因此电压或电流的增益可表示为

$$A_u = 20\lg \frac{U_o}{U_i} (\text{dB}) \qquad (2-43)$$

$$A_i = 20\lg \frac{I_o}{I_i} (\text{dB}) \qquad (2-44)$$

增益采用分贝表示的最大优点在于可以将多级放大电路放大倍数的相乘关系转化为对数的相加关系，且数值不至于过大，读数和计算方便。

例 2-7　电路如图 2-37 所示，已知 $U_{CC} = 12$ V，$R_{b1} = 180$ kΩ，$R_{e1} = 2.7$ kΩ，$R_1 = 100$ kΩ，$R_2 = 75$ kΩ，$R_{c2} = 2$ kΩ，$R_{e2} = 1.6$ kΩ，$R_s = 1$ kΩ，$R_L = 8$ kΩ，$r_{be1} = r_{be2} = 0.9$ kΩ，$\beta_1 = \beta_2 = 50$。求 R_i、R_o 和 A_u。

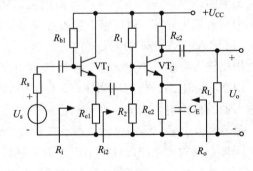

图 2-37

解：（1）求输入电阻 R_i

第一级放大电路为射极输出器，其输入电阻即为放大电路的总输入电阻。此时要考虑第二级输入电阻的影响。由第二级分压式偏置共射放大电路的输入电阻公式可得

$$R_{i2} = R_1 /\!/ R_2 /\!/ r_{be2} = 100 /\!/ 75 /\!/ 0.9 \approx 0.9 \text{ kΩ}$$

将以上结果代入射极输出器输入电阻公式可得

$$R_i = R_{i1} = R_{b1} /\!/ [r_{be1} + (1+\beta_1)R'_{L1}] = R_{b1} /\!/ [r_{be1} + (1+\beta_1)(R_{e1} /\!/ R_{i2})] = 180 /\!/ [0.9 + (1+50) \times (2.7/\!/0.9)] = 29.6 \text{ kΩ}$$

（2）计算输出电阻 R_o

图 2-37 中第二级共射放大电路的输出电阻即为电路的总输出电阻，因此

$$R_o = R_{c2} = 2 \text{ kΩ}$$

（3）计算电压放大倍数 A_u

第一级射极跟随器：$A_{u1} \approx 1$；

第二级共射放大器：

$$A_{u2} = -\beta_2 \frac{R'_L}{r_{be}} = -\beta_2 \frac{R_L /\!/ R_{c2}}{r_{be}} = -\frac{50 \times (2/8)}{0.9} \approx -88.9$$

由此可得,电路的总电压放大倍数为:

$$A_u = A_{u1} \cdot A_{u2} = -88.9$$

4.3 放大电路的频率特性

前文中对放大电路进行分析时都是以单一频率的正弦波作为输入信号的,而实际上,放大电路的输入信号并不是单一频率的正弦信号,而是在一段频率范围之内变化。例如广播中的音乐信号,其频率范围通常在 20 ~ 20000 Hz 之间;电视中的图像信号的频率范围一般在 0 ~ 6 MHz,其他信号也都有特定的频率范围。通常放大电路,一般包含有电容和电感等电抗元件,它们在对不同频率信号的电抗值不相同,这也使得放大电路对不同频率信号的传输特性不完全一样,因此有必要研究放大电路对不同频率信号的响应情况。

4.3.1 放大电路频率响应的基本概念

(1)幅频特性与相频特性

放大电路的频率响应可直接用放大电路的电压放大倍数对频率的关系来描述,即

$$\dot{A}_u = A_u(f) \angle \varphi(f) \quad (2-45)$$

上式说明全面衡量放大电路的频率响应要考虑电压放大倍数的两个方面:一方面是电压放大倍数的模 A_u 与频率 f 的关系 $A_u(f)$,即幅频特性;另一方面是输出电压与输入电压之间的相位差 φ 与频率 f 的关系 $\varphi(f)$,即相频特性;两者综合起来称为放大电路的频率特性。图 2-38 所示为单级阻容耦合放大电路的频率响应特性,其中(a)是幅频特性,(b)是相频特性。

(2)截止频率与通频带

由图 2-38 可见,在一个较宽频

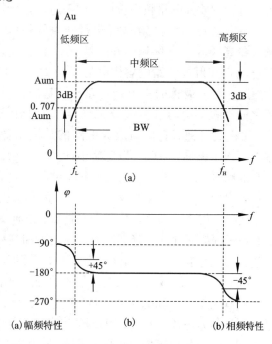

图 2-38 单级阻容耦合放大电路的频率响应特性

率范围内,频率特性曲线是平坦的,放大倍数不随信号频率变化且其数值也最大,输出信号相对于输入信号的相位差为 180°,这段频率范围称为中频区,其放大倍数用 $A_{um} = \dfrac{U_o}{U_i}\Big|_{\max}$ 表示,随着频率的降低或升高,电压放大倍数都减小了,同时相位也发生了变化。通常规定放大倍数下降到 $\dfrac{1}{\sqrt{2}} A_{um}$ 即 $0.707 A_{um}$ 时所对应的两个频率,分别称为下限截止频率 f_L 和上限截止频率 f_H。这两个频率之间的范围称放大电路的通频带,用 BW 表示,即

$$BW = f_H - f_L \quad (2-46)$$

通频带是放大电路频率响应的一个重要指标,通频带越宽,表示放大电路工作频率的范围越大,放大电路质量越好。

上下限截止频率点还有两个常见的名称。由于在输入电压幅度和负载不变的情况下,

输出功率与电压的平方成正比，电压放大倍数下降到 $\frac{1}{\sqrt{2}} A_{\text{um}}$ 意味着输出功率下降一半，所以上下限截止频率点又称为"半功率点"。当电压放大倍数用分贝表示时，截止频率对应的电压增益可以作如下计算

$$A_u = 20 \cdot \lg \frac{U_o}{U_i} = 20 \cdot \lg \left(0.707 \left.\frac{U_o}{U_i}\right|_{\text{max}}\right) = 20 \cdot \lg 0.707 + 20 \cdot \lg \left(\left.\frac{U_o}{U_i}\right|_{\text{max}}\right) \approx A_{\text{um}} - 3$$

计算说明电路增益比中频段低 3 dB，所以上下限截止频率点又称为 3 dB 点，BW 又称为 3 dB 带宽。

(3)影响放大电路频率特性的因素

下面以图 2-39 所示分压式偏置共射放大电路为例对影响放大电路频率特性的因素进行分析。

上下限截止频率将频率特性划分为低频区、中频区和高频区三个区域。在中频区，输入、输出耦合电容和射极旁路电容因其容量较大，均可视为短路；而三极管的集电极与基极、基极与发射极之间的极间电容和接线分布电容，因数值很小，均可视为开路，它们对放大电路的放大倍数基本上不产生影响，所以可以忽略不计。

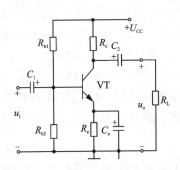

图 2-39 分压式偏置共射放大电路

在低频区，电压放大倍数随着频率的降低而下降，同时还产生超前的附加相移。这是由于耦合电容 C_1、C_2 和射极旁路电容 C_e 在低频时阻抗增大，信号通过这些电容时被明显衰减，并且产生相移的缘故。信号频率越低，这种影响越严重。可以证明，在实际放大电路中，低频区幅频特性的下降和它所产生的附加相移，主要是 C_e 引起的。这就是通常电路中选用射极旁路电容 C_e 要比耦合电容 C_1、C_2 大得多的原因。

在高频区，电压放大倍数随着频率的升高而下降，同时还产生滞后的附加相移。这是由于三极管的结电容和电路的分布(杂散)电容在高频段不可忽略，图 2-40 是三极管在高频情况下的等效电路。在该图中，$r_{bb'}$ 代表基区体电阻，$r_{b'e}$ 为发射区的体电阻与发射结的结电阻之和，$r_{b'c}$ 为集电区的体电阻与集电结的结电阻之和，$C_{b'e}$ 为发射结电容，$C_{b'c}$ 为集电结电容，$U_{b'e}$ 为发射结上的交变电压，受控恒流源 $g_m u_{b'e}$ 表示了输入回路对输出回路的控制作用，其中 g_m 称为跨导。显然，在高频区，结电容不可忽略，对信号的分流作用增大。除了结电容外，在输入输出端口连接线与公共端之间也会产生电容效应，如图 2-41 所示，这种电容称为"分布电容"，在高频情况下，它们也会对信号进行分流。正是以上两种电容效应降低了电压放大倍数，同时使放大电路产生了相移。

在实际应用中，若发现电路的上限截止频率 f_H 不满足要求时，除了改善电路结构以降低杂散电容外，应考虑换用结电容小的高频三极管，或者采用负反馈措施，以扩展放大电路的通频带。

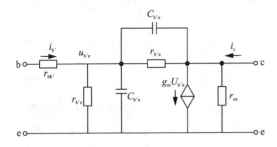

图 2-40 三极管的高频等效电路

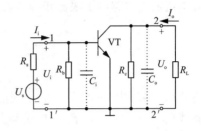

图 2-41 三极管输入输出端口分布电容

4.3.2 多级放大电路的频率特性

多级放大电路的频率特性是以单级放大电路频率特性为基础的。由于多级放大电路的电压放大倍数是各级电压放大倍数的乘积，即：

$$A_u = A_{u1} \cdot A_{u2} \cdots A_{un} = |A_{u1}| \cdot |A_{u2}| \cdots |A_{un}| \angle (\varphi_1 + \varphi_2 \cdots + \varphi_n)$$

由此可见

$$|A_u| = |A_{u1}| \cdot |A_{u2}| \cdots |A_{un}|$$

$$\varphi = \varphi_1 + \varphi_2 \cdots + \varphi_n$$

即总电压放大倍数的幅值为各级电压放大倍数幅值的乘积，而总的相角是各级相角的代数和。显然，如果电压放大倍数用对数形式表示，总电压增益也是各级电压增益之和。

将以上分析结论应用到一个两级放大电路的实例，则可以定性观察多级放大电路幅频特性与相频特性的变化。

假设两级放大电路中两个单级电路的幅频特性完全一致，如图 2-42(a)、(b)所示，则在中频区，总电压放大倍数为

$$A_{um} = A_{um1} \cdot A_{um2}$$

在单级电路的截止频率处，电压总放大倍数的幅度为

$$A_u = 0.707A_{um1} \times 0.707A_{um2} = 0.5A_{um}$$

显然它仅为中频区电压放大倍数的 $\frac{1}{2}$，若用分贝来表示($20\lg 0.5 = -6$ dB)，则下降 6 dB。这说明总的幅频特性在高、低两端下降更快，如图 2-42(c)所示。对应于0.707

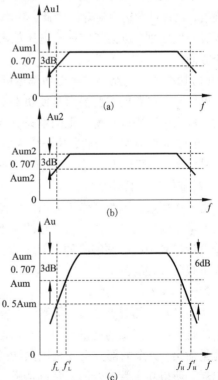

图 2-42 两级放大电路的幅频特性

A_{um} 的上限频率变低了，即 $f'_H < f_H$；下限频率变高了，即 $f'_L > f_L$，因而通频带变窄了。容易理解，多级放大电路的通频带总是比单级的通频带要窄。

对于一个多级放大电路，在已知每一级上、下限截止频率时，可参照下面两个近似公式估算多级放大电路的下限截止频率 f_L 和上限截止频率 f_H。

$$f_L \approx 1.1 \sqrt{f_{L1}^2 + f_{L2}^2 + \cdots + f_{Ln}^2} \qquad (2-47)$$

$$\frac{1}{f_H} \approx 1.1 \sqrt{\frac{1}{f_{H1}^2} + \frac{1}{f_{H2}^2} + \cdots + \frac{1}{f_{Hn}^2}} \qquad (2-48)$$

在式（2-47）中，f_{L1}，$f_{L2} \cdots f_{Ln}$ 分别代表第一级，第二级，$\cdots$，第 n 级的下限截止频率。
在式（2-48）中，f_{H1}，$f_{H2} \cdots f_{Hn}$ 分别代表第一级，第二级，$\cdots$，第 n 级的上限截止频率。

5　功率放大电路

放大电路的输出级，不但要向负载提供大的信号电压，而且要向负载提供大的信号电流。这种以供给负载足够大的信号功率为目的的放大电路，称为"功率放大电路"。功率放大电路因为其特殊的性能要求，其结构形式也不同于一般的电压放大电路。其中以互补对称结构的功率放大电路最为常见。

5.1　互补对称射极输出功率放大电路

5.1.1　功率放大电路概述

功率放大电路常常出现在多级放大电路的输出级，直接用于驱动负载，如电动机的控制绕组、收音机的扬声器等。因此，功率放大电路和前面讨论过的电压放大电路要完成的任务有一些区别，也会产生一些电压放大电路中没有出现过的特殊问题，概括起来有如下几个方面：

（1）功率放大电路要求输出功率尽可能大

电压放大电路的主要要求是使负载获得不失真的电压信号，一般工作于小信号状态，而功率放大电路则以获得一定的不失真或较小失真的输出功率为主要任务，电路的输出电压、电流幅度都很大。因此，功率放大管的动态工作范围很大，其上的电压、电流都处于大信号状态，一般以不超过晶体管的极限参数为限度。

（2）非线性失真要小

由于功率放大电路工作于大信号状态，三极管通常工作于饱和区和截止区的边缘，往往会产生非线性失真。而且功率管的输出功率越大，其非线性失真将越严重，这是功率放大器设计过程中所必须解决的一对矛盾：既要输出尽可能大的功率，又要将非线性失真限制在负载所容许的范围内。

（3）效率要高，管耗要小

从能量转换的观点来看，功率放大电路提供给负载的交流功率是在输入交流信号的控制下从直流电源提供的能量转换而来。但是任何电路都只能将直流电能的一部分转换成交流能量输出，其余的部分主要是以热能的形式损耗在功率管和电阻上，并且主要是功率管的损耗。所以功率管的外形通常制造得更有利于散热。对于同样功率的直流电能，转换成的交流输出能量越多，功率放大电路的效率就越高。而低效率不仅会意味着能源的浪费，还可能引起功率管因过度发热而损毁。

因为功率放大电路在工作任务上具有上述的一些特殊性，所以它的主要技术指标也不同于电压放大电路。电压放大电路的任务是向负载提供不失真的电压信号，因此以电压放大倍数、输入电阻、输出电阻为主要技术指标。而功率放大电路的任务是向负载提供尽可能大的功率,所以将输出功率、管耗和效率等参数作为它的主要指标。

功率放大电路因为工作于大信号状态,往往进入非线性区,所以分析方法也与电压放大电路的方法有所不同,在线性放大区内适用的微变等效电路法已不再适用,功率放大电路的分析通常采用图解法。

利用图解分析法可以看到,根据晶体管静态工作点设置的不同,可以将放大电路分成三种类型:

(1)甲类放大电路

甲类放大电路的典型工作状态如图 2-43(a)所示,工作点设置在放大区的中间,这种电路的优点是在输入信号的整个周期内三极管都处于导通状态,输出信号失真较小(前面讨论的电压放大器都工作在这种状态),缺点是三极管有较大的静态电流 I_{CQ},因而管耗 P_T 大,电路能量转换效率低。可以证明,甲类放大电路即使在理想情况下,效率最高也只能达到50%,而实际效率一般不超过40%。

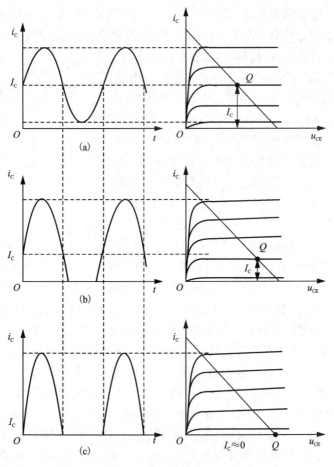

图 2-43 功率放大器三种工作状态

(a)甲类 (b)甲乙类 (c)乙类

（2）甲乙类放大电路

甲乙类放大电路的工作点较低，靠近截止区，如图2－43（b）所示。静态时三极管处于微导通状态，电流较小，因而管耗也较小，能量转换的效率较高。存在的问题是，有部分信号波形进入截止区，不能被放大，产生非线性失真。

（3）乙类放大电路

乙类放大电路的工作点设置在截止区，三极管的静态电流 $I_{CQ}=0$，如图2－43（c）所示。这类功率放大器管耗更小，能量转换效率也更高，它的缺点是只能对半个周期的输入信号进行放大，存在严重的非线性失真。

由以上分析可知：甲类功率放大器虽然可以尽量减少非线性失真，但管耗大、效率低；乙类和甲乙类功率放大器虽然减小了管耗，提高了效率，但都出现了严重的失真。如果既要保持静态时管耗小，又要使失真不严重，就必须在电路结构上采取措施。OCL 和 OTL 电路就是常见的采用互补对称结构的功率放大电路。

5.1.2　OCL 电路

采用互补对称结构解决功率放大器损耗、效率与失真之间矛盾的思路是：工作在乙类的放大电路，输入信号的半个波形因进入截止区而被削掉了，如果采用两个管子，使之都工作在乙类放大状态，其中一个工作在正半周，另一个工作在负半周，而将两管的输出波形都加在负载上，负载上就可以获得完整的波形了。

图2－44 电路是一个基本的互补对称电路。电路采用无输出电容器的直接耦合方式，因此被称为 OCL 电路（OCL 是 Output Capacitorless，"无输出电容器"的缩写）。图中 VT_1 为 NPN 型晶体管，VT_2 为 PNP 型晶体管，两个管子的基极和发射极相互连接在一起，信号从发射极输出，构成对称的射极输出器形式。当输入正弦信号 u_i 为正半周时，VT_1 的发射结为正向偏置，VT_2 的发射结为反向偏置，于是 VT_1 管导通，VT_2 管截止。此时的 $i_{e1} \approx i_{c1}$ 流过负载 R_L。当输入信号 u_i 为负

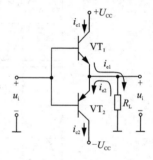

图2－44　基本互补对称功率放大电路

半周时，VT_1 管为反向偏置，VT_2 管为正向偏置，VT_1 管截止，VT_2 管导通，此时有电流 $i_{e2} \approx i_{c2}$ 通过负载 R_L。这种 VT_1、VT_2 两管在输入信号的作用下交替导通，交替起到放大作用的工作方式称为"推挽式工作方式"。在这种工作方式下，两个管子性能对称，互补对方的不足，使负载得到了完整的波形，因此这种电路被称作"互补对称电路"。

图2－45 对基本 OCL 乙类互补对称电路进行了图解分析。为简化分析，在此假定，对于 VT_1，只要 $u_{BE}>0$，管子就导通。显然在一个周期内 VT_1 导通时间为半个周期，即 u_i 正半周时 VT_1 导通，同理，u_i 的负半周 VT_2 将导通。为了便于分析，将 VT_2 的输出特性曲线倒置在 VT_1 的输出特性曲线下方，并令二者在 Q 点，即 $u_{CE}=U_{CC}$ 处重合，形成 VT_1 和 VT_2 的所谓合成曲线。这时负载线通过 U_{CC} 点形成一条斜线，其斜率为 $-1/R_L$。显然，允许的 i_c 的最大变化范围为 $2I_{cm}$，u_{ce} 的变化范围为 $2(U_{CC}-U_{CES})=2U_{cem}=2I_{cm}R_L$。如果忽略管子的饱和压降 U_{CES}，则 $U_{cem}=I_{cm}R_L \approx U_{CC}$。

根据以上分析，可以求出图2－44 中 OCL 电路的输出功率、管耗、直流电源供给的功率和效率。

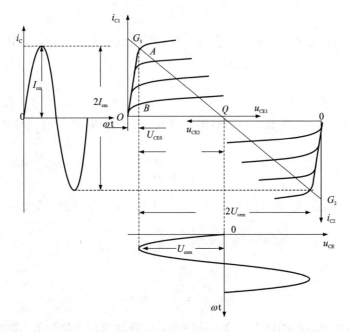

图 2 - 45 OCL 乙类互补对称电路的图解分析

(1)输出功率 P_o

输出功率用输出电压有效值 U_o 和输出电流有效值 I_o 的乘积来表示。设输出电压的幅值为 U_{om}，则

$$P_o = U_o I_o = \frac{U_{om}}{\sqrt{2}} \frac{U_{om}}{\sqrt{2} R_L} = \frac{1}{2} \frac{U_{om}^2}{R_L} \tag{2-49}$$

因为 VT_1、VT_2 工作在射极输出器状态，$A_u \approx 1$，$U_{im} \approx U_{om}$。当输入信号足够大，使 $U_{im} \approx U_{om} = U_{cem} = U_{CC} - U_{CES}$、$I_{om} = I_{cm}$ 时，可获得最大的输出功率，若忽略 U_{CES}，则

$$P_{om} = \frac{1}{2} \frac{U_{om}^2}{R_L} = \frac{1}{2} \frac{U_{cem}^2}{R_L} \approx \frac{1}{2} \frac{U_{CC}^2}{R_L} \tag{2-50}$$

(2)管耗 P_T

由于 VT_1 和 VT_2 是对称的两管，而且在一个信号周期内各导通半周，总管耗的计算只需先求出单管的损耗然后乘以 2 就行了。根据计算可得，当输出电压幅度为 U_{om} 时，VT_1 的管耗为

$$P_{T_1} = \frac{1}{R_L}\left(\frac{U_{CC} U_{om}}{\pi} - \frac{U_{om}^2}{4}\right) \tag{2-51}$$

则两管的总管耗为

$$P_T = P_{T_1} + P_{T_2} = \frac{2}{R_L}\left(\frac{U_{CC} U_{om}}{\pi} - \frac{U_{om}^2}{4}\right) \tag{2-52}$$

(3)直流电源供给的功率 P_U

直流电源供给的功率 P_U 一部分成为信号功率，另一部分消耗在 VT_1、VT_2 上，因此，由式(2-49)和式(2-52)可知

$$P_{\mathrm{U}} = P_{\mathrm{o}} + P_{\mathrm{T}} = \frac{2U_{\mathrm{CC}}U_{\mathrm{om}}}{\pi R_{\mathrm{L}}} \tag{2-53}$$

当输出电压幅值达到最大，即 $U_{\mathrm{om}} \approx U_{\mathrm{CC}}$ 时，则得电源供给的最大功率为：

$$P_{\mathrm{um}} = \frac{2}{\pi} \frac{U_{\mathrm{CC}}^2}{R_{\mathrm{L}}} \tag{2-54}$$

（4）效率 η

放大电路的效率定义为放大电路输出给负载的交流功率 P_{o} 与直流电源提供的功率 P_{U} 之比，即

$$\eta = \frac{P_{\mathrm{o}}}{P_{\mathrm{U}}} \times 100\% \tag{2-55}$$

将式（2-49）和式（2-53）代入式（2-55），可得 OCL 电路的一般效率为：

$$\eta = \frac{P_{\mathrm{o}}}{P_{\mathrm{U}}} = \frac{\pi}{4} \frac{U_{\mathrm{om}}}{U_{\mathrm{CC}}} \tag{2-56}$$

当 $U_{\mathrm{om}} \approx U_{\mathrm{CC}}$ 时，

$$\eta = \frac{P_{\mathrm{o}}}{P_{\mathrm{U}}} = \frac{\pi}{4} \approx 78.5\% \tag{2-57}$$

此时为电路效率最高的状态。这个结论是假定负载电阻为理想值，忽略管子的饱和压降 U_{CES} 和输入信号足够大情况下得来的，实际效率比这个数值要低些，但对比可知，乙类互补对称电路的效率远高于甲类功率放大器。

因为功率放大电路中功率管常处于接近极限工作状态，因此，在选择功率管时特别要注意以下三个参数：

①功率管的最大允许管耗 P_{CM}

由式（2-51）可知，乙类互补对称放大电路的管耗是输出电压幅度 U_{om} 的函数，对式（2-51）中 P_{TI} 求极值可得，当 $U_{\mathrm{om}} = 2U_{\mathrm{CC}}/\pi \approx 0.6U_{\mathrm{CC}}$ 时，具有最大管耗，此时

$$P_{T_{1\mathrm{m}}} = \frac{1}{\pi^2} \frac{U_{\mathrm{CC}}^2}{R_{\mathrm{L}}} \tag{2-58}$$

考虑到最大输出功率 $P_{\mathrm{om}} = U_{\mathrm{CC}}^2/2R_{\mathrm{L}}$，则每管的最大管耗和电路的最大输出功率之间有如下关系：

$$P_{T_{1\mathrm{m}}} = \frac{1}{\pi^2} \frac{U_{\mathrm{CC}}^2}{R_{\mathrm{L}}} \approx 0.2P_{\mathrm{om}} \tag{2-59}$$

在选择功率管时，可按式（2-59）考虑其最大允许管耗。例如，如果要求输出功率为 10 W，则只要功率管的最大允许管耗大于 2 W 就可以了。

此外，功率管的散热问题会影响管子的 P_{CM}。因为功率管的管耗直接表现为使管子的结温升高。当结温升高到一定程度（硅管一般为 150℃，锗管一般为 90℃），管子就会损坏，因此，散热状况将限制功率管的最大允许管耗。通常采取适当的散热措施可以充分发挥功率管的潜力。以 3AD6 为例，不加散热装置时，最大允许功耗仅为 1 W，如果加上 120 mm×120 mm×4 mm 的散热板时，最大允许功耗可增加至 10 W。所以，为了提高 P_{CM}，通常要加上散热装置。

②集电极最大允许电流 I_{CM}

因为通过功率管的最大集电极电流为 U_{CC}/R_L，功率管的 I_{CM} 应当大于此值。

③集射极间反向击穿电压 $U_{BR(CEO)}$

当 VT_1 导通且 $u_{CE1} \approx 0$ 时，在 VT_2 上加的反向电压 $|u_{CE2}|$ 具有最大值，约为 $|2U_{CC}|$。因此，应选用 $U_{BR(CEO)} > 2U_{CC}$ 的管子。

5.1.3　交越失真及其消除

上述对乙类互补对称功率放大电路输出功率、效率和管耗的分析计算过程基于一个重要的假定：对于 VT_1，只要 $u_{BE} > 0$，管子就导通。并据此认为，VT_1 恰好导通半周，同理可得 VT_2 也正好导通半周。但实际上，三极管都存在死区电压，$|u_{BE}|$ 必须在大于死区电压时，三极管才有放大作用。由于前面的基本互补对称放大电路静态时处于零偏置，当输入信号 u_i 低于死区电压时，VT_1 和 VT_2 都截止，i_{C1} 和 i_{C2} 基本为零，负载 R_L 上无电流通过，出现波形的缺失，如图 2-46 所示。这种现象称为交越失真。

克服交越失真的办法就是给电路提供一定的直流偏置，将电路改换成甲乙类互补对称放大电路。图 2-47 和图 2-48 为两种常用的甲乙类 OCL 电路。

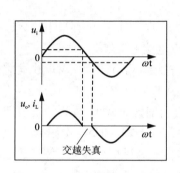

图 2-46　交越失真

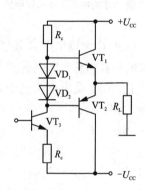

图 2-47　利用二极管提供偏置的甲乙类 OCL 电路

图 2-47 所示的电路利用二极管 VD_1 和 VD_2 上产生的压降为 VT_1 和 VT_2 提供了适当的偏压，使之处于微导通状态。由于电路对称，静态时 $i_{C1} = i_{C2}$，$i_L = 0$，$u_O = 0$。有信号时，电路工作在甲乙类，基本上可以线性地进行放大。但这种偏置电路也存在缺点，即偏置电压不容易调整。

图 2-48 电路采用电阻 R_1、R_2 和 VT_4 构成的 u_{BE} 扩大电路为 VT_1 和 VT_2 提供偏压，由于流入 VT_4 基极的电流远小于流过 R_1、R_2 电阻的电流，因此可求得

$$U_{B1B2} = U_{R1} + U_{R2} = U_{BE4} + \frac{U_{BE4}}{R_1}R_2 = U_{BE4}\left(1 + \frac{R_2}{R_1}\right) \tag{2-60}$$

式(2-60)中 U_{BE4} 基本为一固定值，因此，只要适当调节 R_1、R_2 的阻值，就可改变 VT_1 和 VT_2 的偏压。

5.1.4　OTL 电路

前面介绍的 OCL 电路均由正负对称的两个电源供电，对电源的要求相对较高。图 2-49 所示电路为单电源供电的互补对称电路，这种电路的输出通过电容器与负载耦合，而不用变压器，所以又称 OTL 电路(OTL 是 Output Transformerless，"无输出变压器"的缩写)。

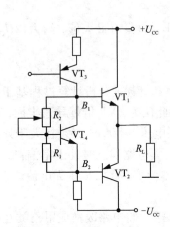

图 2-48　利用 u_{BE} 扩大电路
提供偏置的甲乙类 OCL 电路

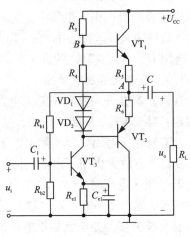

图 2-49　OTL 电路

图 2-49 中 C 为输出耦合电容。在无输入信号时，VT_1、VT_2 中只有很小的穿透电流通过，若两管的特性对称，则电容 C 将被充电，使得 A 点电位为 $U_{CC}/2$。

当输入信号 u_i（设为正弦电压）在负半周时，经前置级 VT_3 倒相后，VT_1 的发射结正向偏置而导通，VT_2 的发射结反向偏置而截止，有电流经 VT_1 通过 R_L，同时 U_{CC} 经 VT_1 对电容器 C 充电；当输入信号 u_i 在正半周时，VT_1 的发射结反向偏置而截止，VT_2 的发射结为正向偏置而导通。这时已充电的电容器 C 起负电源的作用，通过 VT_2 和负载电阻 R_L 放电。使负载获得了随输入信号而变化的电流波形。通常将 C 的容量选择得足够大，使充放电的时间常数也足够大，使 A 点的电位基本稳定在 $U_{CC}/2$，这样就可以认为用电容 C 和一个电源 U_{CC} 代替了原来两个电源的作用，只是加在每个管子上的工作电压由原来的 U_{CC} 变成了 $U_{CC}/2$。这也使得前面导出的计算 P_o、P_T 和 P_U 的公式必须加以修正。例如，在理想情况下，OTL 电路的最大输出功率为

$$P_{om} = \frac{1}{2}\left[\frac{(U_{CC}/2)^2}{R_L}\right] = \frac{1}{8}\frac{U_{CC}^2}{R_L} \tag{2-61}$$

为了进一步稳定工作点，即稳定 A 点的电位，常将前置放大级的偏置电阻 R_{b1} 接到 A 点以取得直流电压负反馈。例如，当环境温度升高使 $U_A \uparrow$，则

$$U_A \uparrow \rightarrow U_{B3} \uparrow \rightarrow I_{B3} \uparrow \rightarrow I_{C3} \uparrow \rightarrow U_{C3} \downarrow \rightarrow U_A \downarrow$$

负反馈的引入，使 U_A 更加稳定。此外，R_{b1} 和 R_{b2} 同时引入了交流负反馈，使放大电路的动态性能也得到了改善。

图中 R_4、VD_1 和 VD_2 用来提供 VT_1 和 VT_2 基极的偏压，使两管工作于甲乙类放大状态以消除交越失真；R_5、R_6 是一对小电阻，若负载短路，它们对 VT_1、VT_2 有一定的限流保护作用。

例 2-8　在图 2-50 所示的 OTL 电路中，输入电压为正弦波，$U_{CC} = 12$ V，$R_L = 8$ Ω，试回答以下问题：

（1）E 点合适的静态电位应设为多少？通过调整哪个电阻可以满足这一要求？

（2）图中 VD_1、VD_2、R_2的作用是什么？若其中一个元件开路，将会产生什么后果？

（3）忽略三极管的饱和管压降，当输入 $u_i = 4\sin\omega t V$ 时，电路的输出功率和效率是多少？

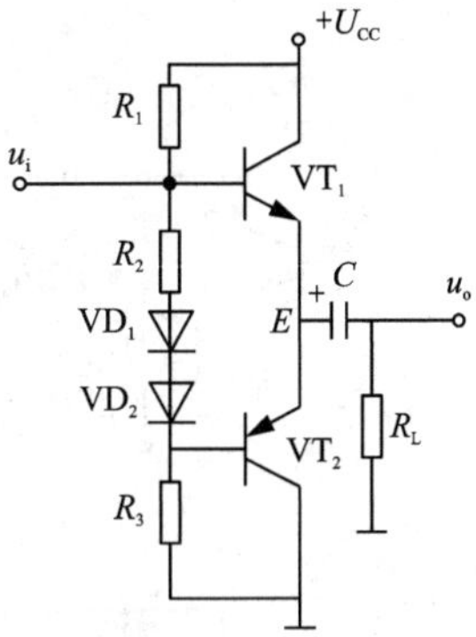

图2-50

解：（1）E 点的静态电位应为 $U_{CC}/2 = 6$ V，通过调节电阻 R_1、R_3可以满足这一要求。

（2）VD_1、VD_2、R_2的作用是提供 VT_1 和 VT_2 基极的静态偏置，以消除交越失真。

若其中一个元件开路，则 VT_2的静态基极电流为

$$I_{B2} = \frac{\dfrac{U_{CC}}{2} - U_{BE2}}{R_3}$$

这一电流很大，将导致 I_{C2}和 P_{C2}也很大，容易烧坏功放管。

（3）考虑到电路是射极输出方式，有 $U_{om} \approx U_{im} = 4$ V，则电路的输出功率和效率分别为

$$P_o = \frac{1}{2}\frac{U_{om}^2}{R_L} = 1 W$$

$$\eta = \frac{P_o}{P_U} = \frac{\pi}{4}\frac{U_{om}}{U_{CC}/2} = 52.4\%$$

5.1.5 采用复合管的互补对称功率放大电路

在互补对称功率放大电路中，若要求输出较大功率，则要求功率管采用中功率或大功率管。这就产生了如下问题：一是大功率的 PNP 和 NPN 两种类型管子配对相对困难；二是输出大功率时功放管的峰值电流大，并不因为功放管具有特别大的 β 值，而是要求其前置级有较大推动电流，如果前级是电压放大器就难以做到。为了解决上述问题，可采用复合管互补对称电路。

复合管是由两个或两个以上三极管按一定的方式连接而成的，又称为"达林顿管"。连接时，应遵守两条规则：第一，在串联点，必须保证电流的连续性；第二，在并接点，必须保证对外部电流为两个管子电流之和。根据这两条规则，可以得到复合管的四种形式，如图2-51所示，其中(a)、(b)为同类型管子组成的复合管，(c)、(d)是不同类型管子组成的互补型复合管。

图2-51 对四种形式的复合管的电流方向及大小作了简略的分析，从中可以总结出复合管的两大特点：

（1）复合管的管型和电极取决于第一管。如图(a)中 VT_1 为 NPN 管，则复合管就为 NPN 型。

（2）复合管的等效电流放大系数是两管电流放大系数的乘积。

图2-52 是一种采用复合管的 OCL 电路，复合管由同类型管组成。由复合管的特点(2)可知，复合管具有很大的电流放大系数，因此，采用复合管作为功放管，降低了对前级推动电流的要求。不过，电路中直接向负载 R_L 提供电流的两个末级对管 VT_3、VT_4 的类型不同，大功率情况下两者很难选配到完全对称。

图2-53 电路则是一个 OTL 电路，而且与图2-52不同的是，VT_2、VT_4 采用了不同类

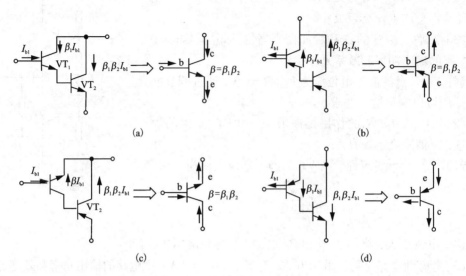

图 2-51　复合管的四种形式

管组成的互补型复合管，这使得 VT_3、VT_4 两个末级对管是同一类型的（图中均为 NPN 型），因而比较容易配对。又因为 VT_3、VT_4 是同类晶体管，不具有互补对称性，所以这种电路又称为准互补对称电路。电路中 R_{e1}、R_{e2} 的作用是分流一部分由 VT_1 和 VT_2 流入 VT_3、VT_4 基极的电流，调整复合管的工作点并减小复合管的穿透电流，改善其性能。在对电路性能要求更高的场合，这两个电阻还常用电流源代替。

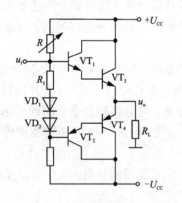

图 2-52　采用复合管的 OCL 电路

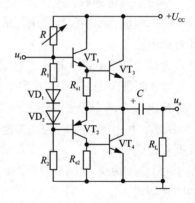

图 2-53　采用复合管的 OTL 电路

图 2-54 是准互补对称功率放大电路的一个应用实例。这是一个高保真功率放大器，电路由前置放大级、中间放大级和输出级组成。VT_1、VT_2、VT_3 构成恒流源式差动放大器，为前置放大级，除了对输入信号进行放大外，还有温度补偿和抑制零漂的作用。VT_4、VT_5 构成中间放大级，其中 VT_4 处于共射放大状态，VT_5 是 VT_4 的恒流源负载，它使 VT_4 的输出电压增益得以提高。VT_7 到 VT_{10} 为准互补 OCL 电路作为输出级。VT_6 管及 R_{c4}、R_{c5} 构成 "U_{BE} 扩大电路"，用以消除交越失真。$R_{e7} \sim R_{e10}$ 可使电路稳定。R_f、C_1 和 R_{b2} 构成串联负反

馈，以提高电路稳定性并改善性能。

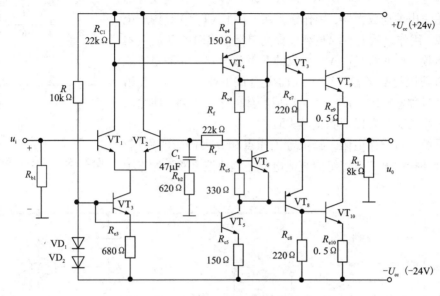

图 2 - 54　高保真功率放大电路

5.2　集成功率放大电路

随着电子技术的发展，集成功放电路大量涌现。其内部电路一般为 OTL 或 OCL 电路，它集中了分立元件 OTL 或 OCL 电路和集成电路的优点。

集成功率放大电路大多工作在音频范围，具有可靠性高、使用方便、性能好、重量轻、造价低、外围连接元件少等集成电路的一般优点，此外，还具有功耗小、非线性失真小和温度稳定性好等特点。

而且，集成功率放大器内部的各种过流、过压、过热保护齐全，许多新型功率放大器具有通用模块化的特点，使用更加方便安全。

集成功率放大器品种繁多。输出功率范围从几十毫瓦至几百瓦，结构上有 OCL、OTL、BTL 等电路形式，用途上可分为通用型和专用型功放。

集成功率放大器作为模拟集成电路的一个重要组成部分，被广泛应用于各种电子电气设备中。本节以集成功率放大器 LM386 和 TDA2040 为例，对集成功率放大器的结构、性能及应用作简单介绍。

5.2.1　集成功率放大器 LM386 及其应用

LM386 电路简单、通用型强，是目前应用较广的一种小功率集成功放。具有电源电压范围宽（一般为 4～12 V）、功耗低（常温下为 660 mW）、频带宽（300 kHz）等优点，输出功率一般为 0.3～0.7 W（LM386N - 4 电源电压可达到 18 V，输出功率可达 1 W）。另外，电路的外接元件少，不必外加散热片，使用方便。因而被广泛地应用于收录机、对讲机、函数发生器、电视伴音等系统中。

双列直插塑料封装的 LM386 管脚排列如图 2 - 55 所示。各引脚功能分别为：②、③脚分别为反相、同相输入端；⑤脚为输出端；⑥脚为正电源端；④脚接地；⑦脚为旁路端，可外接旁路电容以抑制纹波；①、⑧脚为电压增益设定端。

内部电路如图 2-56 所示，共有 3 级。$VT_1 \sim VT_6$ 组成有源负载单端输出差动放大器，用作输入级，其中 VT_5、VT_6 构成镜像电流源，用作差放的有源负载以提高单端输出时差动放大器的放大倍数。中间级是由 VT_7 构成的共射放大器，也采用恒流源 1 作负载以提高增益。VT_8、VT_{10} 复合成 PNP 管，与 VT_9 组成准互补对称输出级，VD_1、VD_2 组成功放的偏置电路，使输出级工作于甲乙类状态以消除交越失真。

R_6 是级间负反馈电阻，起稳定工作点和放大倍数的作用。R_2 和⑦脚外接的电解电容组成直流电源去耦滤波电路，为避免

图 2-55　LM386 引脚图

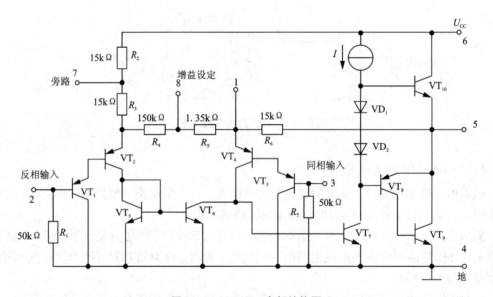

图 2-56　LM386 内部结构图

高频噪声经电源线耦合至集成片内，起旁路作用。R_5 是差放级的射极反馈电阻，在①、⑧两脚之间外接一个阻容串联电路，构成差放管射极的交流反馈，通过调节外接电阻的阻值就可调节该电路的放大倍数。当①、⑧脚开路时，负反馈量最大，电压放大倍数最小，约为 20。①、⑧脚之间短路时或只外接一个 10 μF 电容时，电压放大倍数最大，约为 200。

图 2-57 是 LM386 的典型应用电路。其中 R_1、C_2 用于调节电路的电压放大倍数。因为内部电路的输出级为 OTL 电路，所以需要在 LM386 的输出端外接一个 220 μF 的耦合电容 C_4。R_2、C_5 组成容性负载，以抵消扬声器音圈电感的部分电感性，同时防止信号突变时，音圈的反电动势击穿输出管，在小功率输出时 R_2、C_5 也可不接。C_3 与电路内部的 R_2 组成电源的去耦滤波电路。

5.2.2　集成功率放大器 TDA2040 及其应用

TDA2040 是一种功能强大的音频功放电路。它的体积小、输出功率大，该集成电路在 32 V 电源电压下，$R_L = 4\ \Omega$ 时可获得 22W 的输出功率；它的电源电压适应范围宽（±2.5 V ~ ±20 V）、输入阻抗高（典型值为 5 MΩ）、频带宽（100 kHz）、失真小；它还具有多种内部

保护电路,使用安全;而且它的引脚少,外围元件少,设计灵活。因而它被广泛应用于汽车立体声收录音机、中功率音响设备当中。

5 脚单列直插式塑料封装结构的 TDA2040 的引脚功能如图 2-58 所示。①脚为同相输入端,②脚为反相输入端,③脚为负电源端,④脚为输出端,⑤脚为正电源端。散热片与③脚接通。

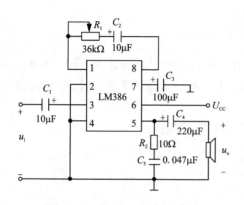

图 2-57 LM386 典型应用电路

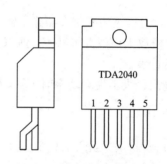

图 2-58 TDA2040 引脚图

图 2-59 是 TDA2040 的典型应用电路。信号由 u_i 同相端输入,C_1、C_2 是耦合电容,R_3、R_2 和 C_2 构成电压负反馈,调整 TDA2040 的闭环电压放大倍数。因为 TDA2040 与集成运算放大器一样具有输入电阻大、差模放大倍数高的特点,所以其闭环电压放大倍数可以按照集成运算放大器的分析方法进行计算。电阻 $R_1 = R_3$,起到使 TDA2040 内部输入级差动放大器直流偏置平衡的作用。$C_3 \sim C_6$ 为正负电源的去耦电容,R_4、C_7 构成容性负载,抵消扬声器的电感性。

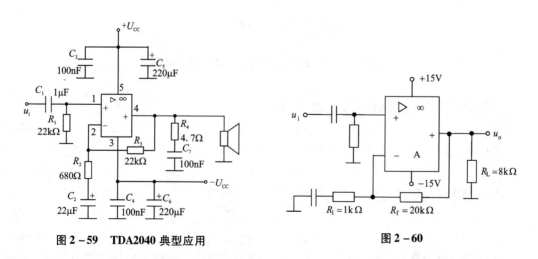

图 2-59 TDA2040 典型应用

图 2-60

例 2-9 图 2-60 中 A 为集成功率放大器,设内部输出级功率管的 $|U_{CES}| = 1$ V,电容器对交流信号均可视为短路。试问:

(1)电路的最大不失真功率 P_{om} 和效率 η 各为多少?

（2）输出最大不失真功率时输入电压的有效值为多少？

解：

（1）从外部电路的连接可以看出图示电路为采用双电源互补对称结构的 OCL 电路，电路的最大不失真功率 P_{om} 和效率 η 分别为

$$P_{om} = \frac{(U_{CC} - U_{CES})^2}{2R_L} = 12.25\text{W}$$

$$\eta = \frac{\pi}{4} \cdot \frac{U_{CC} - U_{CES}}{U_{CC}} \approx 73.3\%$$

（2）因为集成功率放大器除了输出功率大之外，还具有与集成运算放大器一样输入电阻大、差模放大倍数高等特点，所以其闭环电压放大倍数可以按照集成运算放大器的分析方法进行计算。

当输出最大不失真功率时 $U_{om} = U_{CC} - |U_{CES}| = 14 \text{ V}$，则由

$$\frac{U_{om}}{U_{im}} = 1 + \frac{R_f}{R_1}$$

可以解得：$U_{im} = 0.67 \text{ V}$，$U_i = U_{im}/\sqrt{2} = 0.47 \text{ V}$。

6 差分放大电路

6.1 差分放大电路概述

差分放大电路又叫"差动放大电路"，就其功能来说是放大两个输入信号之差，且具有抑制零点漂移的能力。它是集成运放的主要组成单元，广泛应用于集成电路中。图 2 – 61 表示的是一线性放大电路，它有两个输入端，分别接有输入信号电压为 u_{i1} 和 u_{i2}，一个输出端，输出信号电压为 u_o。

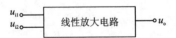

图 2 – 61 理想差分放大电路输出与输入关系

差模输入信号 u_{id} 为两输入信号之差，即

$$u_{id} = u_{i1} - u_{i2} \tag{2 – 62}$$

共模输入信号 u_{ic} 为两输入信号的算术平均值，即

$$u_{ic} = (u_{i1} + u_{i2})/2 \tag{2 – 63}$$

如果用共模信号与差模信号来表示两个输入电压时，有

$$u_{i1} = u_{ic} + u_{id}/2 \tag{2 – 64}$$

$$u_{i2} = u_{ic} - u_{id}/2 \tag{2 – 65}$$

在电路完全对称的理想情况下，放大电路两个共模信号对输出电压都没有影响，此时输出信号电压只与差模信号有关，可表示为

$$u_o = A_{ud}(u_{i1} - u_{i2}) \tag{2 – 66}$$

式中 A_{ud} 为差模电压增益 $A_{ud} = u_{od}/u_{id}$。但在一般情况下实际输出电压不仅取决于两个

输入信号的差模信号，而且与两个输入信号的共模信号有关，利用叠加定理可求出输出信号电压为

$$u_{o} = A_{ud}u_{id} + A_{uc}u_{ic} \qquad (2-67)$$

式中 A_{uc} 为共模电压增益 $A_{uc} = u_{oc}/u_{ic}$。由式（2-67）可知，如果有两种情况的输入信号，一种情况是 $u_{i1} = +0.1$ mV，$u_{i2} = -0.1$ mV，而另一种情况是 $u_{i1} = +1.1$ mV，$u_{i2} = 0.9$ mV。那么尽管两种情况下的差模信号相同都为 0.2 mV，但共模信号却不一致，前者为 0，后者为 1 mV。因而差分放大电路的输出电压不相同。

6.2　双电源供电的差分放大电路

双电源供电的差分放大电路是一种基本差分放大电路，因采用双电源供电，由此而得名。下面就电路的构成、静态工作点及动态工作情况进行分析。

6.2.1　电路的构成

如图 2-62 所示为双电源供电的差分放大电路，它由两只特性完全相同的三极管 VT_1、VT_2 组成对称电路，采用双电源 U_{CC}、U_{EE} 供电。输入信号 u_{i1}、u_{i2} 从两个三极管的基极加入，称为"双端输入"，输出信号从两个集电极之间取出，称"双端输出"。R_e 为差分放大电路的公共发射极电阻，用来抑制零点漂移并决定三极管的静态工作点电流。R_c 为集电极负载电阻。

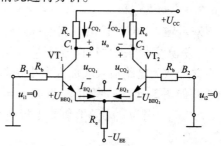

图 2-62　双电源供电的差分放大电路

6.2.2　静态分析

当输入信号 $u_{i1} = u_{i2} = 0$ 时，放大电路处于静态，直流通路如图 2-63 所示。因为电路结构对称、元件参数相同，所以 $I_{BQ1} = I_{BQ2}$、$I_{CQ1} = I_{CQ2} = I_{CQ}$、$I_{EQ1} = I_{EQ2}$，$U_{BEQ1} = U_{BEQ2} = U_{BEQ}$，$U_{CQ1} = U_{CQ2} = U_{CQ}$，$\beta_1 = \beta_2 = \beta$，由三极管的基极回路可得电压方程为

$$I_{BQ}R_b + U_{BEQ} + 2I_{EQ}R_e = U_{EE}$$

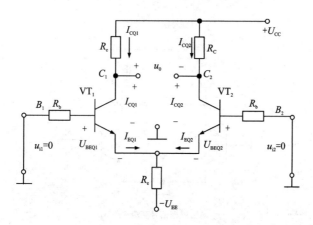

图 2-63　差分放大电路的直流通路

则基极电流为

$$I_{BQ} = \frac{U_{EE} - U_{BEQ}}{R_b + 2(1+\beta)R_e} \qquad (2-68)$$

静态集电极电流为

$$I_{CQ} \approx \beta I_{BQ} \qquad (2-69)$$

静态基极电位为

$$U_{BQ} = -I_{BQ}R_b(对地) \qquad (2-70)$$

两管集电极对地电压为

$$U_{CQ1} = U_{CC} - I_{CQ1}R_c, \ U_{CQ2} = U_{CC} - I_{CQ2}R_c$$

此时输出电压为 $U_o = U_{CQ1} - U_{CQ2} = 0$，即静态时两管集电极之间的输出电压为0。

6.2.3 动态分析

以双端输入、双端输出为例进行分析。

（1）差模输入与差模特性

在差分放大电路输入端加入大小相等、极性相反的输入信号，称为"差模输入"，差模输入通路如图2-64(a)所示。此时 $u_{i1} = -u_{i2}$ 大小相等，极性相反。差模输入电压为 $u_{id} = u_{i1} - u_{i2} = 2u_{i1}$，因为 u_{i1} 使 VT_1 管集电极电流 i_{c1} 增加，u_{i2} 使 VT_2 管集电极电流 i_{c2} 减少，在电

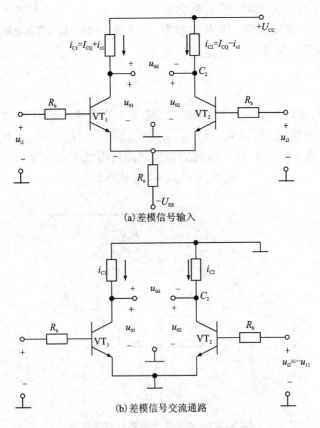

(a)差模信号输入

(b)差模信号交流通路

图2-64　差分放大电路差模信号输入

路完全对称的情况下，i_{c1} 增加量等于 i_{c2} 的减少量，二者之和不变，即流过 R_e 的电流不变，仍等于静态电流 I_E，因此 R_e 两端电压不变。也就是说，对差模输入信号来说 R_e 等于短路，$u_e = 0$。由此画出差分放大电路的交流通路，如图 2-64(b) 所示，我们把双端差模输出电压 u_{od} 与双端差模输入电压 u_{id} 之比称为差分放大电路的差模电压放大倍数，即：

$$A_{ud} = \frac{u_{od}}{u_{id}} = \frac{u_{01} - u_{02}}{u_{i1} - u_{i2}} = \frac{2u_{01}}{2u_{i1}} = -\beta \frac{R_c}{R_b + r_{be}} \qquad (2-71)$$

由上式可知，差分放大电路的差模电压放大倍数等于一只单管放大电路的电压放大倍数。当两集电极 c_1、c_2 之间接有负载电阻 R_L 时，就会使晶体管 VT_1、VT_2 的集电极电位向相反方向变化，一增一减，且变化量相等。可见负载电阻 R_L 的中点是交流零电位。因此差分输入的每边负载电阻为 $R_L/2$，交流等效负载电阻为 $R'_L = R_c /\!/ (R_L/2)$，这时差模电压放大倍数为

$$A_{ud} = -\beta \frac{R'_L}{R_b + r_{be}} \qquad (2-72)$$

差模输入电阻：从差分放大电路两个输入端看进去的等效电阻。由图 2-64(b) 可以得出差模输入电阻为

$$R_{id} = 2(R_b + r_{be}) \qquad (2-73)$$

差模输出电阻：差分放大电路两管集电极之间对差模信号所呈现的电阻。由图 2-64(b) 可以得出差模输出电阻为

$$R_o = 2R_c \qquad (2-74)$$

例 2-10　如图 2-65 所示，已知：$\beta = 80$，$R_L = 20$ kΩ，$R_c = 10$ kΩ，$R_b = 5$ kΩ，$R_e = 20$ kΩ。试求：

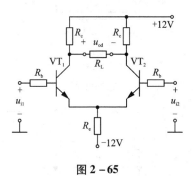

图 2-65

(1) 静态工作点；

(2) 差模电压放大倍数 A_{ud}、差模输入电阻 R_{id}、差模输出电阻 R_{od}。

解：(1) 假设静态时 $U_{BEQ} = 0.6$ V，则

$$I_{BQ} = \frac{U_{EE} - U_{BEQ}}{R_b + 2(1+\beta)R_e} = \frac{12 - 0.6}{5 + 2 \times 81 \times 20} \approx 0.00351 \text{ mA}$$

$$I_{CQ} \approx \beta I_{BQ} = 80 \times 0.00351 \approx 0.281 \text{ mA}$$

$$U_{CEQ1} = U_{CC} - I_{CQ1}R_c = U_{CEQ2} = (12 - 0.281 \times 10) \text{ V} = 9.19 \text{ V}$$

$(2) \, r_{be} = \left[300 + (1 + \beta) \dfrac{26}{I_{EQ}} \right] \Omega = 300 + \dfrac{81 \times 26}{0.281} \Omega \approx 7.79 \text{ k}\Omega$

$R'_L = R_c \, / \! / \, \dfrac{1}{2} R_L = \dfrac{10 \times 10}{10 + 10} = 5 \text{ k}\Omega$

$A_{ud} = -\beta \dfrac{R'_L}{R_b + r_{be}} = -80 \times \dfrac{5}{5 + 7.79} \approx -31.27$

$R_{id} = 2(R_b + r_{be}) = 2 \times (5 + 7.79) = 25.58 \text{ k}\Omega$

$R_{od} = 2R_c = 20 \text{ k}\Omega$

（2）共模输入与共模特性

在差分放大电路的两个输入端加上大小相等、极性相同的信号，称为共模输入。如图2-66(a)所示。由于电路是对称的，所以两管电流的变化量相等，同时增加或同时减少，此时流过 R_e 的电流为 $2i_{e1}$ 或 $2i_{e2}$，相当于对每只晶体管的射极接了 $2R_e$ 的电阻，其交流通路如图2-66(b)所示。由于差分放大电路的对称性，两边集电极电位的变化量一样，共模输出电压为

$$u_{oc} = u_{c1} - u_{c2} = 0 \tag{2-75}$$

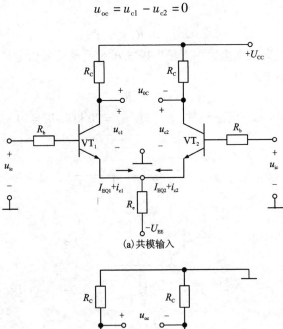

(a)共模输入

(b)共模信号交流通路

图2-66　差分放大电路共模信号输入

共模电压放大倍数为 $\qquad A_{uc} = \dfrac{u_{oc}}{u_{ic}} = 0$ (2-76)

式中 u_{oc} 为共模输出电压，u_{ic} 为共模输入电压。式(2-76)说明差分放大电路能抑制共模信号。在电路中，由于温度的变化或电源电压的波动引起两管集电极电流的变化是相同的，可以把它们的影响等效地看作在差分放大电路输入端加入共模信号的结果，所以差分放大电路对温度的影响具有很强的抑制作用。另外伴随输入信号一起加入的对两边输入相同的干扰信号也可以看成是共模输入信号而被抑制。所以差分放大电路特别适用于作多级直接耦合放大电路的输入级。

但在实际应用电路中，两只管子不可能完全相同，u_{oc} 也就不可能为 0，共模电压放大倍数也不为 0，即使是这样，这种电路抑制共模信号的能力还是很强。通常用共模抑制比 K_{CMR} 作为一项技术指标来衡量。其定义为差模电压放大倍数与共模电压放大倍数之比的绝对值，即

$$K_{CMR} = \left| \dfrac{A_{ud}}{A_{uc}} \right|$$ (2-77)

也可以用分贝(dB)数来表示，即

$$K_{CMR}(dB) = 20\lg \left| \dfrac{A_{ud}}{A_{uc}} \right|$$ (2-78)

由上可知，差模电压放大倍数越大，共模电压放大倍数越小，则 K_{CMR} 值越大，电路的共模抑制能力越强，性能越优良。当电路两边理想对称、双端输出时，K_{CMR} 可以看成是无穷大。一般差分放大电路的 K_{CMR} 约为 60~120 dB。

在图 2-64 中，如果输出电压取自一管的集电极，则称为"单端输出"，此时由于只取出一管的集电极电压变化量，所以这时的差模电压放大倍数只有双端输出的一半，即 $A_{ud} = -\dfrac{\beta R_c}{2r_{be}}$，共模电压放大倍数 $A_{uc} = -\dfrac{\beta R_c}{r_{be} + (1+\beta)2R_e}$，一般情况下，$(1+\beta)2R_e \gg r_{be}$，$\beta \gg 1$，则 $A_{uc} \approx -\dfrac{R_c}{2R_e}$，共模抑制比 $K_{CMR} = \left| \dfrac{A_{ud}}{A_{uc}} \right| \approx \dfrac{\beta R_c}{r_{be}}$，由此可知，电阻 R_e 的数值越大，抑制共模信号的能力越强。

例 2-11 已知差分放大电路的输入信号 $u_{i1} = 1.02$ V，$u_{i2} = 0.98$ V，试求：(1)差模和共模输入电压；(2)若 $A_{ud} = -50$、$A_{uc} = -0.05$，差分放大电路的输出电压 u_o 与 K_{CMR}。

解：(1)差模输入电压 $u_{id} = u_{i1} - u_{i2} = 1.02 - 0.98 = 0.04$ V

共模输入电压 $u_{ic} = (u_{i1} + u_{i2})/2 = 1$ V

(2)差模输出电压 $u_{od} = A_{ud}u_{id} = -50 \times 0.04 = -2$ V

共模输出电压 $u_{oc} = A_{uc}u_{ic} = -0.05 \times 1 = -0.05$ V

根据叠加定理，差分放大电路的输出电压为

$u_o = A_{ud}u_{id} + A_{uc}u_{ic} = -2 - 0.05 = -2.05$ V

$K_{CMR} = 20\lg \left| \dfrac{A_{ud}}{A_{uc}} \right| = 20\lg \dfrac{50}{0.05} = 20\lg 100060(db)$

由于篇幅有限，其他形式的差分放大电路在这里不作介绍。

三、任务实施

任务1　设备与器材准备

1.1　常用工器具准备

（1）工具：电烙铁、镊子、钳子、接线板、吸锡器等。

（2）仪表：万用表、信号发生器、可调直流电源、示波器等。

1.2　器件与材料准备

实训中所用电子元器件如表2-1所示。

表 2-1　实训元器件清单

元件标号	参数	数量
C_1	10 μF	1
C_2，	561	2
C_3	100 μF	1
C_4	101	1
C_5	104	1
$C_6 \backslash C_7$	33PF	2
$R_1 R_9 R_{11}$	220Ω	3
$R_2 R_4$	33 kΩ	2
$R_3 R_8$	4.7 kΩ	1
R_5	1.5 kΩ	1
R_7　R_{10}	10Ω	2
R_6	22 kΩ	1
VT_1　VT_2　VT_4	2N5551	3
VT_3　VT_6	2N5401	2
VT_5　VT_7	TIP41C	2
VD_1　VD_2	IN4148	2
直流电源	±15 V	1
万能板	100 mm×150 mm	1
喇叭	8Ω/5-10 W	1

（4）辅助材料：连接导线若干、松香、焊锡丝、电工胶布等。

任务 2 音频放大器电路仿真

2.1 音频放大器的设计特点与要求

(1)音频放大器的设计目标是放大倍数为 10 倍(20 dB)、输出功率最大为 10 W。

(2)输入信号控制在 0.3~1 V 之间,输出可达到 14 V 左右。

(3)电源电压控制在 7.5~24 V 之间,输入信号越小,输出越稳定,对电源的要求越低。

2.2 音频放大器电路工作原理

2.2.1 电路组成与工作原理

(1)音频放大器电路的组成:音频放大器由差分放大电路、共射放大电路、功率放大级等部分组成。

(2)音频放大器电路的工作原理:220 V 正弦交流电压经带有中间抽头变压器输出 12.8 V 电压,经整流桥(4~6 A)整流,再经 25 V/4700 μF 电解电容滤波输出大约 ±16 V 的直流电压,为电路提供直流电源。音频信号经差分放大电路输入抑制零点漂移,再经过共射放大进行放大,最后由功放电路输出。

2.2.2 各单元电路参数的确定

(1)差分放大电路及元器件参数确定

电路如图 2-67 所示,由 VT_1、VT_2、R_6、R_7 组成差分放大电路,电路的主要功能是抑制零点漂移。

①电阻参数如图所示:$R_4 = 33$ K,$R_3 = 4.7$ K。

②三极管 VT_1(2N5551)的管脚与外形见图 2-68 所示。

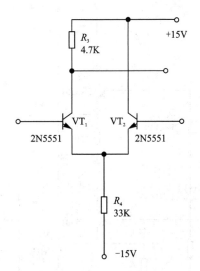

图 2-67 差分放大电路

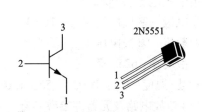

图 2-68 VT_1(2N5551)的管脚与外形

VT_1(2N5551)的性能参数如下:

类型:NPN

直流电流增益 h_{FE} 最小值(dB):80

直流电流增益 h_{FE} 最大值(dB)：250

集电极—发射极最小雪崩电压 V_{ceo}(V)：160

集电极最大电流 $I_c(max)$(mA)：0.6

最小电流增益带宽乘积 F_t(MHz)：100

可代换型号：BLX16、BUX49、BUX59、BUY82、2SC2527、3DK106E

(2)共射放大电路及元器件参数确定

如图 2 - 69 所示，差分放大电路输出的信号经 VT_3(2N5401)组成的共射放大电路实现电压放大。电阻、电容的参数如图 2 - 69 所示：$R_6 = R_8 = 47$ K，三极管 VT_3(2N5401)的管脚与外形如图 2 - 70 所示。

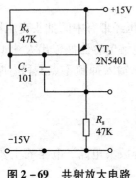

图 2 - 69　共射放大电路

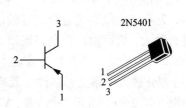

图 2 - 70　2N5401 的管脚与外形

VT_3(2N5401)的性能参数如下：

类型：PNP

集电极—发射极最小雪崩电压 V_{ceo}(V)：150

集电极最大电流 $I_{c(max)}$(mA)：0.5

直流电流增益 h_{FE} 最小值(dB)：60

直流电流增益 h_{FE} 最大值(dB)：240

最小电流增益带宽乘积 F_t(MHz)：100

集电极—发射极电压 V_{CEO}：150 V

集电极电流：600 mA

集电极—基极电压 V_{CBO}：160 V

发射极—基极电压 V_{EBO}：5 V

耗散功率：625 mW

封装/温度(℃)：TO92/ -55 ~ 150

(3)功放电路及元器件参数确定

电路如图 2 - 71 所示，复合管 VT_4 与 VT_5、VT_6 与 VT_7 构成功放电路，二极管 VD_1 与 VD_2 消除交越失真，R_9、R_{10} 作过流保护。电阻、电容的参数如图中所示：$R_8 = 4.7$ K，$R_9 = 220$ Ω，$R_{10} = 10$ Ω，$C_7 = 33$ PF。

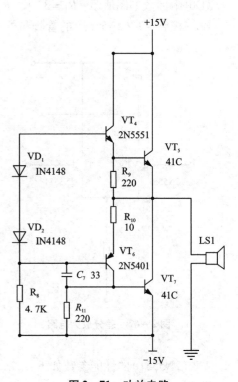

图 2 - 71　功放电路

VT_5(TIP41C)的性能参数如下：

类型：NPN

最大集电极—基极直流电压：最大值 120 V

发射极直流电压：最大值 100 V

基极直流电压：最大值 5 V

最高有效结温：最大值 150℃

封装形式：直插封装 TO-220

管脚：B、C、E(正面看)

极限工作电压：100 V

最大电流允许值：6 A

最大耗散率：65W

放大倍数：65

VT_5(TIP41C)的管脚与外形如图 2-72 所示。

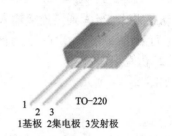

图 2-72 VT_5(TIP41C)的管脚与外形

2.2.3 音频放大器电路原理图

音频放大器电路整体原理图如图 2-73 所示。

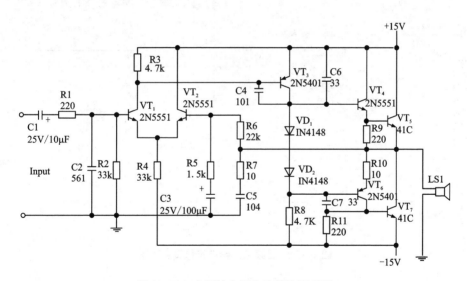

图 2-73 音频放大器电路整体原理图

2.3 音频放大器电路仿真

(1)仿真软件 Multisim 10.0

①打开软件界面，根据原理图及参数找出元器件。

②在界面的右边找出要用仪表、万用表、示波器、函数信号发生器等。

③按照信号输入路线布局元器件、连线。

④双击函数信号发生器，设置选定输入信号为正弦波，设置频率与幅值参数(频率 20 Kz 以下，幅值 1 V 以下)

⑤双击示波器设置参数：Time base："1 ms/div"、"Y/T"显示方式。ChannelA："1 V/

div"、"DC 工作方式"。ChannelB："1 V/div"、"DC 工作方式 "。

⑥确定电路连接好了，参数也设置好了，就可以启动运行按钮进行仿真。

⑦电路测试：

静态测试：把输入信号断开，用万用表测 VT_3 的静态工作点，$U_{EQ} = 15$ V，$U_{BQ} = 14.33$ V，$U_{CQ} = 1.042$ V，$I_{BQ} = 23.786$ mA，$I_{EQ} = 3.162$ mA。

动态测试：当 A 通道连接输入信号为 0.4 V，B 通道连接输出信号为 9.5 V，改变输入信号，可测出相应的输出信号，计算放大倍数。

（2）仿真原理图

如图 2 - 74 所示。

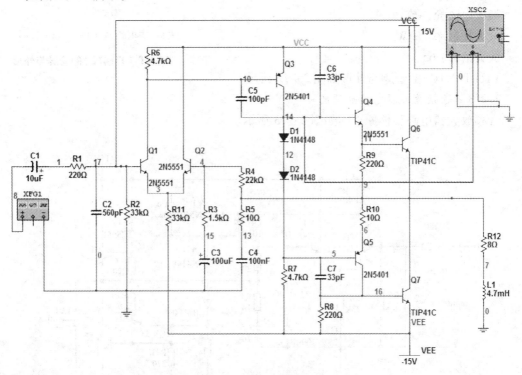

图 2 - 74　音频放大器电路仿真原理图

（3）仿真结果及分析

如果电路连接正确，参数设置正确，则仿真波形清晰、稳定，如图 2 - 75 所示。如果仿真波形不正常，可能由下列问题引起。

①电路连接不正确或并没真正接通；

②没有"接地"或"地"没有真正接好；

③元器件参数设置不当；

④测量仪器设置、使用不当。

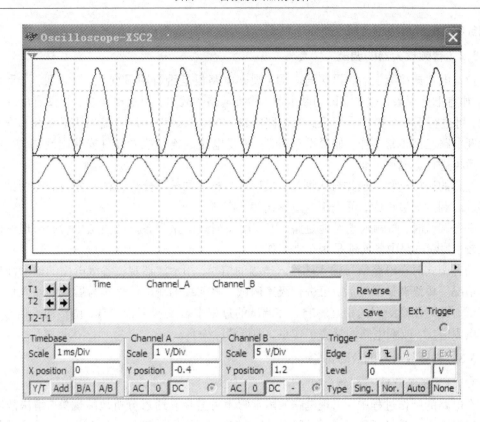

图 2 – 75　音频放大器电路仿真结果分析图

任务 3　制作音频放大器

3.1　音频放大器的组装

各器件的型号参数已在图中注明,选用时,除元器件型号正确外,还应注意电阻的阻值大小与额定功率,注意电容的容量与耐压。组装步骤与工艺要求如下:

3.1.1　电路元器件布局及安装步骤与要求

(1)绘制元器件装配图;

(2)根据元器件清单列表,利用工具检测电路元器件;

(3)根据准备的电路板尺寸、插孔间距及装配图,在电路板上进行元器件的布局设计;

(4)对完成了电子元器件布局的电路检查确认无误后,再对元件进行焊接、组装。

(5)注意各器件管脚不要接错,特别是电解电容、二极管、三极管的引脚不能错位。

(6)为了便于散热,大功率管必须加散热片。

3.1.2　电路组装的工艺要求

(1)严格按照图纸进行电路安装;

(2)所有元件焊装前必须按要求先成型;

(3)要求元件布置美观、整洁、合理;

(4)所有焊点必须光亮、圆润、无毛刺、无虚焊、错焊和漏焊;

(5)连接导线应正确、无交叉,走线美观简洁。电线的颜色最好有所区别,如电源正极用红线，电源负极用蓝线，地线用黑线，信号线用其他颜色的线。

3.2　音频放大器的调试

检查电路连接无误后，再接通电源，观察电路板是否有明显变化（如冒烟、严重发热等），如有上述现象，应当立即切断电源，检查电路的故障，再通电实验，如没有出现上述现象，可进行下一步操作。用手碰触电路的输入端，如扬声器声音输出明显变化，则基本可判断电路已经正常工作，如果没有声音，则是电路的连接或者元件安装出现错误，修正错误后再进行通电调试。

电路的调试过程一般先分级调试，最后进行整机调试。分级调试又分为静态调试和动态调试。调试的过程中，可先用电阻器代替扬声器。

静态调试时，将输入端对地短路，用万用表测试电路中各点的直流电位，与理论值进行比较，判断电路中各元件是否正常工作。

动态调式时在电路信号输入端输入适当的信号，用示波器观测各级电路的输出波形及工作情况。单级调试成功后，可进行级连调试。将前级的输出信号作为后级的输入信号进行调试。此时注意级间的相互影响。在调试的过程中若发现声音失真，调整输入信号，或调整电源电压，改变电路的静态工作点，则可消除失真。

3.3　音频放大器的故障排除

3.3.1　常见故障产生的原因

在电路的制作过程中，出现电路故障常常不可避免。通过分析故障现象、解决故障问题可以提高实践和动手能力。分析和排除故障，就是从分析故障现象出发，通过反复测试，作出分析判断、逐步找出问题的过程。分析音频放大器的故障，首先要通过对原理图的分析，把整体电路分成不同功能的电路模块，通过逐一测量找出故障所在区域，然后对故障模块区域内部加以测量，进而找出故障并加以排除。学生在制作音频放大器时常见故障原因有下面几个：

（1）实际制作的电路与原电路图不符；

（2）元器件使用不当；

（3）元器件参数不匹配；

（4）元器件引脚接错；

（5）虚焊等。

3.3.2　查找处理故障的方法

查找故障的通用方法是把合适的信号或某个模块的输出信号引到其他模块上，然后依次对每个模块进行测试，直到找到故障模块为止。查找的顺序可以从输入到输出，也可以从输出到输入。找到故障模块后，要对该模块产生故障的原因进行分析、检查。查找步骤如下：

（1）先检查用于测量的仪器是否使用得当；

（2）检查安装的电路是否与原电路一致；

（3）检查直流电源电压是否正常；

（4）检查三极管三个极的参考电压是否正常，从而判断三极管是否正常工作或损坏；

（5）检查电容、电阻等元器件是否正常；

（6）检查反馈回路。此类故障判断是比较困难的，因为它是把输出信号的部分或全部以某种方式送到模块的输入端口，使系统形成一个闭环回路。查找故障需要将反馈回路断开，接入一个合适的输入信号使系统成为一开环系统，然后再逐一查找发生故障的模块及故障元器件。

　　以上方法对一般电子电路都适用，但它具一定的盲目性且效率低。对于比较简单的电路或自己非常熟悉的电路，可以采用观察判断法，通过仪器、仪表观察到结果，根据自己的经验，直接判断故障发生的原因和部位，从而准确、迅速地找到故障并加以排除。

四、考核评价

1　装调报告

音频放大器的安装与调试项目表

班级：_____　　工位号：_____　　姓名：_____

一、元件识别与测量

1.电阻类

标号	色环排列	标称阻值	标称误差	实际阻值	实际误差	选择挡位
R_1						
R_2						
R_3						
R_5						
R_6						
R_7						

简答题：R_9、R_{10}电阻在电路中的作用是什么？

2.电容类

标号	电容类型	介质	标称容量	耐压	实际容量	选择挡位
C_1						
C_2						
C_3						
C_4						
C_5						
C_6						

简答题：C_6、C_7电容在电路中的作用是什么？

3. 二极管类

标号	型号	作用	材料	正向阻值	反向阻值	电路符号
VD_1						
VD_2						

简答题：VD_1、VD_2二极管在电路中的作用是什么？

4. 三极管类

标号	型号	作用	材料	电路符号	各管脚名称
VT_1					
VT_5					
VT_6					

简答题：VT_5、VT_7与VT_6它们之间最大的区别是什么？

二、音频放大器的装配与测试

1. 电路板的焊接

基本要求	实际情况
焊点大小适中，无漏、假、虚、连焊，焊点光滑、圆润、干净、无毛刺；引脚加工尺寸及成形符合工艺要求；导线长度、剥头长度符合工艺要求，芯线完好，捻头镀锡。	

2. 音频放大器的装配

基本要求	实际情况
印制板插件位置正确，元器件极性正确，元器件、导线安装及字标方向均应符合工艺要求；接插件、紧固件安装可靠牢固，印制板安装对位；无烫伤和划伤处，整机清洁无污物。	

3. 电路主要电压点测试

被测元件	VT_1			VT_3			VT_5		
测量点	U_e	U_b	U_c	U_e	U_b	U_c	U_e	U_b	U_c
电压值									

4. 电路调试与回答问题

	问题	回答
1	用仪器测量音频放大器的输出交流电压值，并计算其电压放大倍数。	
2	测量并计算音频放大器的输出功率。	

2　成果展示

（1）音频放大器制作、调试完成以后，要求每小组派代表对所完成的作品进行展示，展现组装、制作的音频放大器功能；

（2）呈交不少于 2000 字的小组任务完成报告，内容包括音频放大器电路图及工作原理分析、音频放大器的组装、制作工艺及过程、功能实现情况、收获与体会几个方面；

（3）进行成果展示时要用 PPT，并且要求美观、条理清晰；

（4）汇报要思路清晰、表达清楚流利，可以小组成员协同完成。

成果展示结束后，进行小组互评，并给出互评分数。

3　项目评价

项目考核评价表

项目 2　音频放大器的制作

学生姓名		班级		学号		
考核条目	考核内容及要求		配分	评分标准		扣分
安全文明生产	操作规范、安全。		10	损坏仪器仪表该项扣完；桌面不整洁，扣 5 分；仪器仪表、工具摆放凌乱，扣 5 分。		
元件识别和选择	元件清点检查：用万用电表对所有元器件进行检测，并将不合格的元器件筛选出来进行更换，缺少的要求补发。		25	错选或检测错误，每个元器件扣 2 分。		
电子产品焊接	按装配图进行接装。要求：无虚焊、桥接、漏焊、半边焊、毛刺、焊锡过量或过少、助焊剂过量等；无焊盘翘起、脱落；无损坏元器件；无烫伤导线、塑料件、外壳；整板焊接点清洁。		25	焊接不符合要求，每处扣 2 分。		
电子产品装配	元器件引脚成型符合要求；元器件装配到位，装配高度、装配形式符合要求；外壳及紧固件装配到位，不松动，不压线；插孔式元器件引脚长度 2～3 mm，且剪切整齐。		20	装配不符合要求，每处扣 2 分。		
电子产品调试	正确使用仪器仪表。		5	装配完成检查无误后，通电试验，如有故障应进行排除。按要求进行相应数据的测量，若测量正确，该项计分，若测量错误，该项不计分。		
	测量音频放大器输出交流电压。 数据记录：＿＿＿＿＿＿＿＿＿。		5			
	测量音频放大器的输出功率。 数据记录：＿＿＿＿＿＿＿＿＿。		10			
自评得分						
小组互评						
考评老师						

思考与练习

一、填空题：

1.三极管放大电路的三种基本组态是_____、_____和_____，其中_____组态输出电阻低、带负载能力强；_____组态兼有电压放大作用和电流放大作用。

2.放大电路没有输入信号时的工作状态称为_____；放大电路有输入信号作用时的工作状态称为_____。

3.放大电路中的直流通路是指_____，交流通路是指_____。

4.在三极管放大电路中，若静态工作点偏低，容易出现_____失真；若静态工作点偏高，容易出现_____失真。

5.在固定偏置放大电路中，当输出波形在一定范围内出现失真时，可通过调整偏置电阻 R_b 加以克服。当出现截止失真时，应将 R_b 调_____，使 I_{CQ}_____，工作点上移；当出现饱和失真时，应将 R_b 调_____，使 I_{CQ}_____，工作点下移。

6.射极输出器的重要特点是_____、_____和_____。

7.多级放大电路的耦合方式有_____、_____和_____三种。

8.根据功放管的静态工作点位置不同，功率放大器可分为三种工作状态。这三种工作状态分别是_____、_____和_____。

二、判断题：

1.要使电路中的PNP型三极管具有电流放大作用，三极管的各电极电位一定满足 $U_C < U_B < U_E$。（　　）

2.在交流放大电路中，同时存在交流、直流两个量，都能同时被电路放大。（　　）

3.为了提高交流放大电路的电压放大倍数，可适当提高静态工作点的位置。（　　）

4.放大电路中三极管管压降 U_{ce} 值越大，管子越容易进入饱和工作区。（　　）

5.多级阻容耦合放大电路，若各级均采用共射电路，则电路的输出电压 $\dot{U}_o$ 与输入电压 $\dot{U}_i$ 总是反相的。（　　）

6.功率放大电路着眼于如何提高输出信号的功率和电路的效率。（　　）

三、解答题：

1.试判断图2-76中各电路能否正常放大，并简述其理由。

2.电路如图2-77所示。调节 R_P 就能调节放大电路的静态工作点。当忽略 U_{BEQ} 的影响时，试估算：

(1)如果要求 $I_{CQ} = 2$ mA，R_b 值应为多大？

(2)如果要求 $U_{CEQ} = 4.5$ V，R_b 值又应为多大？

3.图2-78(a)为一共射基本放大电路。

(1)已知 $U_{CC} = 12$ V，$R_c = 2$ kΩ，$\beta = 50$，U_{BE} 忽略不计，要使 $U_i = 0$ 时，$U_{CE} = 4$ V，此时 R_b 值为多大？

(2)用示波器观察到 u_o 的波形如图(b)所示，这是饱和失真还是截止失真？说明调整 R_b 是否可使波形趋向正弦波，如可以，R_b 应增大还是减小？

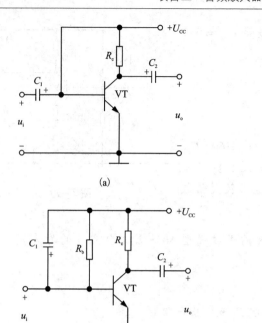

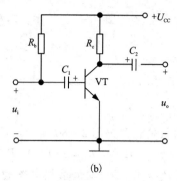

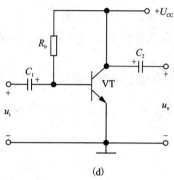

图 2-76

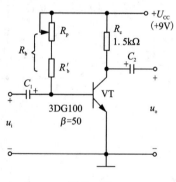

图 2-77

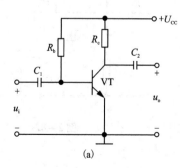

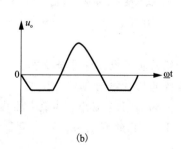

图 2-78

4.放大电路如图 2 - 79 所示，三极管 $U_{BE} = 0.7$ V，$\beta = 100$，试求：

(1) 静态电流 I_{CQ}；

(2) 画出微变等效电路；

(3) 求 $\dot{A}_u$、R_i 和 R_o。

6.射极输出器如图 2 - 80 所示。已知 $\beta = 60$，$U_{BE} = 0.7$ V，$U_{CC} = 12$ V，$R_b = 240$ kΩ，$R_L = 12$ kΩ，$R_s = 0.6$ kΩ，$R_e = 3.9$ kΩ。试求该电路的电压放大倍数 $\dot{A}_u$、输入电阻 R_i 和输出电阻 R_o。

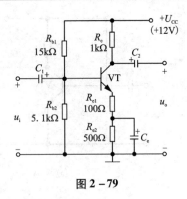

图 2 - 79

6.电路参数如图 2 - 81 所示，若 N 沟道增强型 MOS 管工作点处的跨导 $g_m = 1$ ms，试求：

(1) 画出微变等效电路；

(2) 估算电压放大倍数 $\dot{A}_u$、输入电阻 R_i 及输出电阻 R_o。

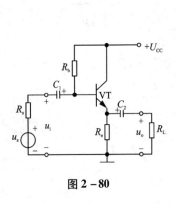

图 2 - 80

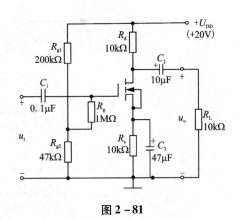

图 2 - 81

7.由 N 沟道增强型 MOS 管组成的共源放大电路如图 2 - 82 所示。已知 $g_m = 2$ ms，试求出 $\dot{A}_u$、R_i 和 R_o。

8.两级阻容耦合放大电路如图 2 - 83 所示。已知 $\beta_1 = \beta_2 = 50$，$r_{be1} = 1.8$ kΩ，$r_{be2} = 2.2$ kΩ，问：

(1) 第一级的负载电阻等于多少？

(2) 第二级的信号源内阻多大？

9.在图 2 - 84 所示电路中，其最大输出功率为多少？设 VT_1、VT_2 的 U_{CES} 为 3 V。

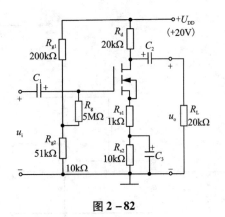

图 2 - 82

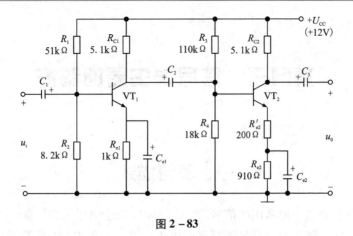

图 2 – 83

10. OTL 电路如图 2 – 85 所示，设电容 C 容量足够大。

（1）已知 u_i 为正弦波电压，$R_L = 8\ \Omega$，管子饱和压降 U_{CES} 忽略不计，若要求最大不失真输出功率（不考虑交越失真）为 10 W，则电源电压至少应为多少？

（2）设 $U_{CC} = 20\ V$，$R_L = 8\ \Omega$，U_{CES} 忽略不计，试估算电路的最大输出功率 P_{om}。

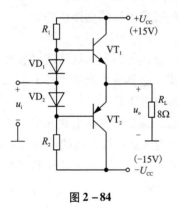

图 2 – 84

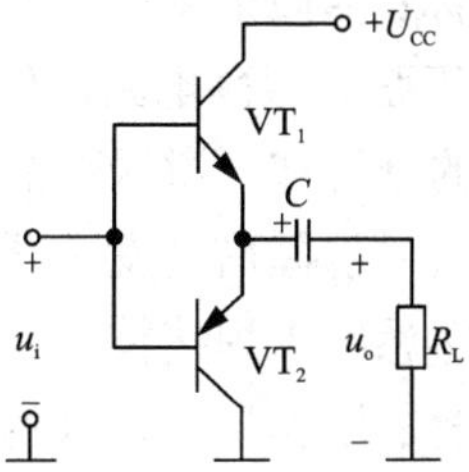

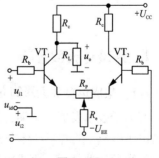

图 2 – 85

11. 如图 2 – 86 所示电路中，$U_{CC} = U_{EE} = 12\ V$，$R_c = R_e = 30\ k\Omega$，$R_b = 10\ k\Omega$，$R_L = 20\ k\Omega$，$\beta = 100$，电位器电阻 $R_P = 200\Omega$，R_P 的活动触点在中点。

（1）求电路的静态工作点；

（2）画出电路的交流通路；

（3）求电路的差模电压放大倍数；

（4）求电路的输入、输出电阻。

图 2 – 86

项目三 信号发生器的制作

一、项目描述

低频信号发生器是一种常用的信号源,广泛地应用于电子电路、自动控制系统和教学实验等领域。本项目制作的信号发生器可产生正弦波、三角波、方波等低频信号,是一种简单、经济、实用的信号发生器。

本项目先介绍集成运算放大器的基本概念、集成运放和集成功放的典型应用电路;介绍反馈的基本概念、反馈的分类、反馈的一般表示、反馈的判断和负反馈对放大器性能的影响以及深度负反馈的估算;介绍振荡产生的机理和条件,讨论正弦波振荡电路的一般结构和分析方法,介绍常见的 RC、LC 和石英晶体正弦波振荡电路的组成和工作原理。最后利用学到的这些基本理论去指导具体的实践,去完成信号发生器的制作任务。

通过对本项目的学习和实践,要求达到如下目标:

知识目标:掌握集成运算放大器的典型应用电路、反馈的判断、负反馈对放大器性能的影响以及正弦波振荡电路的组成和工作原理;熟悉集成运算放大器的主要参数和工作特点、负反馈的分类和自激振荡的条件;了解深度负反馈的估算方法。

技能目标:掌握信号发生器的安装和电路性能指标的测试;熟悉电路元器件的检测方法;进一步熟悉手工焊接技术和电子仪器的使用,了解集成运算放大器的性能检测方法。

态度目标:培养学生认真的学习态度、一丝不苟的工作作风、刻苦钻研和团结协作的精神,并养成遵章守纪、注重整理和整洁的良好的职业习惯。

二、知识准备

1 集成运算放大器

1.1 集成运算放大器简介

在电子技术发展的早期,人们常用多个晶体管、电阻器和电容器等元件组装成分立元件的电子线路。随着半导体制造工艺的不断发展,人们在 20 世纪 60 年代初期研制出一种新型的半导体器件——集成电路。集成电路是将晶体管、场效应管、二极管、电阻等电子器件及它们之间的连线制作在一小块半导体芯片上,然后封装在一个外壳内,成为一个不可分的具有特定功能的固定组件。集成电路与分立元件组成的电路相比较,具有体积小、重量轻、耗电少、可靠性高、组装和调试工作更简单的优点,因此已逐渐取代分立元件组成的电路。

1.1.1　集成运算放大器的组成及各部分的作用

集成运算放大器具有高增益、高输入阻抗和低输出阻抗的特点,同时具有高共模抑制比的特点。当给它施加不同的反馈网络时,就能实现模拟信号的多种数学运算功能(如比例、求和、求差、积分、微分等),故被称为集成运算放大电路,简称集成运算放大器或集成运放。

集成运算放大器最初是模拟在计算机上进行加、减、乘、除及微分、积分等数学运算,随着科学技术的发展,它日益被应用在信号的产生、转换、处理及自动控制等许多方面,已成为模拟系统的一个基本单元。

(1)集成运算放大器的组成

集成运放的组成如图3-1所示,它主要由输入级、中间级、输出级和偏置电路四个部分组成。它有两个输入端和一个输出端。

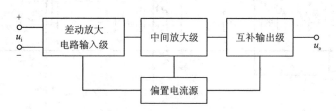

图3-1　集成运算放大器的组成框图

(2)各组成部分的作用

①输入级:采用差动放大电路,利用该电路获得较低的零漂和较高的共模抑制比。有两个不接地的输入端:一个是同相输入端,在该输入端输入信号时,输出信号与输入信号同相位;另一个是反相输入端,在该输入端输入信号时,输出信号与输入信号相位相反。

②中间放大级:运放的高开环电压放大倍数 $A_u \approx 10^3 \sim 10^7$,由共发射极组成多级直接耦合放大电路提供,中间级是集成运放主要的电压放大级。

③互补输出级:由晶体管射极跟随器互补电路组成。具有较低的输入电阻,较强的带负载能力,能提供足够大的输出电压和电流。

④偏置电流源:为各级放大电路提供合适而稳定的偏置电流和静态工作点。集成运放多采用电流源电路为各级提供合适的集电极(或发射极、漏极)静态工作电流。

集成运放 F007 的电路如图3-2所示。

1.1.2　集成运算放大器的符号、外形图和型号

(1)集成运算放大器的符号

按照国家标准符号如图3-3所示。图中 u_P 为同相输入端,u_N 为反相输入端,u_0 为输出端。

(2)集成运放的外形图

集成运放的外形如图3-4所示。

常见集成运放的封装有两种形式:一种是金属圆壳封装,另一种是塑料双列直插式封装。塑料双列直插式封装用得越来越多,它使用方便,不易搞错。其引出端有8、14、16不等。不论哪种封装形式,它们的管脚排列顺序从顶部看都是自标志处数起,逆时钟方向

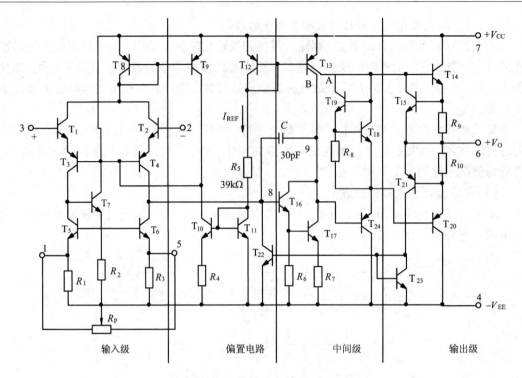

图 3-2 集成运放 F007 的电路图

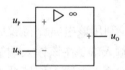

图 3-3 集成运算放大器的常用符号

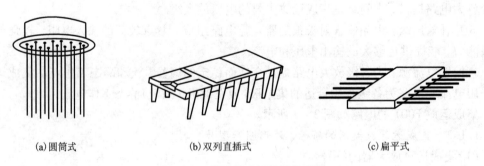

(a)圆筒式   (b)双列直插式   (c)扁平式

图 3-4 常见集成运放的外形图

排列 1、2、3、…

（3）集成运放的型号

国家标准 GB3 430—82 规定，国产集成运放的型号由 5 部分组成：第零部分，用字母表示器件；第一部分，用字母表示器件的类型；第二部分，用阿拉伯数字表示器件的系列和品种代号；第三部分，表示器件的工作温度和范围；第四部分；用字母表示器件的封装。

如低功耗的运算放大器型号如下：

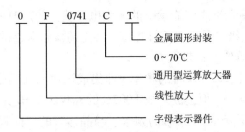

1.1.3　集成运放的传输特性

集成运放输出电压 u_o 与输入电压 $(u_P - u_N)$ 之间的关系曲线称为电压传输特性。对于采用正负电源供电的集成运放，电压传输特性如图 3-5 所示。

线性区：$u_o = A_{od}(u_P - u_N)$

非线性区：

当 $u_P > u_N$ 时，$u_o = u_{om}$。

当 $u_P < u_N$ 时，$u_o = -u_{om}$。

1.1.4　集成运放的主要参数

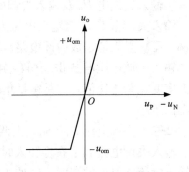

图 3-5　集成运放的电压传输特性

为了合理选用和正确使用运算放大器，必须了解运算放大器的主要参数。集成运放的主要参数分为：传输特性参数、直流特性参数和输出信号的响应参数。

（1）传输特性参数

①开环差模电压增益 A_{od}

开环差模电压增益指在无外加反馈情况下的直流差模增益，它是决定运算精度的重要指标，通常用分贝表示，即，

$$A_{od} = 20 \lg \frac{\Delta U_O}{\Delta(U_P - U_N)} \qquad (3-1)$$

A_{od} 愈高，运放愈稳定，运算精度也愈高，A_{od} 一般为 80~140 dB。

②共模抑制比 K_{CMR}

是指电路在开环状态下，差模放大倍数与共模放大倍数之比。K_{CMR} 越大，运放性能越好。F741 的 K_{CMR} 约为 80 dB。

③差模输入电阻 R_{id}

即集成运放在输入差模信号时的输入电阻。它反映了集成运放索取信号的能力。R_{id} 越大越好。双极型管输入级约为 $10^5 \sim 10^6$ 欧姆，场效应管输入级可达 10^9 欧姆以上。

④开环输出电阻 R_o

即集成运放开环时的动态输出电阻。其值越小，输出的电压越稳定，带负载能力越强。理想集成运放的输出电阻 R_o 视为零。

⑤最大共模输入电压 U_{ICmax}

是输入级正常工作时，允许输入的最大共模信号。在使用中若超过此值，集成运放的

各级电路工作将失常，性能变差，共模抑制能力将明显变差。

⑥最大差模输入电压 U_{Idmax}

同相输入端与反向输入端之间能承受的最大电压值。使用时差模输入电压不能超过此值，否则集成运放的输入级的晶体管将被击穿，甚至造成永久性的损坏。

⑦ -3 dB 带宽 f_H 和单位增益带宽 f_C

f_H 是指开环增益 A_{od} 下降 3 dB 时的频率，即集成运放的通频带。通频带越宽越好，理想运放的通频带视为无穷大。但集成运放 F007C 的 f_H 仅为 7 Hz。

f_C 是指开环增益 A_{od} 下降至 0 dB 时的频率。与晶体管的特征频率 f_T 类似。

（2）直流特性参数

①输入失调电 U_{IO} 及输入失调电压温漂 dU_{IO}/dT

输入失调电 U_{IO}：当输入电压为零时，将输出电压除以电压增益，即为折算到输入端的失调电压。是表征运放内部电路对称性的指标。U_{IO} 越小，表明电路的对称性越好。

输入失调电压温漂 dU_{IO}/dT：在规定工作温度范围内，输入失调电压随温度的变化量与温度变化量之比值。它是衡量集成运放温度漂移的重要参数，其值越小，表明集成运放的温漂越小。

②输入失调电流 I_{IO} 及输入失调电流温漂 dI_{IO}/dT

输入失调电流 I_{IO}：在零输入时，差分输入级的差分对管基极电流之差，用于表征差分级输入电流不对称的程度。I_{IO} 的大小反映了差分电路输入级两管的 β 的失配程度。I_{IO} 越小，表明电路参数的对称性越好。

输入失调电流温漂 dI_{IO}/dT：在规定工作温度范围内，输入失调电流随温度的变化量与温度变化量之比值。其值越小，表明运放的温漂越小。

③输入偏置电流 I_{IB}

输入电压为零时，运放两个输入端偏置电流的平均值，用于衡量差分放大对管输入电流的大小。

$$I_{IB} = \frac{1}{2}(I_{B1} + I_{B2}) \qquad (3-2)$$

I_{IB} 越小，运放的输入电阻越大，其输入失调电流就越小，运放的性能越好，一般为 10 nA ~ 1 μA。

（3）输出信号的响应参数

①最大输出电压 U_{OPP}。

指在一定电源电压下，集成运放的最大不失真输出电压峰—峰值。

集成运放 F007 的传输特性如图 3 – 5 所示，在电源电压为 ± 15 V 的 $U_{OPP} = 10$ V，设 $A_{od} = 10^5$，则输出为 ± 10 V 时，

$$u_P - u_N = \frac{|u_0|}{A_{od}} = \frac{10}{10^5} = 0.1 \text{ mV}$$

输入差模电压 $U_{Id} = \pm 0.1$ mV。

F741 的 U_{OPP} 约为 ± 12 V。

②转换速率 S_R（压摆率）

反映运放对于快速变化的输入信号的响应能力。转换速率 S_R 的表达式为

$$S_R = \left| \frac{\mathrm{d}u_o}{\mathrm{d}t} \right|_{\max} \tag{3-3}$$

S_R 值越大，表明集成运放的频响特性越好。高速运放 S_R 可达 $100\ \mathrm{V/\mu s}$。

1.1.5　理想集成运放

理想集成运放就是将集成运放理想化。由于实际运放的一些主要技术参数接近理想化的缘故，用理想运放代替实际运放进行分析，可使分析过程大大简化，而所引起的误差在工程允许范围之内。

（1）一个理想化运放，应具备以下条件：

①开环电压放大倍数 $A_{od} = \infty$；

②差模输入电阻 $R_{id} = \infty$；

③开环输出电阻 $R_O = 0$；

④共模抑制比 $K_{CMR} = \infty$。

（2）理想运放工作在线性工作区时的特点：

①理想运放的两个输入端的电位相等

因 $u_o = A_{od}(u_P - u_N)$

由于 $A_{od} \rightarrow \infty$，而 u_O 是一个有限值，则 $u_P - u_N \approx 0$，即 $u_P = u_N$。即

$$u_- = u_+ \tag{3-4}$$

如同输入与输出两点短路一样，但实际上并未短路，故这种现象称为"虚短"。如图 3-6(a)图所示。

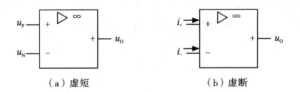

（a）虚短　　　　　　（b）虚断

图 3-6　理想运放

②理想运放的输入电流等于零

在输入端，由于 $u_P - u_N \approx 0$，而 $R_{id} \rightarrow \infty$，$i_i = \dfrac{u_P - u_N}{R_{id}} \approx 0$，所以理想运放输入端不取用电流。因此 $i_P - i_N \approx 0$，即：

$$i_- = i_+ = 0 \tag{3-5}$$

如同输入与输出两点被断开一样，故这种现象称为"虚断"，如图 3-6(b)图所示。

1.2　集成运算放大器的线性应用

随着集成电路工艺的不断完善和发展，集成运放的各项技术指标也不断提高，适用各种特殊要求的电路日益增多。集成运放的应用有两个方面，即线性应用和非线性应用。在线性应用中，集成运放工作在深度负反馈状态，或以负反馈为主兼有正反馈的状态。它的输出与输入呈线性关系（即比例关系），即集成运放工作在线性工作区域如图 3-7 所示中间的斜线部分。

集成运放的线性运用有信号运算、信号变换和正弦波发生器等多种电路。下面介绍几种常用的线性运算电路。

1.2.1 比例运算电路

（1）反相比例运算电路

反相比例运算电路也称为反相放大器，电路组成如图 3－8 所示。

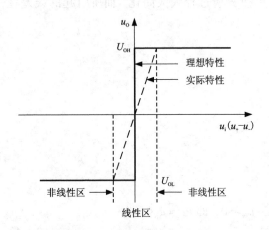

图 3－7　集成运放的工作区域

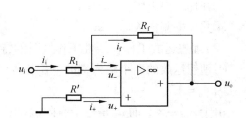

图 3－8　反相比例运算电路

输入电压 u_i 通过电阻 R_1 作用于集成运放的反相输入端，电阻 R_f 跨接在集成运放的输出端和反相输入端，引入了电压并联负反馈，同相端通过 R' 接地，R' 为平衡电阻，以保证集成运放输入级差分放大电路的对称性，其值 $R' = R_1 /\!/ R_f$。

根据虚短有：$u_- = u_+ = 0$

根据虚断有：$i_- = i_+ = 0$

可推理得：

$$u_o = -\frac{R_f}{R_1} u_i \qquad\qquad (3-6)$$

$$A_{uf} = \frac{u_o}{u_i} = -\frac{R_f}{R_1} \qquad\qquad (3-7)$$

A_{uf} 由 $\frac{R_f}{R_1}$ 的比值决定，与运放本身参数无关。又输出电压 u_o 与输入电压 u_i 成比例，比例系数是 $\frac{R_f}{R_1}$，"－"表示输出与输入相位相反。

比例系数可大于、等于或小于 1。

若 $\frac{R_f}{R_1} = 1$ 时，电路就成了反相器。

例 3－1　如图 3－8 所示，已知 $R_1 = 10 \text{ k}\Omega$，$R_f = 50 \text{ k}\Omega$。求：（1）A_{uf}、R'；（2）若 R_1 不变，要求 A_{uf} 为 －10，则 R_f、R' 应为多少？

解：（1）$A_{uf} = -\frac{R_f}{R_1} = -\frac{50}{10} = -5$

$$R' = R_1 /\!/ R_f = \frac{10 \times 50}{10 + 50} = 8.3 \text{ k}\Omega$$

（2）$\because \ A_{uf} = -\frac{R_f}{R_1} = -\frac{R_f}{10} = -10$

$\therefore \ R_f = A_{uf} \times R_1 = 10 \times 10 = 100$

$$R' = R_1 /\!/ R_f = \frac{10 \times 100}{10 + 100} = 9.1 \text{ k}\Omega$$

（2）同相比例运算电路

同相比例运算电路又称为同相放大器，其电路如图 3-9 所示。

输入电压 u_i 由同相端输入，反相输入端经 R_1 接地，电阻 R_f 跨接在集成运放的输出端和反相输入端，引入了电压串联负反馈，$R' = R_1 /\!/ R_f$。故可认为输入电阻无穷大，输出电阻为零。

根据虚短有：$u_- = u_+ = 0$

根据虚断有：$i_- = i_+ = 0$

推理可得：

$$u_o = (1 + \frac{R_f}{R_1}) u_i \tag{3-8}$$

$$A_{uf} = \frac{u_o}{u_i} = 1 + \frac{R_f}{R_1} \tag{3-9}$$

A_{uf} 由 $\frac{R_f}{R_1}$ 的比值决定，与运放本身参数无关，式（3-8）表明 u_o 与 u_i 同相且 u_o 大于 u_i。

应当指出，虽然同相比例运算电路具有高输入电阻、低输出电阻的优点，但因为集成运放有共模输入，所以为了提高运算精度，应当选用高共模抑制比的集成运放。

图 3-9 中，若 $R_1 = \infty$ 或 $R_f = 0$，则 $u_o = u_i$，此时电路构成电压跟随器，如图 3-10 所示。

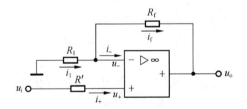

图 3-9 同相比例运算电路

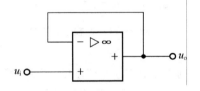

图 3-10 电压跟随器

例 3-2 如图 3-8 所示：（1）当 $A_{uf} = 30$，$R_f = 100 \text{ k}\Omega$，求 R_1；（2）若 $R_1 = 5.1 \text{ k}\Omega$，$R_f = 100 \text{ k}\Omega$，$u_0 = 2 \text{ V}$，求 u_i。

解：（1）由式（3-8）可得

$$R_1 = \frac{R_f}{A_{uf} - 1} = \frac{100}{10 - 1} = \frac{100}{29} \approx 3.5 \text{ k}\Omega$$

（2）由式（3-9）可得

$$u_i = \frac{R_1}{R_1 + R_f} u_o = \frac{5.1}{5.1 + 100} \times 2 = 0.097(\text{V})$$

1.2.2 加法运算电路

（1）反相加法电路

反相求和电路如图 3 - 11 所示，图中有两个输入信号 u_{i1}、u_{i2}（实际应用中可以根据需要增减输入信号的数量），分别经电阻 R_1、R_2 加在反相输入端；为使运放工作在线性区，R_f 引入深度电压并联负反馈；R' 为平衡电阻 $R' = R_f /\!/ R_1 /\!/ R_2$。

根据虚短有：$u_- = u_+ = 0$

根据虚断有：$i_- = i_+ = 0$

推理可得：

$$u_o = -\left(\frac{R_f}{R_1} u_{i1} + \frac{R_f}{R_2} u_{i2}\right) \qquad (3-10)$$

当 $R_1 = R_2 = R_f$ 时，输出电压 u_o 等于两个输入电压 u_{i1}、u_{i2} 之和。

$$u_o = -(u_{i1} + u_{i2}) \qquad (3-11)$$

如果在图 3 - 11 所示的输出端再接一级反相器，则可消去负号，实现完全的符合常规的算术加法运算。图 3 - 11 所示的加法电路可以扩展到多个输入电压相加。

（2）同相加法电路

为实现同相求和，在同相比例运算电路的基础上，增加一个或几个输入支路，为使运放工作在线性状态，电阻支路 R_F 引入深度电压串联负反馈，如图 3 - 12 所示。

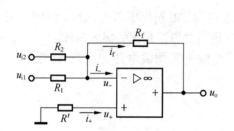

图 3 - 11 反相求和电路

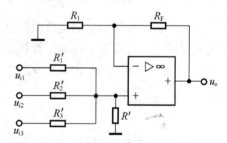

图 3 - 12 同相求和电路

利用运放"虚短""虚断"的两个特点，对运放同相输入端的电压可用叠加原理求得：

$$u_i = \frac{R_2' /\!/ R_3' /\!/ R'}{R_1' + R_2' /\!/ R_3' /\!/ R'} u_{i1} + \frac{R_1' /\!/ R_3' /\!/ R'}{R_2' + R_1' /\!/ R_3' /\!/ R'} u_{i2} + \frac{R_1' /\!/ R_2' /\!/ R'}{R_3' + R_1' /\!/ R_2' /\!/ R'} u_{i3}$$

利用同相比例运算电路的运算特性，可得：

$$u_o = (1 + \frac{R_f}{R_1})u_i = (1 + \frac{R_f}{R_1})\left(\frac{R_2' /\!/ R_3' /\!/ R'}{R_1' + R_2' /\!/ R_3' /\!/ R'} u_{i1} + \frac{R_1' /\!/ R_3' /\!/ R'}{R_2' + R_1' /\!/ R_3' /\!/ R'} u_{i2} + \frac{R_1' /\!/ R_2' /\!/ R'}{R_3' + R_1' /\!/ R_2' /\!/ R'} u_{i3}\right)$$
$$\qquad (3-12)$$

当 $R_1' = R_2' = R_3' = R'$ 时，则：

$$u_o = (1 + \frac{R_f}{R_1}) \times \frac{1}{4}(u_{i1} + u_{i2} + u_{i3}) \qquad (3-13)$$

比较式（3 - 11）和式（3 - 13）两者都实现了加法运算，只是输出电压的符号不同而已。

若在同相输入端接输入信号，为同相加法电路，输出电压 u_o 符号为正；若在反相输入端接输入信号，为反相加法电路，输出电压 u_o 符号为负。

1.2.3 减法运算电路

图 3-13 所示电路为一减法运算电路，两个输入信号分别加到集成运放的反相输入端和同相输入端，相当于减法输入方式。

根据虚短有：

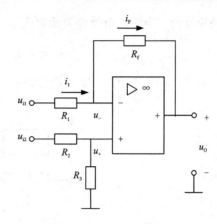

$$u_- = u_+ = \frac{u_{i2}R_3}{R_2 + R_3} \qquad (3-14)$$

图 3-13 减法运算电路

因为： $\quad i_1 = \frac{u_{i1} - u_-}{R_1} \qquad i_F = \frac{u_- - u_O}{R_f}$

根据虚断有：$i_- = i_+ = 0$，则：$i_1 = i_F$

即有：

$$\frac{u_{i1} - u_-}{R_1} = \frac{u_- - u_O}{R_f} \qquad (3-15)$$

由式（3-14）和式（3-15）可推理得：

$$u_o = \left(1 + \frac{R_f}{R1}\right)\frac{R_3}{R_2 + R_3}u_{i2} - \frac{R_f}{R1}u_{i1}$$

当 $R_1 = R_2$，$R_3 = R_f$ 时，有

$$u_o = \frac{R_f}{R1}(u_{i2} - u_{i1}) \qquad (3-16)$$

即输出电压与两输入电压之差成正比，故称减法运算电路。

当 $R_1 = R_2 = R_3 = R_f$ 时，有 $u_o = u_{i2} - u_{i1}$，即输出电压等于两输入电压之差。

注意：由于电路存在共模电压信号，应当选用共模抑制比较高的集成运放，才能保证一定的运算精度。

1.2.4 积分和微分电路

（1）积分电路

积分电路可以完成对输入信号的积分运算，即输出电压与输入电压的积分成正比。这里介绍常用的反相积分电路，如图 3-14 所示。电容 C 引入电压并联负反馈，运放工作在线性区。

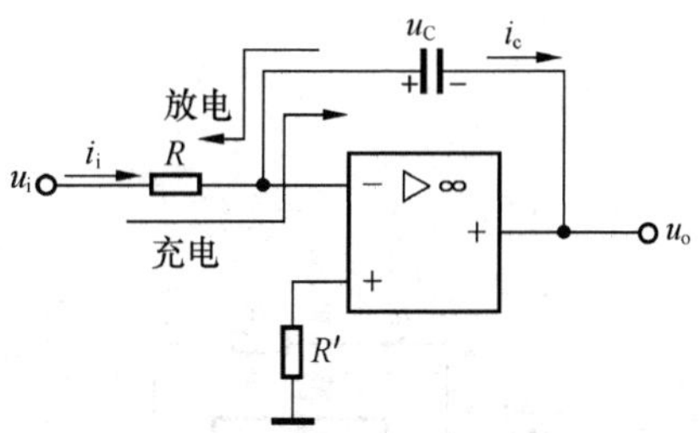

根据"虚短"有 $i_i = \frac{u_i}{R}$，根据"虚断"则有

图 3-14 反相积分电路基本形式

$$u_o = -u_C = -\frac{1}{C_F}\int i_c \mathrm{d}t = -\frac{1}{RC_F}\int u_i \mathrm{d}t$$

$$(3-17)$$

上式表明输出电压为输入电压对时间的积分，所以称积分电路。负号表示它们在相位

上是相反的。当输入信号是阶跃直流电压 U_i 时，即

$$u_o = -u_C = -\frac{1}{RC} \int u_i \mathrm{d}t = -\frac{U_i}{RC}t \qquad (3-18)$$

如图 3 – 15 所示，为输入信号为矩形波的输出电压波形图。

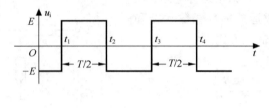

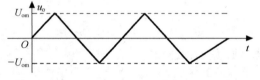

图 3 – 15   输入电压为矩形波的积分电路的输出电压波形图

(2)微分电路微分是积分的逆运算，微分电路的输出电压是输入电压的微分，如图 3 – 16 所示。图中 R 引入电压并联负反馈使运放工作在线性区。

根据"虚短"有 $i_R = -\dfrac{u_o}{R}$，根据"虚断"则有

$$i_C = C\frac{\mathrm{d}u_i}{\mathrm{d}t} = i_R \qquad (3-19)$$

从而得

$$u_o = -RC\frac{\mathrm{d}u_i}{\mathrm{d}t} \qquad (3-20)$$

上式表明输出电压为输入电压的微分成正比，所以称积分电路，该电路实现了对输入信号求微分的运算，故称之为"微分电路"。负号表示它们在相位上是相反的。

如图 3 – 17 所示，为输入信号为方波的输出电压波形图。

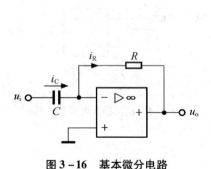

图 3 – 16   基本微分电路

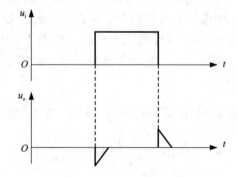

图 3 – 17   输入信号为方波的
微分电路的输出电压波形图

集成运放除了组成上述运算单元电路外，还可改变反馈元件或连接方式，组成减法、乘法、除法、平方、开方、指数、对数、三角函数等各种运算电路，在这里就不一一介绍了。

1.2.5　信号变换电路

信号变换在工业自动化中应用非常广泛，只要包括电流—电压变换器和电压—电流变换器两种形式，这些信号的转换，都可用集成运放来完成。如自动控制装置中有时需要把检测到的信号电压转换成电流，光电控制装置中需要将光电管或光电池的输出电流转换成电压等。

（1）电流—电压变换器

电流—电压变换器的作用是将输入电流信号变换成按一定比例变化的输出电压信号。

如图 3-18 所示为电流—电压变换器，输入信号为电流信号，i_s 由反相端输入，电阻 R_f 跨接在集成运放的输出端和反相输入端。

在理想条件下，由图可知：

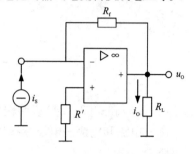

$$u_O = -i_S R_f \qquad (3-21)$$

图 3-18　电流—电压变换器

上式说明输出电压与输出电流成正比，实现了电流—电压的变换。如果输入电流稳定，反馈电阻选得精确，则输出电压将是稳定的。

可见输出电压与输入电流成比例，输出端的负载电流：

$$i_O = \frac{u_O}{R_L} = -\frac{i_S R_f}{R_L} = -\frac{R_f}{R_L} i_S \qquad (3-22)$$

若 R_L 固定，则输出电流与输入电流成比例，此时该电路也可视为电流放大电路。

（2）电压—电流变换器

如图 3-19 所示的电路为电压—电流变换器，由图（a）可知：

$$u_i = i_o R \quad \text{或} \quad i_o = \frac{1}{R} u_i \qquad (3-23)$$

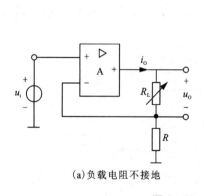

（a）负载电阻不接地

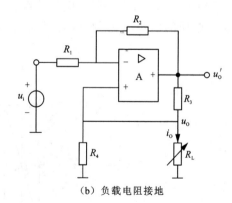

（b）负载电阻接地

图 3-19　电压—电流变换器

所以输出电流与输入电压成比例。

对图（b）电路，R_1 和 R_2 构成电流并联负反馈；R_3、R_4 和 R_L 构成电压串联正反馈。由图（b）可得：

$$u_+ = u_o = i_o R_L = u_o' \frac{R_4 /\!/ R_L}{R_3 + (R_4 /\!/ R_L)}$$

$$u_- = u_i \frac{R_2}{R_1 + R_2} + u_o' \frac{R_1}{R_1 + R_2}$$

$$u_+ = u_o = i_o R_L = u_o' \frac{R_4 /\!/ R_L}{R_3 + (R_4 /\!/ R_L)}$$

$$u_- = u_+$$

可解得

$$i_o = -\frac{R_2}{R_1} \times \frac{u_i}{\left(R_3 + \frac{R_3}{R_4} R_L - \frac{R_2}{R_1} R_L \right)} \tag{3-24}$$

式(3-23)和式(3-24)说明输出电流与输入电压成正比,实现了电压—电流的变换。

电压—电流和电流—电压变换器广泛应用于放大电路和传感器的连接处,是很有用的电子电路。

1.3　集成运算放大器的非线性应用

集成运放的非线性应用是指:由运放组成的电路处于非线性状态,输出与输入的关系 $u_o = f(u_i)$ 是非线性函数。这种电路常被应用于信号比较、信号转换、信号发生及自动控制和测试系统中。

1.3.1　电压比较器

电压比较器是把输入电压信号(被测信号)与基准电压信号进行比较,根据比较的结果输出高电平或低电平的电路,在越限报警、模/数转换和产生、变换波形电路等方面得到了广泛应用。

电压比较器的电路特征是运放处于开环状态或有正反馈,因此电压比较器中运放工作在非线性区。

(1)理想运放工作在非线性区时的特点

①输出电压的值只有两种可能:等于正向饱和值,或等于负向饱和值,如图3-20所示。

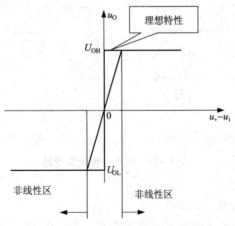

图3-20　理想运放工作在非线性区

当 $u_+ > u_-$ 时，$U_O = U_{OH}$；

当 $u_+ < u_-$ 时，$U_O = U_{OL}$。

如果运放没有限幅措施，输出电压的正向、负向饱和值分别与运放的正、负电源电压近似相等。

当 $u_+ = u_-$ 时，发生电平的转换，此时的输入电压称为"阈值电压"或"门限电压"，用 U_{TH} 表示。

②有"虚断"无虚短；

③结构特征：运放一般工作在开环状态或引入正反馈。

电压比较器分为过零比较器、单限比较器、滞回比较器、双限比较器(窗口比较器)。

(2)过零比较器

当门限电压 U_{TH} 为零时，比较器称为过零电压比较器，简称过零比较器。根据输入方式，可分为反相输入式、同相输入式两种。在这里主要介绍反相输入式过零比较器，同相过零比较器输入电压在同相端输入，反相端接地，原理和分析方法与反相过零比较器相同。

①反相过零比较器

过零比较器的门限电压 $U_{TH} = 0$，其电路和电压传输特性如图 3-21 所示。

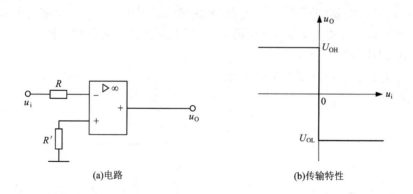

(a)电路　　　　　　　　　　(b)传输特性

图 3-21　过零比较器

根据虚断：$i_+ = i_- = 0$

由电路可知：$u_+ = 0$；$u_- = u_i$；

当 $u_i > 0$：由于 $u_+ < u_-$，所以 $u_O = U_{OL}$。

当 $u_i < 0$：由于 $u_+ > u_-$，所以 $u_O = U_{OL}$。

门限电压：$U_{TH} = 0$

②有限幅的反相过零比较器

为了使比较器的输出电压等于某个特定值，可采取限幅的措施。图 3-22 为有限幅的反相过零比较器的电路和电压传输特性。

根据虚断：$i_+ = i_- = 0$

由电路可知：$u_+ = 0$；$u_- = u_i$；

当 $u_i > 0$：由于 $u_+ < u_-$，所以 $u_O = U_{OL} = -U_Z$。

当 $u_i < 0$：由于 $u_+ > u_-$，所以 $u_O = U_{OL} = -U_Z$。

门限电压：$U_{TH} = 0$

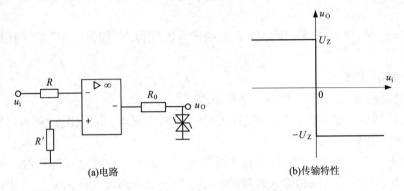

                  (a)电路　　　　　　　　　　　(b)传输特性

图 3 - 22　有限幅的反相过零比较器

　　这种电路的优点是集成运放的净输入电压很小，电阻 R 一方面避免输入电压 u_i 直接加在反相输入端，另一方面也限制了输入电流。R_0 起限流作用。

　　(3)单限比较器

　　单限比较器又称为电平检测器，可用于检测输入信号电压是否大于或小于某一特定参考电压值，根据输入方式，可分为反相输入式、同相输入式和求和型三种。

　　①反相单限比较器

　　其电路和电压传输特性如图 3 - 23 所示。

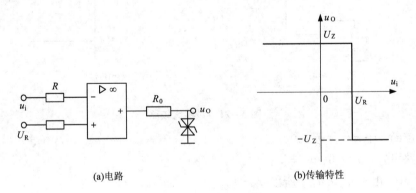

                  (a)电路　　　　　　　　　　　(b)传输特性

图 3 - 23　反相单限比较器

根据虚断：$i_+ = i_- = 0$

由电路可知：$u_+ = U_R$；$u_- = u_i$；

当 $u_i > U_R$：由于 $u_+ < u_-$，所以 $u_O = U_Z$。

当 $u_i < U_R$：由于 $u_+ > u_-$，所以 $u_O = U_Z$。

门限电压：$U_{TH} = U_R$

②求和型单限比较器

其电路和电压传输特性如图 3 - 24 所示。

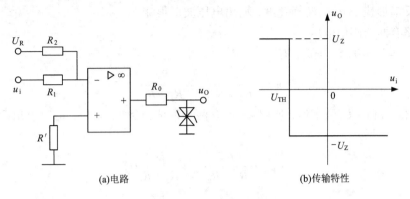

(a)电路　　　　　　　　　　(b)传输特性

图 3 - 24　求和型单限比较器

根据虚断：$u_+ = 0$；

当 $u_+ = u_-$ 时，电路的状态发生改变，即当 $\dfrac{U_R}{R_2} = \dfrac{-u_i}{R_1}$ 时，有

门限电压：$U_{TH} = u_i = -\dfrac{R_1}{R_2} U_R$

单限电压比较器具有电路简单、灵敏度高等优点，存在的主要问题是输出电压波形不够陡，抗干扰能力差。

（4）迟滞比较器（施密特触发器）

当单限比较器的输入电压在阀值电压附近上下波动时，不管这种变化是信号自身的变化还是外在干扰的作用，都会使输出电压在高、低电平之间反复跃变，这说明电路的灵敏度高，同时也表明电路抗干扰能力差。因而，有时需要电路有一定的惯性，即要求输入电压在一定的范围内变化时，其输出电压不变，滞回电压比较器可满足这一要求。

滞回比较器有反相输入和同相输入两种，下面介绍反相滞回比较器。

如图 3 - 25 为反相滞回比较器的电路和电压传输特性。通过 R_f 将输出电压 u_o 反馈到同相输入端，从而引入正反馈。运放工作在非线性区。

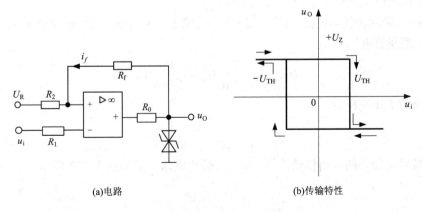

(a)电路　　　　　　　　　　(b)传输特性

图 3 - 25　反相滞回比较器

引入正反馈有两个作用：

①正反馈加快了 u_o 的转换速度，输出电压波形很陡。

②电路有两个阈值电压。

根据 $i_+ = i_- = 0$，$u_- = u_i$，有

$$u_+ = \frac{R_f}{R_2 + R_f}U_R + \frac{R_2}{R_2 + R_f}u_o$$

因 u_o 有 U_Z 和 $-U_Z$ 两个值，所以 u_+ 也有两种取值，令 $u_+ = u_-$，可以求出两个不同的阈值电压：

$$U_{TH+} = \frac{R_f}{R_2 + R_f}U_R + \frac{R_2}{R_2 + R_f}U_Z \qquad (3-25)$$

$$U_{TH-} = \frac{R_f}{R_2 + R_f}U_R - \frac{R_2}{R_2 + R_f}U_Z \qquad (3-26)$$

从曲线上可以看出，当 $U_{TH-} < u_i < U_{TH+}$，输出电压既可能是 U_Z，也可能是 $-U_Z$。如果 u_i 是从小于 U_{TH-} 逐渐变大到 $U_{TH-} < u_i < U_{TH+}$，则输出为高电平 $+U_Z$；如果 u_i 是从大于 U_{TH+} 逐渐变小到 $U_{TH-} < u_i < U_{TH+}$，则输出为低电平 $-U_Z$。

由以上可以看出，滞回比较器有两个阈值电压：上限阈值电压 U_{TH}、下限阈值电压 $-U_{TH}$，两者之差称为回差电压或门限宽度：

$$\Delta U_T = U_{TH+} - U_{TH-} = \frac{2R_2}{R_2 + R_f}U_Z$$

迟滞比较器可用于产生矩形波、三角波和锯齿波等各种非正弦波信号，也可用于波形变换电路。迟滞比较器用于控制系统时的主要优点是抗干扰能力强，但与单限比较器相比灵敏度下降了。

例 3-3 反相单限比较器电路如图 3-24 所示，输入为正弦信号，已知 $U_R = 6$ V，画出输出信号波形。

解：因为门限电压：$U_{TH} = U_R = 6$ V，则

当 $u_i > 6$ V 时，$u_O = -U_Z$。

当 $u_i < 6$ V 时，$u_O = -U_Z$。

输入、输出电压波形图如图 3-26 所示。

例 3-4 滞回比较器电路如图 3-25 所示，输入信号为正弦波，画出输出信号波形。

解：上限阈值电压 U_{TH}：

$$U_{TH+} = \frac{R_f}{R_2 + R_f}U_R + \frac{R_2}{R_2 + R_f}U_Z$$

下限阈值电压 $-U_{TH}$：

$$U_{TH-} = \frac{R_f}{R_2 + R_f}U_R - \frac{R_2}{R_2 + R_f}U_Z$$

根据滞回比较器的输出特性曲线，输入、输出电压波形如图 3-27 所示。

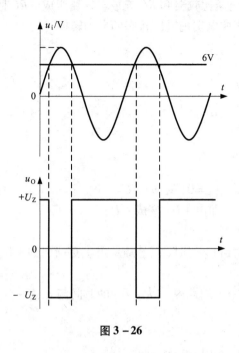

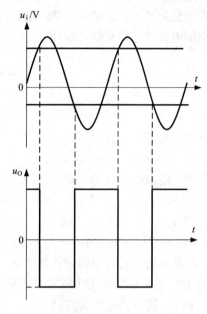

图 3 – 26　　　　　　　　　图 3 – 27　滞回比较器输入、输出电压波形图

1.3.2　非正弦波信号发生器

（1）方波发生器

①电路结构

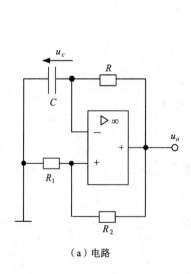

（a）电路

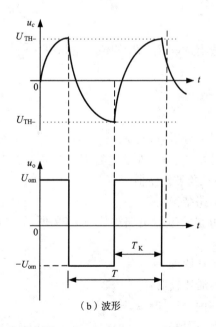

（b）波形

图 3 – 28　方波发生器

方波发生器电路如图 3-28 所示，它由迟滞电压比较器和 RC 充放电回路组成。RC 回路既作为延迟环节，又作为反馈网络，通过 RC 充放电实现输出状态的自动转换。

根据电路可推导出阈值电压：

$$U_{TH+} = \frac{R_1}{R_1 + R_2}U_{om} \qquad (3-27)$$

$$U_{TH-} = -\frac{R_1}{R_1 + R_2}U_{om} \qquad (3-28)$$

②工作原理

a. 设 $u_o = +U_{om}$，则：$u_+ = U_{TH+}$。

此时，输出给 C 充电，u_c 上升，设 u_c 初始值 $u_{c(0+)} = 0$，在 $u_c < U_{TH+}$ 时，$u_- < u_+$，u_o 保持 $+U_{om}$ 不变。一旦 $u_c > U_{TH+}$，就有 $u_- > u_+$，u_o 立即由 $+U_{om}$ 变成 $-U_{om}$。

b. 当 $u_o = -U_{om}$ 时，$u_+ = U_{TH+}$。

此时，C 经输出端放电，再反向充电，当 u_c 达到 U_{TH+} 时，u_o 上翻。当 u_o 重新回到 $+U_{om}$ 以后，电路又进入另一个周期性的变化。

由于电容充电与放电时间常数相同，所以在一个周期内 u_o 为 $+U_{om}$ 的时间与 u_o 为 $-U_{om}$ 的时间相等，则输出电压为方波。

③周期与频率的计算

利用一阶 RC 电路的三要素法可求出电路的振荡周期和频率为

$$T = 2RC\ln\left(1 + \frac{2R_1}{R_2}\right) \qquad (3-29)$$

$$f = \frac{1}{T} = \frac{1}{2RC\ln\left(1 + \dfrac{2R_1}{R_2}\right)} \qquad (3-30)$$

若适当选取 R_1、R_2 的值，使 $\ln\left(1 + \dfrac{2R_1}{R_2}\right) = 1$ 则有

$$T = 2RC \qquad (3-31)$$

$$f = \frac{1}{2RC} \qquad (3-32)$$

由以上分析可知，调整电压比较器的电路参数 R_1、R_2、U_{om} 可以改变方波发生器的振荡幅值，调整 R_1、R_2、R 和电容 C 的值可改变电路的振荡频率。

（2）三角波发生器

①电路结构

三角波发生器电路如图 3-29 所示，电路由同相输入迟滞比较器和反相积分电路组成。

②工作原理

a. 迟滞比较器：

从前面分析知：$u_{o1} = \pm U_Z$

由电路可知：

$$u_+ = \frac{R_1}{R_1 + R_2}u_{o1} + \frac{R_1}{R_1 + R_2}u_o = \frac{R_1}{R_1 + R_2}u_o \pm \frac{R_1}{R_1 + R_2}U_Z$$

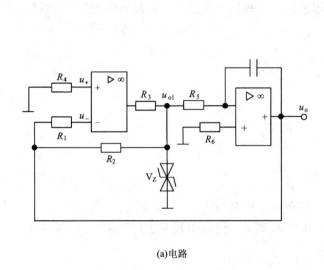
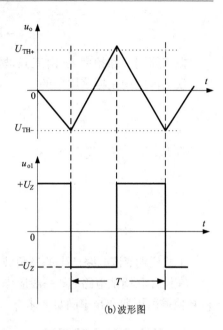

(a)电路   (b)波形图

图 3 - 29　三角波发生器

因 $u_+ = u_- = 0$，所以有 $\dfrac{R_1}{R_1 + R_2}u_o = \pm \dfrac{R_1}{R_1 + R_2}U_Z$

则阈值电压：

$$U_{TH} = U_O = \pm \frac{R_1}{R_2}U_Z$$

即：

$$U_{TH+} = \frac{R_1}{R_2}U_Z \tag{3-33}$$

$$U_{TH-} = -\frac{R_1}{R_2}U_Z \tag{3-34}$$

b. 积分器：

以迟滞比较器的输出电压 u_{o1} 作为输入，积分电路的输出电压表达式为

$$u_o = -\frac{1}{R_5 C}\int_0^t \pm U_Z \mathrm{d}t + u_{c(0)} \tag{3-35}$$

设电路接通瞬间 $t = 0$ 时，$u_{o1} = +U_Z$，$u_{C(0)} = 0$。

则电容 C 充电，同时 u_{o1} 按线性逐渐下降，当使 u_+ 略低于 u_- 时，u_{o1} 从 $+U_Z$ 跳变为 $-U_Z$。波形图如图 3 - 29(b)所示。

在 $u_{o1} = -U_Z$ 后，电容 C 开始放电，u_o 按线性上升，当使 u_+ 略大于零时，u_{o1} 从 $-U_Z$ 跳变为 $+U_Z$，如此周而复始，产生振荡。u_o 的上升时间和下降时间相等，斜率绝对值也相等，故 u_o 为三角波。

③参数计算

三角波的振荡幅值 U_{om}：积分器的输出电压就是迟滞比较器的输入电压。

$$+U_{om} = U_{TH+} = \frac{R_1}{R_2}U_Z$$

$$-U_{om} = U_{TH-} = -\frac{R_1}{R_2}U_Z$$

振荡周期 T 和频率 f：由三角波波形图图 3 - 29(b)可看出，从起始值为 0，到幅值 U_{TH-} 所需的时间是振荡周期的 1/4，将 $u_{o1} = +U_Z$，$u_{c(0)} = 0$ 代入式(3-35)可得

$$U_{TH+} = \frac{T}{4R_5C}U_Z \qquad (3-36)$$

将 $U_{TH+} = \frac{R_1}{R_2}U_Z$ 代入上式得

$$T = \frac{4R_1R_5}{R_2}C \qquad (3-37)$$

$$f = \frac{R_2}{4R_1R_5C} \qquad (3-38)$$

上式说明，该电路产生的三角波的周期和频率与 R_1、R_2、R_5、C 有关。

在设计和调试电路时，一般应先调整电阻 R_1 和 R_2，使输出幅度达到要求值，再调整 R_5 和 C 使振荡周期和频率满足要求。

2　放大电路中的反馈

基本放大电路的性能指标往往不能满足实际需要，实际电路中总要引入这样或那样的反馈。正反馈主要应用于各种振荡电路，负反馈用来改善放大电路的性能。本章主要介绍反馈的基本概念、反馈的类型及判别方法、负反馈对放大电路性能的影响以及深度负反馈的估算。

2.1　反馈的基本概念

基本放大电路的性能指标往往不能满足实际需要，为了改善其性能，总要引入这样或那样的反馈。因此掌握反馈的基本概念是研究实用电路的基础。

2.1.1　反馈的概念

2.1.2　反馈放大电路的基本结构

任意一个反馈放大电路都可以表示为一个基本放大电路和反馈网络组成的闭环系统，其构成如图 3-30所示。

图 3-30 中，箭头表示信号传输或反馈方向，X_i 表示输入信号，X_0 表示输出信号，X_f 表示反馈信号，X_{id} 表示净输入信号。"采样点"是取出反

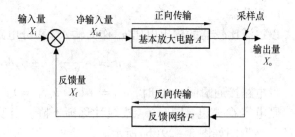

图 3-30　反馈放大电路方框图

馈信号的地方。"⊗"表示比较环节，在此处，输入信号与反馈信号相加或相减(视极性而异)，使输入信号加强或减弱，得到净输入信号。

2.1.3　反馈元件

在反馈电路中，既与基本放大电路输入回路相连，又与输出回路相连的元件，以及与反馈支路相连且对反馈信号的大小产生影响的元件，均称为反馈元件。

2.1.4 反馈电路的闭环放大倍数

由图 3-30 所示的反馈电路方框图可得出反馈电路各物理量之间的关系。为分析方便，放大电路中的信号频率均处在放大电路的通频带内，并假设反馈网络为纯电阻元件构成，所有信号均用有效值表示，A 和 F 为实数。

开环放大倍数：
$$A = \frac{X_O}{X_{id}} \tag{3-39}$$

反馈系数：
$$F = \frac{X_f}{X_o} \tag{3-40}$$

净输入信号：
$$X_{id} = X_i - X_f = \frac{X_i}{1+AF} \tag{3-41}$$

闭环放大倍数：
$$A_f = \frac{X_O}{X_i} \tag{3-42}$$

而
$$X_O = AX_{id} = A\frac{X_i}{1+AF} \tag{3-43}$$

由上式可得：
$$A_f = \frac{A}{1+AF} \tag{3-44}$$

闭环放大倍数反映了引入反馈后的电路的放大能力，$1+AF$ 称为反馈深度，它是一个反映反馈强弱的物理量，其值越大，表示反馈越深，对放大器的影响也越大。

2.2 负反馈的类型

2.2.1 正反馈和负反馈

（1）定义

按照反馈信号极性的不同进行分类，反馈可以分为正反馈和负反馈。若 $X_{id} = X_i + X_f$，净输入信号得到加强，称为正反馈。若 $X_{id} = X_i - X_f$，净输入信号被削弱，称为负反馈。

正反馈主要用于振荡电路、信号产生电路，其他电路中则很少用正反馈。一般放大电路中经常引入负反馈，以改善放大电路的性能指标。

（2）判定方法

常用电压瞬时极性法判定电路中引入反馈的极性，具体方法如下：

①先假定放大电路的输入信号电压处于某一瞬时极性。如用"＋"号表示该点电压的变化是增大；用"－"号表示电压的变化是减小。

②按照信号单向传输的方向（如图 3-30 所示），同时根据各级放大电路输出电压与输入电压的相位关系，确定电路中相关各点电压的瞬时极性。

③根据反送到输入端的反馈电压信号的瞬时极性，确定是增强还是削弱了原来输入信号的作用。如果是增强，则引入的为正反馈；反之，则为负反馈。

判定反馈的极性时，一般有这样的结论：在放大电路的输入回路，输入信号电压 u_i 和反馈信号电压 u_f 相比较。当输入信号 u_i 和反馈信号 u_f 在相同端点时，如果引入的反馈信号 u_f 和输入信号 u_i 同极性，则为正反馈；若二者的极性相反，则为负反馈。当输入信号 u_i 和反馈信号 u_f 不在相同端点时（如输入信号在三极管的基极，反馈信号至发射极；或者输入信号在集成运放的同相端，反馈信号至集成运放的反相端），若引入的反馈信号 u_f 和输入信号 u_i 同极性，则为负反馈；若二者的极性相反，则为正反馈。图 3-31 所示为反馈极性的判定方法。

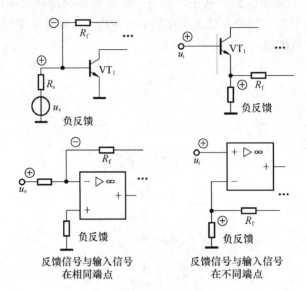

图 3 – 31　反馈极性的判定

2.2.2　直流反馈和交流反馈

（1）定义

根据反馈信号是交流还是直流来分，分为交流反馈和直流反馈。直流反馈一般用于稳定静态工作点，而交流反馈用于改善放大器的性能。

（2）判定方法

交流反馈和直流反馈的判定，可以通过画反馈放大电路的交、直流通路来完成。在直流通路中，如果反馈回路存在，即为直流反馈；在交流通路中，如果反馈回路存在，即为交流反馈；如果在直流、交流通路中，反馈回路都存在，即为交流、直流反馈。

本节重点研究交流反馈。

2.2.3　电压反馈与电流反馈

（1）定义

在放大电路的输出回路上，依据反馈网络从输出回路上的取样方式，可将反馈分为电压反馈和电流反馈。若反馈信号取样为电压，即反馈信号（电压）大小与输出电压的大小成正比，这样的反馈为电压反馈。若反馈信号取样为电流，即反馈信号（电流）大小与输出电流的大小成正比，这样的反馈为电流反馈。

（2）判定方法

①根据定义判定方法：令 $u_o = 0$，检查反馈信号是否存在。若不存在，则为电压反馈；否则为电流反馈。

②经验判断方法：反馈元件直接接在输出端为电压反馈；反馈元件没有直接接在输出端为电流反馈。

2.2.4　串联反馈和并联反馈

（1）定义

串联反馈：反馈信号 X_f 与输入信号 X_i 在输入回路中以电压的形式相加减，即在输入回路中彼此串联。

并联反馈：反馈信号 X_f 与输入信号 X_i 在输入回路中以电流的形式相加减，即在输入回路中彼此并联。

（2）判定方法

如果输入信号 X_i 与反馈信号 X_f 在输入回路的不同端点，则为串联反馈；若输入信号 X_i 与反馈信号 X_f 在输入回路的相同端点，则为并联反馈。

一般有这样的判断结论：

反馈信号与输入信号加在放大电路输入回路的同一个电极，则为并联反馈；反之，加在放大电路输入回路的两个不同电极，则为串联反馈。

对三极管来说，反馈信号与输入信号同时加在输入三极管的基极或发射极，则为并联反馈；反馈信号与输入信号一个加在基极，另一个加在发射极，则为串联反馈，如图 3 - 32 所示。

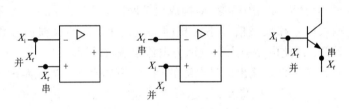

图 3 - 32　串联与并联反馈

2.2.5　负反馈放大电路的四种组态

（1）电压串联负反馈

如图 3 - 33 所示负反馈放大电路，反馈元件 R_2 直接接在输出端为电压反馈；反馈信号 u_f 与输入信号 u_i 在不同端点（输入信号为集成运放同相端输入，反馈信号为集成运放的反相端输入）为串联反馈；当输入信号 u_i 和反馈信号 u_f 不在相同端点，且引入的反馈信号 u_f 和输入信号 u_i 同极性，则为负反馈；因此电路引入的反馈为电压串联负反馈。

电压串联负反馈具有稳定输出信号电压的功能，其过程为：当电路因某种原因使输出电压 u_o 下降时，则反馈电压 u_f 也会下降，从而使净输入电压增大，因此使输出电压 u_f 回升，起到稳定输出信号电压的功能。

电压串联负反馈的特点：输出电压稳定，输出电阻减小，输入电阻增大，具有很强的带负载能力。

（2）电压并联负反馈

如图 3 - 34 所示由运放所构成的电路，反馈元件 R_f 直接接在输出端为电压反馈；反馈信号与输入信号在同端点，为并联反馈；反馈信号与输入信号在同端点，且反馈信号和输入信号极性相反，为负反馈。因此电路引入的反馈为电压并联负反馈。

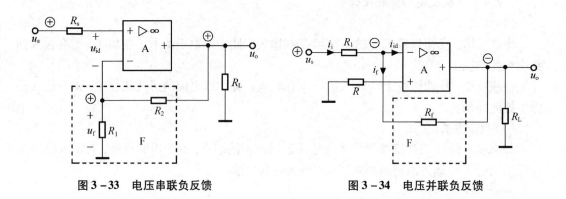

图 3-33　电压串联负反馈　　　　　　　图 3-34　电压并联负反馈

电压并联负反馈也具有稳定输出信号电压的功能,其过程为:当电路因某种原因使输出电压 u_o 增大时,则反馈电流 i_f 会相应上升,这样将引起净输入电流 i_{id} 减小,因此使输出电压 u_f 下降,起到稳定输出信号电压的功能。

电压并联负反馈的特点:输出电压稳定,输出电阻减小,输入电阻减小。

(3)电流串联负反馈

如图 3-35 所示电路,电路中电阻 R_1 构成反馈网络 F。反馈元件 R_1 没有直接接在输出端为电流反馈;输入信号和反馈信号不在相同端点,且引入的反馈信号和输入信号同极性,则为串联负反馈,因此电路引入的反馈为电流串联负反馈。

电流串联负反馈具有稳定输出信号电流的功能,其过程为:当电路因某种原因使输出电流 i_o 增大时,则反馈电压 u_f 也将增大,这样将引起净输入电压 u_{id} 减小,因此使输出电压 u_o 下降,因此输出电流 i_o 将减小,起到稳定输出信号电流的功能。

电流串联负反馈的特点:输出电流稳定,输出电阻增大,输入电阻增大。

(4)电流并联负反馈

如图 3-36 所示由运放所构成的电路,反馈元件 R_f 没有直接接在输出端为电流反馈;反馈信号与输入信号在同端点,且反馈信号和输入信号极性相反,为并联负反馈,因此电路引入的反馈为电流并联负反馈。

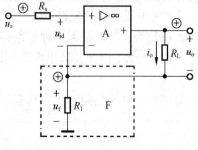

图 3-35　电流串联负反馈

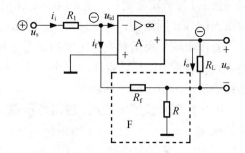

图 3-36　电流并联负反馈

电流串联负反馈具有稳定输出信号电流的功能，其过程为：当电路因某种原因使输出电流 i_o 增大时，则反馈电流 i_f 也将增大，由于是负反馈，从而使净输入电流减小，因此使输出电压 u_o 下降，因此输出电流 i_o 将减小，起到稳定输出信号电流的功能。

电流并联负反馈的特点为：输出电流稳定，输出电阻增大，输入电阻减小。

例 3 – 4　如图 3 – 37 所示，判断 R_f 是否负反馈，若是，判断反馈的类型。

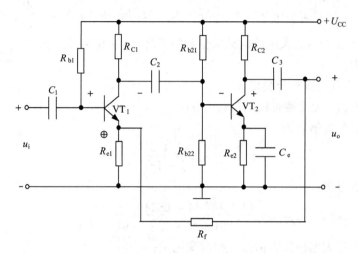

图 3 – 37　例 3 – 4 图

解：根据瞬时极性法，见图中的红色" + "、" – "号，可知经电阻 R_f 加在 T_1 发射极上的反馈信号与输入信号极性相同，且输入信号 u_i 和反馈信号 u_f 不在相同端点，所以为负反馈，且为串联反馈。因反馈元件 R_f 直接接在输出端为电压反馈，故又为电压反馈。在交流通路中，反馈回路存在，所以为交流反馈。因此该电路反馈的类型为交流电压串联负反馈。

思考：判断 R_{E1} 的反馈类型。

例 3 – 5　如图 3 – 38 所示，判断图示电路 R_f 的反馈类型。

解：根据瞬时极性法，见图中的红色" + "、" – "号，可知经电阻 R_f 加在 T_1 基极上的反馈信号与输入信号极性相反，且输入信号 u_i 和反馈信号 u_f 在相同端点，所以为负反馈，且为并联反馈。因反馈元件没有直接接在输出端为电流反馈。在交流、直流通路中，反馈回路存在，所以既有交流反馈，又有直流反馈。因

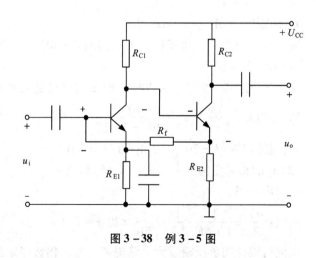

图 3 – 38　例 3 – 5 图

此该电路反馈的类型为交流、直流电流并联负反馈。

2.3　负反馈对放大器性能的影响

从反馈放大电路的一般表达式可知，电路中引入负反馈后其增益下降，但放大电路的其他性能会得到改善，如提高放大倍数的稳定性、减小非线性失真、抑制噪声干扰、扩展通频带等。

2.3.1　降低放大器的放大倍数

在负反馈中，由于 $1+AF>1$，由闭环放大倍数的表达式：$A_{\mathrm{f}}=\dfrac{A}{1+AF}$ 可知，此电路的 $A_{\mathrm{f}}<A$，即引入负反馈后放大电路的放大倍数将下降。$1+AF$ 越大，反馈也越深，放大倍数下降的程度越大。

2.3.2　提高放大倍数的稳定性

对于放大电路，无反馈时放大倍数为 A；

加反馈以后放大倍数为：

$$A_{\mathrm{f}}=\frac{A}{1+AF}$$

对上式求微分得：

$$\mathrm{d}A_{\mathrm{f}}=\frac{(1+AF)\mathrm{d}A-AF\mathrm{d}A}{(1+AF)^2}=\frac{\mathrm{d}A}{(1+AF)^2} \qquad (3-45)$$

可推出反馈放大电路放大倍数的相对变化量：

$$\frac{\mathrm{d}A_{\mathrm{f}}}{A_{\mathrm{f}}}=\frac{1}{1+AF}\cdot\frac{\mathrm{d}A}{A} \qquad (3-46)$$

无反馈时，基本放大电路放大倍数的相对变化量为 $\dfrac{\mathrm{d}A}{A}$。

由式 $(3-46)$ 可以看出：$\dfrac{\mathrm{d}A_{\mathrm{f}}}{A_{\mathrm{f}}}$ 是 $\dfrac{\mathrm{d}A}{A}$ 的 $\dfrac{1}{1+AF}$ 倍，

负反馈时 $\dfrac{1}{1+AF}$ 小于 1，$\dfrac{\mathrm{d}A_{\mathrm{f}}}{A_{\mathrm{f}}}$ 的相对变化量减小。

A_{f} 的稳定性是 A 的 $(1+AF)$ 倍。

例 3-6　已知一个负反馈放大电路的 $A=105$，$F=2\times10^{-3}$。

(1) A_{f} 为多少？

(2) 若 A 的相对变化率为 20%，则 A_{f} 的相对变化率为多少？

解：(1) $A_{\mathrm{f}}=\dfrac{A}{1+AF}=\dfrac{10^5}{1+10^5\times2\times10^{-3}}\approx500$

或：根据 $1+AF=201\gg1$，$A_{\mathrm{f}}\approx1/F=500$

(2) A_{f} 的相对变化率为 A 的 $(1+AF)$ 分之一。

$1+AF=201$，

所以：$\dfrac{\mathrm{d}A_{\mathrm{f}}}{A_{\mathrm{f}}}=\dfrac{1}{1+AF}\cdot\dfrac{\mathrm{d}A}{A}=\dfrac{1}{201}\times20\%\approx0.1\%$

由此可以说明负反馈放大电路提高了放大倍数稳定性，但放大倍数降低了。

若 $1+AF\gg1$，为深度负反馈，则 $A_{\mathrm{f}}=\dfrac{1}{F}$

　　这就是说，引入负反馈后，放大电路的放大倍数只取决于反馈网络，而与基本放大电路几乎无关。反馈网络由一些性能比较稳定的无源元件如 R、C 所组成。因此，引入负反馈后，放大倍数是比较稳定的。

2.3.3 减小输出波形的非线性失真

　　三极管是一个非线性器件，放大器在对信号进行放大时不可避免地会产生非线性失真。假设放大器的输入信号为正弦信号，没有引入负反馈时，开环放大器产生如图 3 - 39(a)所示的非线性失真，即输出信号的正半周幅度变大，而负半周幅度变小。

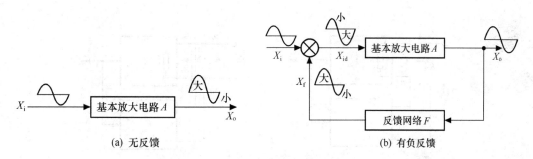

(a) 无反馈　　　　　　　　　　　　　　(b) 有负反馈

图 3 - 39　引入负反馈减小失真

　　现在引入负反馈，假设反馈网络为不会引起失真的线性网络，则反馈回的信号同输出信号的波形一样。反馈信号在输入端与输入信号相比较，使净输入信号 $X_{id} = (X_i - X_f)$ 的波形正半周幅度变小，而负半周幅度变大，如图 3 - 39(b)所示。经基本放大电路放大后，输出信号趋于正、负半周对称的正弦波，从而减小了非线性失真。

　　注意，引入负反馈减小的是闭环路内的失真。如果输入信号本身有失真，此时引入负反馈的作用不大。

2.3.4 扩展放大电路的通频带

　　频率响应是放大电路的重要特性之一。在多级放大电路中，级数越多，增益越大，频带越窄。引入负反馈后，可有效扩展放大电路的通频带。

　　图 3 - 40 所示为放大器引入负反馈后通频带的变化。根据上、下限频率的定义，从图中可见，放大器引入负反馈以后，其下限频率降低，上限频率升高，通频带变宽。

2.3.5 改变输入和输出电阻

　　(1)负反馈对放大电路输入电阻的影响

　　对输入电阻的影响仅与反馈网络与基本放大电路输入端的接法有关，即决定于是串联反馈还是并联反馈。

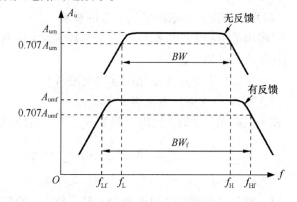

图 3 - 40　负反馈扩展通频带

　　①串联负反馈使放大电路的输入电阻增大

图 3-41(a)为串联负反馈方框图。

放大电路无反馈时,输入电阻 $R_i = U_i'$;

放大电路引入反馈后,输入电阻

$$R_{if} = \frac{U_i}{I_i} = \frac{U_i' + U_f}{I_i} = \frac{U_i' + AFU_i'}{I_i} = \frac{(1+AF)U_i'}{I_i} = (1+AF)R_i \qquad (3-47)$$

由于 $1 + AF > 1$,引入串联负反馈,使引入反馈的支路的等效电阻增大到原来的 $(1+AF)$ 倍。

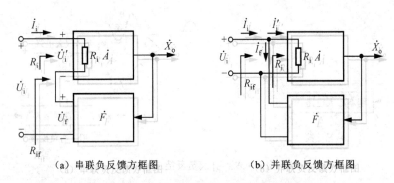

（a）串联负反馈方框图   （b）并联负反馈方框图

图 3-41   负反馈对输入电阻的影响

②并联负反馈使输入电阻减小。

图 3-38(b)为串联负反馈方框图。

放大电路无反馈时,输入电阻 $R_i = U_i'$;

放大电路引入反馈后,输入电阻

$$R_{if} = \frac{U_i}{I_i} = \frac{U_i'}{I_i' + I_f} = \frac{U_i'}{I_i' + AFI_i'} = \frac{U_i}{(1+AF)I_i'} = \frac{1}{1+AF}R_i \qquad (3-48)$$

由于 $1 + AF > 1$,引入串联负反馈,使引入反馈的支路的等效电阻减小到原来的 $1/(1+AF)$。

（2）负反馈对放大电路输出电阻的影响

对输出电阻的影响仅与反馈网络与基本放大电路输出端的接法有关,即决定于是电压反馈还是电流反馈。

①电压负反馈使放大电路的输出电阻减小。

图 3-42(a)为电压负反馈方框图。

放大电路无反馈时,输出电阻为 R_o,放大电路引入电压负反馈时,输出电阻为:

$$R_{of} = \frac{U_o}{I_o} = \frac{U_o}{\dfrac{U_o - (-AFU_o)}{R_o}} = \frac{R_o}{1+AF} \qquad (3-49)$$

引入电压负反馈后输出电阻为其基本放大电路输出电阻的 $(1+AF)$ 分之一。

②电流负反馈使输出电阻增大。

图 3-42(b)为电流负反馈方框图

放大电路引入电流负反馈时,输出电流:

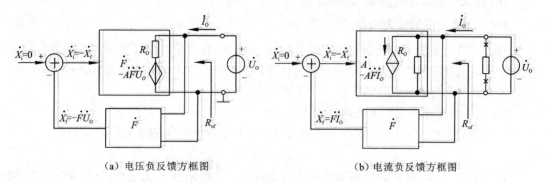

（a）电压负反馈方框图　　　　　　　　　（b）电流负反馈方框图

图 3 - 42　负反馈对输出电阻的影响

$$I_o = \frac{U_o}{R_o} + (-AFI_o)$$

$$I_o = \frac{\dfrac{U_o}{R_o}}{1 + AF}$$

输出电阻：

$$R_{of} = \frac{U_o}{I_o} = (1 + AF)R_o \tag{3-50}$$

引入电流负反馈后，输出电阻增大到其基本放大电路输出电阻的 $(1 + AF)$ 倍。

综上所述，交流负反馈对输入、输出电阻的影响可用表 3 - 1 概括。

表 3 - 1　交流负反馈对输入、输出电阻的影响

反馈组态	电压串联	电流串联	电压并联	电流并联
R_{if}	增大（∞）	增大（∞）	减小（0）	减小（0）
R_{of}	减小（0）	增大（∞）	减小（0）	增大（∞）

2.3.6　负反馈对噪声、干扰、温漂的影响

负反馈只对环内的噪声、干扰、温漂有抑制作用，且必须加大输入信号后才能使抑制作用有效。

2.3.7　放大电路引入负反馈的一般原则

放大电路引入负反馈的一般原则是：

（1）要稳定放大电路的静态工作点 Q，应该引入直流负反馈。

（2）要改善放大电路的动态性能（如增益的稳定性、稳定输出量、减小失真、扩展频带等），应该引入交流负反馈。

（3）要稳定输出电压，减小输出电阻，提高电路的带负载能力，应该引入电压负反馈。

（4）要稳定输出电流，增大输出电阻，应该引入电流负反馈。

（5）要提高电路的输入电阻，减小电路向信号源索取的电流，应该引入串联负反馈。

（6）要减小输入电阻应引入并联负反馈。

2.4　深度负反馈放大电路

除了对负反馈放大电路进行了定性分析外，我们经常需要对负反馈放大电路进行定量的分析。对负反馈放大电路很难进行精确计算，在工程上只需对电路的参数进行近似的估算，这就要求我们了解电路的特点。

2.4.1　深度负反馈放大电路的特点

（1）闭环放大倍数 A_f 只取决于反馈系数 F，和基本放大电路的放大倍数 A 无关。

$$A_f = 1/F$$

在一般情况下，电路的反馈网络由纯电阻构成，反馈系数 F 为实数定值，因此，在深度负反馈下，电路的闭环放大倍数具有相当的稳定性。

（2）深度负反馈条件下，反馈量 X_f 近似等于输入量 X_i，即 $X_i \approx X_f$。

① 对于深度串联负反馈可得出 $u_i \approx u_f$，如图 3-43 所示。

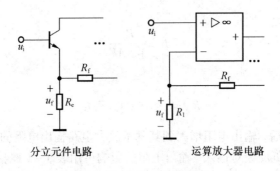

分立元件电路　　　　　运算放大器电路

图 3-43　深度串联负反馈

② 对于深度并联负反馈可得出 $i_i \approx i_f$，如图 3-44 所示。

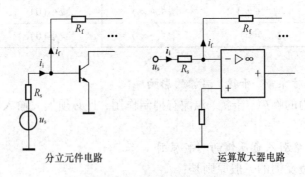

分立元件电路　　　　　运算放大器电路

图 3-44　深度并联负反馈

（3）深度负反馈条件下，反馈环路内的参数可以认为理想。

反馈放大电路的输入、输出电阻为：

电压串联负反馈：$r_{if} \approx \infty$；$r_{of} \approx 0$

电压并联负反馈：$r_{if} \approx 0$；$r_{of} \approx 0$

电流串联负反馈:$r_{if} \approx \infty$;$r_{of} \approx \infty$

电流并联负反馈:$r_{if} \approx 0$;$r_{of} \approx \infty$

对于集成运放构成的放大电路,工作在线性放大状态时,必须处于深度负反馈才能正常工作。此时,可认为:

①净输入电压 $u_{id} = 0$,即 $u_+ = u_-$。运放的同相输入端和反相输入端视为短路,即"虚短"。

②净输入电流 $i_{id} = 0$,即运放的输入端近似处于开路,称"虚断"。

*2.4.2 深度负反馈放大电路的估算

实际工程中的放大电路基本都满足深度负反馈的条件,利用深度负反馈的特点,可对深度负反馈放大电路中的有关放大倍数进行估算。下面进行举例说明,假设以下各电路均满足深度负反馈的条件。

例 3 – 7 电路如图 3 – 45 所示。试估算电压放大倍数。

解:由前面分析可知,该电路为电压串联负反馈电路,根据深度负反馈条件下的"虚断"特性,即 $i_+ = 0$,因此 $u_+ = u_s$。

根据"虚短",有 $u_+ = u_- = u_s$

根据"虚断",有 $i_- = 0$,所以 R_1 与 R_2 可视作串联,则:

$$u_o - i_f R_2 - i_f R_1 = 0 \quad (3-51)$$

因 $i_f R_1 = u_s$

即

$$i_f = \frac{u_s}{R_1} \quad (3-52)$$

将式(3 – 52)代入式(3 – 51)整理得:

$$A_f = \frac{u_o}{u_s} = 1 + \frac{R_2}{R_1}$$

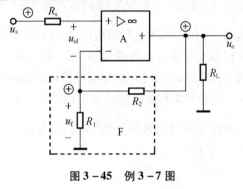

图 3 – 45 例 3 – 7 图

3 正弦波振荡电路

正弦波振荡电路是一种不需要外加输入信号激励,通过正反馈使电路产生自激振荡并产生正弦信号输出的电路。从能量的观点讲,它把电源的直流电能转换成了交流电能输出。它除了广泛应用于测量、自动控制、广播、通信等领域外,还常用于热处理、超声波焊接等设备中。

下面将分析振荡产生的机理和条件,讨论正弦波振荡电路的一般结构和分析方法,介绍常见的 RC、LC 和石英晶体正弦波振荡电路的组成和工作原理。

3.1 正反馈与自激振荡

一个放大电路通常在输入端外加信号时才有输出。如果在它的输入端不外接信号的情况下,在输出端仍有一定频率和幅度的信号输出,这种现象就是放大电路的自激振荡。自激振荡对于放大电路是有害的,它破坏了放大电路的正常工作状态,需要加以避免和消除。但在振荡电路中,自激却是有益的。对自激振荡的频率和幅度加以选择和控制,就可构成正弦波振荡器。

　　振荡电路既然不需外接输入信号，那么它的输出信号从何而来？这就是我们要讨论的振荡电路能产生自激振荡的原因和条件。

3.1.1　自激振荡的条件

（1）自激振荡的平衡条件

　　在图 3 – 46 中，$\dot{A}$ 是放大电路，$\dot{F}$ 是反馈网络。当将开关 S 接在端点

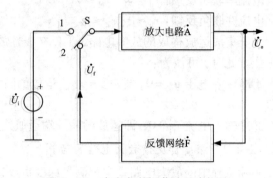

图 3 – 46　产生自激振荡的示意框图

1 上时，就是一般的开环放大电路，其输入信号电压为 $\dot{U}_i$，输出信号电压为 $\dot{U}_o$。如果将输出信号 $\dot{U}_o$ 通过反馈网络反馈到输入端，反馈电压为 $\dot{U}_f$，并设法使 $\dot{U}_f = \dot{U}_i$，即两者大小相等且相位相同，那么，反馈电压 $\dot{U}_f$ 就可以代替外加输入信号电压 $\dot{U}_i$ 来维持输出电压 $\dot{U}_o$ 不变。假如此时将开关 S 接到端点 2，除去外加信号而接上反馈信号，使放大电路和反馈网络构成一个闭环系统，输出信号仍将保持不变，即不需外加输入信号而靠反馈来自动维持输出，这种现象称为自激。这时，放大器也就变为自激振荡器了。

　　由以上的讨论可知，要维持自激振荡，必须满足 $\dot{U}_f = \dot{U}_i$，即反馈信号与输入信号大小相等，相位相同。

　　根据图 3 – 46 可知

$$\dot{A} = \frac{\dot{U}_o}{\dot{U}_i} \tag{3 – 53}$$

$$\dot{F} = \frac{\dot{U}_f}{\dot{U}_o} \tag{3 – 54}$$

若 $\dot{U}_f = \dot{U}_i$，则 $\dot{A}\dot{F} = \dfrac{\dot{U}_o}{\dot{U}_i}\dfrac{\dot{U}_f}{\dot{U}_o} = 1$（$\dot{A}\dot{F}$ 称为环路增益）。因此，振荡电路维持自激振荡的条件是：

$$\dot{A}\dot{F} = 1 \tag{3 – 55}$$

即

$$|\dot{A}\dot{F}| = 1 \tag{3 – 56}$$

$$\varphi_a + \varphi_f = 2n\pi \ (n = 0,\ 1,\ 2 \cdots\cdots) \tag{3 – 57}$$

　　式（3 – 56）称为幅值平衡条件。其物理意义为：信号经放大电路和反馈网络构成的闭环回路后，幅值保持不变。

　　式（3 – 57）称为相位平衡条件。其物理意义为：信号经放大电路和反馈网络构成的闭环回路后，总相移必须为 2π 的整数倍，即振荡电路必须满足正反馈。

　　作为一个稳幅振荡电路，必须同时满足幅值平衡条件和相位平衡条件。

（2）自激振荡的起振条件

式(3-56)所说的幅值平衡条件，是指振荡电路已进入稳幅振荡而言的。振荡电路要在接通电源后能自行起振，这需要利用到接通电源瞬间产生的微弱扰动。在这些扰动中包含各种频率的成分，电路应当选择其中一定频率的分量并使之幅度增强到所需要的值。对这一频率分量，在起振时必须满足

$$|\dot{A}\dot{F}| > 1 \qquad\qquad (3-58)$$

式(3-57)、(3-58)称为自激振荡的起振条件。电路起振后，由于环路增益大于1，振荡幅度逐渐增大。当信号达到一定幅度时，因为受电路中非线性元件的限制，使$|\dot{A}\dot{F}|$值下降，直至$|\dot{A}\dot{F}| = 1$，振荡幅度不再增大，振荡进入稳定状态。

3.1.2 振荡的建立

（1）振荡的建立过程

一个正弦波振荡电路只在某一个频率上产生自激振荡，而在其他频率上不能产生，这就要求在放大电路和反馈网络构成的闭环回路中包含一个具有选频特性的选频网络。它可以设置在放大电路中，也可以设置在反馈网络里。

在接通电源时产生的各种频率成分的电扰动激励信号中，将由选频网络选择某一频率分量，并按如下过程建立起振荡：

接通电源后，各种电扰动→放大→选频→正反馈→再放大→再选频→再正反馈……→振荡器输出电压迅速增大→器件进入非线性区→放大电路增益下降→稳幅振荡。

在实际的振荡电路中，常引入负反馈来稳幅，以改善振荡波形。其基本稳幅原理是：当振荡器输出幅度增大时，负反馈加强；反之，负反馈减弱。选择适当的负反馈深度，就可使振荡电路的输出在有源器件进入非线性区之前，就稳定在某一数值，从而避免了振荡波形的非线性失真。

（2）正弦波振荡电路的组成

由以上分析可知，一个正弦波振荡电路必须由四个基本部分组成，即：放大电路、正反馈网络、选频网络和稳幅电路。

（3）正弦波振荡电路的分析方法

正弦波振荡电路的分析任务主要有两个：一是判断电路能否产生振荡；二是估算振荡频率，并求电路的起振条件。

（4）判断电路能否产生正弦波振荡

判断电路能否产生正弦波振荡的一般方法和步骤是：

①检查电路中是否包括放大电路、正反馈网络、选频网络和稳幅环节；

②分析放大电路能否正常工作。对分立元件电路，看是否能够建立合适的静态工作点并能正常放大；对集成运放，看输入端是否有直流通路。

③利用瞬时极性法判断电路是否引入了正

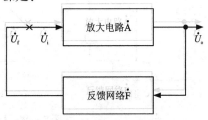

图3-47 判断相位平衡条件的一般方法

反馈，即是否满足相位平衡条件。一般方法如图3-47所示。在正反馈网络的输出端与放

大电路输入回路的连接处断开，并在断点处加一个频率为f_o的输入电压$\dot{U}_i$，假定其极性，然后以此为依据判断$\dot{U}_f$的极性，若$\dot{U}_f$与$\dot{U}_i$极性相同，则符合相位条件，若$\dot{U}_f$与$\dot{U}_i$极性不同，则不符合相位条件。

④检查幅值平衡条件。若$|\dot{A}\dot{F}|<1$则不能振荡；若$|\dot{A}\dot{F}|=1$则不能起振；通常起振时使$|\dot{A}\dot{F}|$略大于1，起振后则采取稳幅措施使电路达到幅值平衡条件$|\dot{A}\dot{F}|=1$。

（5）计算振荡频率、求起振条件

由维持振荡的条件$\dot{A}\dot{F}=1$可知，$\dot{A}\dot{F}$为实数，因此只要令$\dot{A}\dot{F}$复数表示式的虚部等于零，对频率求解，即可求得振荡频率。将振荡频率代入起振条件$|\dot{A}\dot{F}|>1$，可求出满足起振条件的有关电路参数值，即常用的以电路参数表示的起振条件。

3.2　LC正弦波振荡电路

正弦波振荡电路按组成选频网络的元件不同可分为RC正弦波振荡电路，LC正弦波振荡电路和石英晶体正弦波振荡电路。

由L、C构成选频网络的振荡电路称为LC振荡电路，它主要用来产生1 MHz以上的高频正弦信号。根据选频网络上反馈形式的不同，LC振荡电路可分为变压器反馈式、电感三点式和电容三点式LC振荡电路。

3.2.1　LC并联谐振回路

LC并联谐振回路如图3-48所示，它是LC正弦波振荡电路中经常用到的选频网络，图中r表示回路的等效损耗电阻。由图可知，LC并联谐振回路的等效阻抗为

$$Z=\frac{\dfrac{1}{\mathrm{j}\omega c}(r+\mathrm{j}\omega L)}{\dfrac{1}{\mathrm{j}\omega c}+r+\mathrm{j}\omega L} \tag{3-59}$$

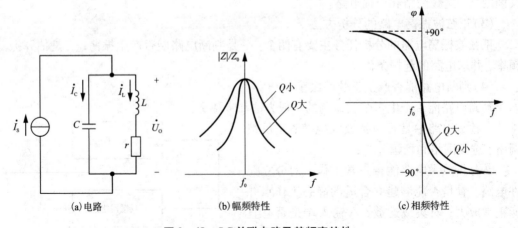

(a)电路　　　　　　　(b)幅频特性　　　　　　　(c)相频特性

图3-48　LC并联电路及其频率特性

通常，$\omega L \gg r$，故上式可写成

$$Z = \frac{\frac{1}{\mathrm{j}\omega C} \cdot \mathrm{j}\omega L}{r + \mathrm{j}\left(\omega L - \frac{1}{\omega C}\right)} = \frac{\frac{L}{C}}{r + \mathrm{j}\left(\omega L - \frac{1}{\omega C}\right)} \qquad (3-60)$$

当 $\omega L = \frac{1}{\omega C}$ 时，电路发生并联谐振。其谐振角频率为

$$\omega_0 = \frac{1}{\sqrt{LC}} \qquad (3-61)$$

谐振频率为 $\qquad\qquad f_0 = \frac{1}{2\pi\sqrt{LC}} \qquad (3-62)$

谐振时 LC 回路的等效阻抗为

$$Z_0 = \frac{L}{rC} = Q\omega_0 L = \frac{Q}{\omega_0 C} \qquad (3-63)$$

式中 $Q = \frac{\omega_0 L}{r} = \frac{1}{r\omega_0 C} = \frac{1}{r}\sqrt{\frac{L}{C}}$，称为回路品质因数，是用来评价回路损耗大小的指标。Q 值愈高，回路的选频特性愈好。一般，Q 值在几十到几百范围内。

将式 $Q = \frac{1}{r}\sqrt{\frac{L}{C}}$，$Z_0 = \frac{L}{rC}$，$\omega_0 = 2\pi f_0$ 及 $\omega = 2\pi f$ 代入式(3-60)可得

$$Z = \frac{Z_0}{1 + \mathrm{j}Q\left(\frac{f}{f_0} - \frac{f_0}{f}\right)} \qquad (3-64)$$

所以 LC 回路的阻抗幅频特性和相频特性分别为

$$\frac{|Z|}{Z_0} = \frac{1}{\sqrt{1 + Q^2\left(\frac{f-f_0}{f_0-f}\right)^2}} \qquad (3-65)$$

$$\varphi = -\arctan Q\left(\frac{f}{f_0} - \frac{f_0}{f}\right) \qquad (3-66)$$

由式(3-65)、(3-66)可作出其频率特性曲线如图3-48(b)、(c)所示。分析 LC 并联回路的频率特性曲线可得出如下结论：

LC 并联回路具有选频特性。当外加信号频率 $f = f_0$ 时，产生并联谐振，回路等效阻抗 $|Z|$ 达到最大值 Z_0，且为纯电阻，相角 $\varphi = 0°$；当 f 偏离 f_0 时，$|Z|$ 减小。Q 值越大，幅频特性曲线越尖锐，相角随频率变化也越急剧，选频特性越好。

3.2.2 变压器反馈式 LC 振荡电路

（1）电路结构形式

图3-49是一种变压器反馈式 LC 正弦波振荡电路的原理图。图中，三极管 VT 构成共发射极放大电路，变压器 Tr 的原边线圈 L 和电容 C 构成选频网络，并作为放大电路的负载。反馈电压 U_f 取自副边线圈 L_2 两端，作为放大电路的输入信号。由于 LC 并联电路谐振时呈纯阻性，而 C_b、C_e 分别是耦合电容和旁路电容，对振荡频率信号可视为短路。因此，在 $f = f_0$ 时，三极管的集电极输出电压信号与基极输入电压信号相位仍相差180°。

（2）振荡条件的分析

为了判断电路能否满足自激振荡的相位平衡条件，可在图3－49中"×"处将反馈断开，引入一个频率为 f_0 的输入信号 u_i，然后用瞬时极性法分析各点相位关系。假设 u_i 的瞬时极性为⊕，则三极管的集电极 A 点瞬时极性与基极相反，为□，故变压器原边绕组 L 的 B 端瞬时极性为⊕。由于变压器副边与原边绕组同名端的瞬时极性相同，因而副边绕组 L_2 的 D 端的瞬时极性也为⊕，即反馈电压 u_f 的瞬时极性为⊕。

因此，u_f 与 u_i 的瞬时极性相同，即 $\dot{U}_f$ 与 $\dot{U}_i$ 同相，满足正弦波振荡的相位平衡条件。

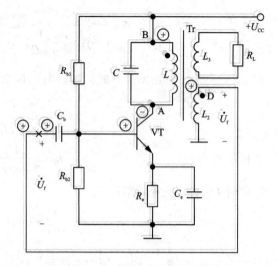

图3－49　变压器反馈式 LC 振荡电路

为了满足起振条件 $|\dot{A}\dot{F}| > 1$，即 $|\dot{U}_f| > |\dot{U}_i|$，只要适当选择反馈线圈 L_2 的匝数，使 U_f 较大，或增加变压器原边线圈和副边线圈之间的耦合度（增加互感 M），或选配适当的电路参数（如三极管的 β），使放大电路具有足够的放大倍数，一般来说比较容易满足起振条件。

（3）振荡频率及稳幅措施　由于只有当 LC 并联回路谐振时，电路才满足振荡的相位平衡条件。所以当忽略其他绕组的影响时，变压器反馈式 LC 振荡电路的振荡频率为

$$f_0 \approx \frac{1}{2\pi \sqrt{LC}} \qquad (3-67)$$

图3－49所示振荡电路振幅的稳定是利用三极管的非线性实现的。当电路起振后，振荡幅度将不断增大，三极管逐渐进入非线性区，放大电路的电压放大倍数 $|\dot{A}|$ 将随 $U_i = U_f$ 的增加而下降，限制了 U_o 的继续增大，最终使电路进入稳幅振荡。虽然三极管工作在非线性状态，集电极电流中含有基波分量和高次谐波分量，但由于 LC 回路具有良好的选频（滤波）性能，可以认为只有频率为 f_0 的基波电流由于回路对其呈现高阻抗而在回路两端产生输出电压，所以振荡输出的电压波形基本为正弦波。三极管的这种非线性工作状态是不同于 RC 振荡电路的，在后一种电路中，放大器件是工作于线性放大区。

3.2.3　电感三点式振荡电路

（1）电路结构形式

电感三点式 LC 振荡电路如图3－50所示，图中三极管 VT 构成共发射极放大电路，电感 L_1、L_2 和电容 C 构成正反馈选频网络，作为放大电路的负载（一个连续绕制的线圈抽出中间抽头而分为 L_1 及 L_2 两段，再与电容 C 并联），反馈电压 $\dot{U}_f$ 取自电感线圈 L_2 两端。由于 LC 并联回路中电感的三个端子 1、2、3 分别与三极管的三个电极相连接（指交流连接），故称为电感三点式振荡电路，又称做哈特莱（Hartley）振荡电路。

（2）振荡条件分析

由图 3 - 50 可见，由于电源 $+U_{CC}$ 交流接地，且 LC 并联回路谐振时为纯电阻，因此，利用瞬时极性法，可判断出：输出电压 $\dot{U}_o$ 与放大电路的输入电压 $\dot{U}_i$ 反相，反馈电压 $\dot{U}_f$ 与输出电压 $\dot{U}_o$ 反相，所以 $\dot{U}_f$ 与 $\dot{U}_i$ 同相，满足自激振荡的相位平衡条件。具体判断过程如图 3 - 50 中的标示（⊕或□）。

关于幅值条件，只要使放大电路有足够的电压放大倍数，且适当选择 L_1 及 L_2 两段线圈的匝数比，即改变 L_1 和 L_2 电感量的比值，就可获得足够大的反馈电压 $\dot{U}_f$，从而使幅值条件得到满足。

（3）振荡频率及电路特点

电感三点式振荡电路的振荡频率基本上等于 LC 并联回路的谐振频率，即

$$f_0 \approx \frac{1}{2\pi \sqrt{LC}} = \frac{1}{2\pi \sqrt{(L_1 + L_2 + 2M)C}} \tag{3 - 68}$$

式中 M 是电感 L_1 和 L_2 之间的互感，$L = L_1 + L_2 + 2M$ 为回路的等效电感。通常用可变电容器来改变 C 值实现振荡频率的调节。此种电路多用于产生几十兆赫以下频率的信号。

电感三点式正弦波振荡电路不仅容易起振，而且采用可变电容器能在较宽的范围内调节振荡频率。但是由于它的反馈电压取自电感 L_2，而电感对高次谐波的阻抗大（电感的感抗与频率成正比），不能抑制高次谐波的反馈，因此振荡器的输出波形较差（含谐波成分多），非线性失真较大。

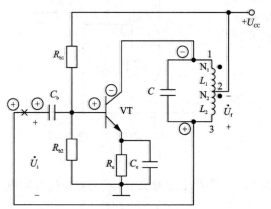

图 3 - 50　电感三点式振荡电路

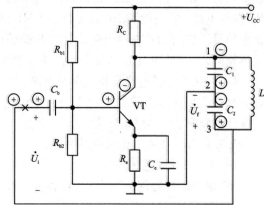

图 3 - 51　电容三点式振荡电路

3.2.4　电容三点式振荡电路

（1）基本电路结构形式

为了获得良好的振荡波形，可将电感三点式振荡电路中的 L_1 和 L_2 换成对高次谐波呈低阻抗的电容 C_1 和 C_2，将 C 换成 L，同时 2 端子改为与公共接地端相连，这样就构成了电容三点式 LC 振荡电路。如图 3 - 51 所示。正反馈选频网络由电容 C_1、C_2 和电感 L 构成，反馈电压 $\dot{U}_f$ 取自电容 C_2 两端。由于 LC 振荡回路电容 C_1 和 C_2 的三个端子分别和三极管的三

个电极相连接，故称为电容三点式振荡电路，又称为考尔皮兹(Colpitts)振荡电路。

(2)振荡条件分析

在图 3–51 电路中，由于反馈电压 $\dot{U}_\mathrm{f}$ 取自振荡回路电容 C_2 两端，因此利用瞬时极性法可判断出：电路属于正反馈，满足振荡的相位平衡条件，如图中的标示(⊕或□)。适当选取电容 C_1 和 C_2 的比值(通常取 $\dfrac{C_1}{C_2}\le 1$，可通过实验调整)，可满足振荡的幅值平衡条件。

(3)振荡频率及电路特点

图 3–51 所示电路的振荡频率近似等于 LC 并联回路的谐振频率，即为

$$f_0=\frac{1}{2\pi\sqrt{LC}}=\frac{1}{2\pi\sqrt{L\dfrac{C_1C_2}{C_1+C_2}}} \qquad (3-69)$$

电容三点式振荡电路的反馈电压取自电容 C_2 两端，由于电容对高次谐波的容抗小，反馈信号中高次谐波的分量小，所以振荡电路输出波形中的谐波成分少，输出波形较好。此外，振荡回路电容 C_1 和 C_2 的容量可以选得很小，振荡频率较高，一般可达 100 MHz 以上。

当通过改变电容来调节振荡频率时，要求 C_1 和 C_2 同时改变，且保持其比值不变。否则将影响振荡的幅值条件，严重时可能会使振荡电路停振，所以调节该振荡电路的振荡频率不太方便。

3.3　RC 正弦波振荡电路

在需要低频振荡的信号发生器中，多采用 RC 振荡电路。由 R、C 构成选频网络的振荡电路称为 RC 振荡电路，它一般用于产生 1 Hz ~ 1 MHz 的低频正弦信号。RC 和 LC 振荡电路产生正弦振荡的原理基本相同，都是利用正反馈使电路产生自激振荡。

RC 正弦波振荡电路有桥式振荡电路、双 T 网络式和移相式振荡电路等类型。本节主要讨论 RC 桥式振荡电路和 RC 移相式振荡电路。

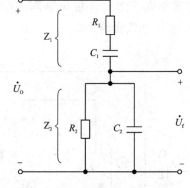

图 3–52　RC 串并联选频网络

3.3.1　RC 桥式正弦波振荡电路

(1)RC 串并联选频网络

RC 串并联选频网络如图 3–52 所示，Z_1 为 R_1、C_1 串联电路的阻抗，Z_2 为 R_2、C_2 并联电路的阻抗。网络的输入为振荡电路的输出电压 $\dot{U}_\mathrm{o}$，输出为正反馈电压 $\dot{U}_\mathrm{f}$，则正反馈系数 $\dot{F}$ 的表达式为

$$\dot{F}=\frac{\dot{U}_\mathrm{f}}{\dot{U}_\mathrm{o}}=\frac{Z_2}{Z_1+Z_2}=\frac{\dfrac{R_2}{1+\mathrm{j}\omega R_2C_2}}{R_1+\dfrac{1}{\mathrm{j}\omega C_1}+\dfrac{R_2}{1+\mathrm{j}\omega R_2C_2}}=\frac{1}{\left(1+\dfrac{R_1}{R_2}+\dfrac{C_2}{C_1}\right)+\mathrm{j}\left(\omega C_2R_1-\dfrac{1}{\omega R_2C_1}\right)}$$

通常 $R_1=R_2=R$，$C_1=C_2=C$，则有

$$\dot{F} = \frac{1}{3 + j\left(\omega RC - \dfrac{1}{\omega RC}\right)} \qquad (3-70)$$

若令 $\omega_0 = \dfrac{1}{RC}$，则上式变为

$$\dot{F} = \frac{1}{3 + j\left(\dfrac{\omega}{\omega_0} - \dfrac{\omega_0}{\omega}\right)} \qquad (3-71)$$

因为式中 $\omega = 2\pi f\,\omega_0 = 2\pi f_0$，所以式(3-71)可写成

$$\dot{F} = \frac{1}{3 + j\left(\dfrac{f}{f_0} - \dfrac{f_0}{f}\right)} \qquad (3-72)$$

$$f_0 = \frac{1}{2\pi RC} \qquad (3-73)$$

由此可得 RC 串并联选频网络的幅频特性和相频特性

$$|\dot{F}| = \frac{1}{\sqrt{3^2 + \left(\dfrac{f}{f_0} - \dfrac{f_0}{f}\right)^2}} \qquad (3-74)$$

和 $$\varphi_f = -\arctan\frac{\dfrac{f}{f_0} - \dfrac{f_0}{f}}{3} \qquad (3-75)$$

由式(3-74)和式(3-75)可知，当频率趋近于零时，$|\dot{F}|$ 趋近于零，φ_f 趋近于 $+90°$；当频率趋近于无穷大时，$|\dot{F}|$ 也趋近于零，φ_f 角趋近于 $-90°$；而当 $f = f_0$ 时，$\dot{F}$ 的幅值最大，即 $|\dot{F}| = \dfrac{1}{3}$，相位角为零，即 $\varphi_f = 0°$。这就是说，当 $f = f_0 = \dfrac{1}{2\pi RC}$ 时，振荡电路输出电压的幅值最大，并且输出电压是反馈电压(或输入电压)的 $\dfrac{1}{3}$，同时输出电压与输入电压同相。根据式(3-74)、(3-75)画出 $\dot{F}$ 的频率特性，如图3-53 所示。

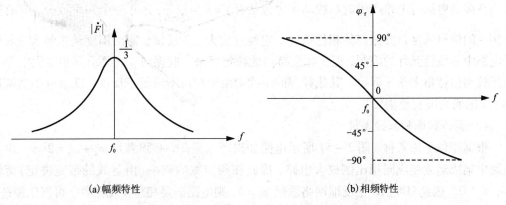

(a) 幅频特性　　　　　　　　　　　　(b) 相频特性

图3-53　RC 串并联选频网络幅频特性和相频特性

（2）基本电路形式

图 3-54 为 RC 桥式正弦波振荡电路的基本形式，这个电路由两部分组成，即 RC 串并联电路组成的选频及正反馈网络和一个具有负反馈的同相放大电路。由图可知，R_f、R_1 和串联的 RC、并联的 RC 正好构成一个四臂电桥，放大电路的输出、输入分别接到电桥的对角线上。故称此振荡电路为桥式振荡电路，也常称为文氏电桥振荡电路。

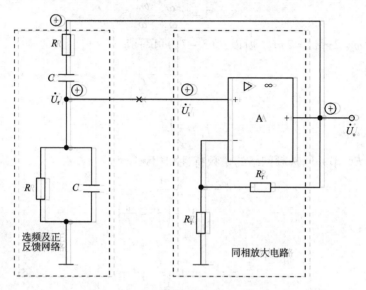

图 3-54　RC 桥式正弦波振荡电路

（3）振荡的建立过程与稳定

由图 3-53 可知，在 $f = f_0 = \dfrac{1}{2\pi RC}$ 时，经 RC 选频网络反馈到放大电路输入端的电压 $\dot{U}_f$ 与 $\dot{U}_o$ 同相，利用瞬时极性法，可判断出电路满足振荡的相位平衡条件，因而有可能起振。其振荡的建立过程与稳定如下：

在接通电源时电路产生的电扰动中也包括有 $f = f_0 = \dfrac{1}{2\pi RC}$ 这样一个频率成分，只有这个频率的信号满足自激振荡的相位条件。它经过放大、正反馈，输出幅度越来越大，最后受电路中非线性元件的限制，振荡幅度自动地稳定下来。起振时，只要求同相放大电路的电压放大倍数略大于 3 即可。其他频率的电扰动由于相位不满足正反馈，反馈电压的幅值也小，因而衰减直至消失。

（4）振荡频率和起振条件

根据相位平衡条件，图 3-54 所示电路如果产生振荡，必须满足 $\varphi_a + \varphi_f = 2n\pi$。由于电路中集成运放接成同相比例放大电路，因此在相当宽的频率（由运放的带宽决定）范围内，$\varphi_a = 0$。因此只要 RC 正反馈网络满足 $\varphi_f = 0$，则电路满足相位平衡条件，可产生振荡。

根据 RC 串并联网络的选频特性可知，只有当 $f = f_0$ 时，$\varphi_f = 0$，而对其他频率成分，$\varphi_f \neq 0$。因此，电路的振荡频率为

$$f_0 = \frac{1}{2\pi RC} \tag{3-76}$$

为了产生自激振荡，除满足相位条件外，还必须满足起振所要求的幅值条件，由起振条件 $|\dot{A}\dot{F}| > 1$ 可知，当 $f = \frac{1}{2\pi RC}$ 时，RC 串并联网络的正反馈系数 $|\dot{F}| = \frac{1}{3}$，因此必须要求放大电路的电压放大倍数大于3，即

$$|\dot{A}| > 3 \tag{3-77}$$

由于同相比例放大电路的电压放大倍数为

$$A = 1 + \frac{R_f}{R_1} \tag{3-78}$$

所以有

$$A = 1 + \frac{R_f}{R_1} > 3 \tag{3-79}$$

即

$$R_f > 2R_1 \tag{3-80}$$

式(3-80)即为图3-54所示 RC 桥式正弦波振荡电路的起振条件。

(5)稳幅措施

所谓振幅的稳定，一是指"起振→增幅→等幅"的振荡建立过程，也就是从 $|\dot{A}\dot{F}| > 1$ 到 $|\dot{A}\dot{F}| = 1$ 的过程。二是指振荡建立之后，电路的工作环境、条件和电路参数等发生变化时，振幅几乎不变，电路能实现自动稳幅。

前面电路是利用三极管的非线性实现自动稳幅，此处是在电路中引入负反馈进行稳幅。在图3-55中通过 R_f 引入了一个电压串联负反馈，调整 R_f 或 R_1，可改变电路的放大倍数，使放大电路工作在线性区时，振荡电路就达到平衡条件，输出电压停止增大，振荡波形的幅度基本稳定。如果在电路中引入非线性负反馈，输出幅度大时负反馈加强，反之负反馈减弱，则可克服电路参数等因素的变化对振荡幅度的影响，稳幅效果更好。

例如，在图3-54所示电路中，R_f 可以采用负温度系数的热敏电阻。起振时，由于 $\dot{U}_o = 0$，流过 R_f 的电流 $\dot{I}_f = 0$，热敏电阻 R_f 处于冷态，其阻值比较大。放大电路的负反馈较弱，$|\dot{A}_u|$ 很高，振荡很快建立。

随着振荡幅度的增大，流过 R_f 的电流 $\dot{I}_f$ 也增大，使 R_f 的温度升高，其阻值减小，负反馈加深，$|\dot{A}_u|$ 自动降低。在运算放大器未进入非线性区工作时，振荡电路即达到平衡条件 $|\dot{A}\dot{F}| = 1$，$\dot{U}_o$ 停止增大。因此振荡波形为一失真很小的正弦波。同理，当振荡建立后，由于某种原因使得输出电压幅度发生变化，可通过电阻 R_f 的变化，自动稳定输出电压的幅度。

(6)振荡频率的调节

为了连续调节振荡频率，可用波段开关换接不同的电容 C 作为频率 f_0 的粗调，用在 R 中串接同轴电位器的方法实现 f_0 的微调，如图3-55所示。目前实验室使用的低频信号发生器中大多采用这种电路。

*3.3.2　RC 移相式正弦波振荡电路

RC 移相式正弦波振荡电路是另一种常见的 RC 振荡电路，它有超前移相和滞后移相两种形式。RC 超前型移相式振荡电路如图 3-56 所示。图中选频网络是由 3 节 RC 移相电路组成。

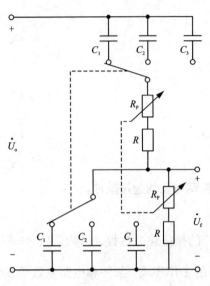

图 3-55　频率可调的 RC 串并联网络

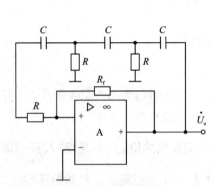

图 3-56　RC 移相式正弦波振荡电路

由于反相输入放大电路产生的相移为 180°，为满足振荡的相位平衡条件，就必须要求反馈网络(选频网络)对某一信号频率再移相 180°。对于图 3-56 中的 RC 移相电路，一节 RC 电路的最大相移为 90°，显然不能满足相位平衡条件；两节 RC 电路的最大可能相移为 180°，当相移等于 180°时，输出电压接近零，不能满足振荡的幅值平衡条件；而三节 RC 电路的最大相移可接近 270°，因此有可能在某一特定频率 f_0 下移相 180°，从而满足振荡的相位平衡条件而产生振荡。可以证明，该移相式振荡电路的振荡频率为：

$$f_0 = \frac{1}{2\pi\sqrt{6}RC} \tag{3-81}$$

RC 移相式正弦波振荡电路具有结构简单、经济方便等优点，但也有调频不方便、选频性能及输出波形较差等缺点，因此只适用于振荡频率固定、稳定性要求不高的场合。

3.4　石英晶体振荡电路

在工程实际应用中，常常要求振荡电路的振荡频率有一定的稳定度。频率稳定度一般用频率的相对变化量 $\dfrac{\Delta f_0}{f_0}$ 表示，f_0 为标称振荡频率，Δf_0 为频率偏差，是实际振荡频率 f 与标称振荡频率 f_0 的偏差，即 $\Delta f_0 = f - f_0$。$\dfrac{\Delta f_0}{f_0}$ 值愈小，则频率稳定度愈高。

RC 振荡电路的频率稳定度比 LC 振荡电路要差很多，而 LC 振荡电路的频率稳定度主要取决于 LC 并联回路参数的稳定性和品质因数 Q(Q 值愈大，频率稳定度愈高)。由于 LC

回路的 Q 值不能做得很高(一般仅可达数百), L 及 C 值也会因工作条件及环境等因素而变化。因此 LC 振荡电路的 $\dfrac{\Delta f_0}{f_0}$ 值不会太小(一般不小于 10^{-5}),其频率稳定度也不会很高。在要求频率稳定度高的场合,往往采用由高 Q 值的石英晶体谐振器(其 Q 值可达 $10^4 \sim 10^6$)构成的石英晶体振荡电路。其频率稳定度可高达 $10^{-9} \sim 10^{-11}$ 。

3.4.1　石英晶体的特性

(1)石英晶体结构

石英是一种各向异性的结晶体,其化学成分是二氧化硅(SiO_2)。从一块晶体上按一定方位角切下来的薄晶片,可以是正方形、矩形或圆形等,然后在它的两个对应表面上涂敷银层并装上一对金属板作为电极,再加上封装外壳并引出电极就构成了石英晶体谐振器,简称石英晶体或晶体。其产品一般用金属外壳封装,也有用玻璃壳封装的。图 3 - 57 是一种金属外壳封装的石英晶体结构示意图。

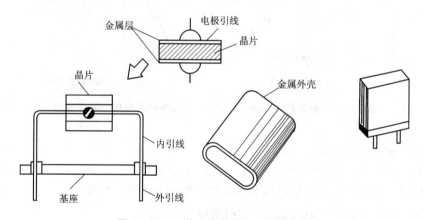

图 3 - 57　石英晶体谐振器结构示意图

(2)石英晶体的基本特性

石英晶体之所以能做成振荡电路,是因为它具有压电效应。若在石英晶体的两个电极上加一电场,晶体就会产生机械形变;反之,若在晶片的两极板间施加机械压力而产生形变时,则会在晶片的相应面上产生电场,这种物理现象称为"压电效应"。如果在晶片的两个电极加上交变电压,晶片就会产生机械振动,同时晶片的机械振动又会产生交变电压。在一般情况下,晶片机械振动的振幅和交变电压的振幅非常微小,但其机械振动频率却很稳定。当外加交变电压的频率为晶片的固有机械振动频率时,晶片产生共振,此时振幅最大,这种现象称为"压电谐振",它与 LC 回路的谐振现象十分相似。晶片的固有机械振动频率称为"谐振频率",它仅与晶片的几何形状、几何尺寸有关,因此具有很高的稳定性。

3.4.2　石英晶体的符号和等效电路

(1)石英晶体的符号和等效电路

图 3 -58(a)为石英晶体谐振器的电路符号,其等效电路如图 3 -58(b)所示。其中 C_0 代表晶片与金属极板构成的电容,称为"静态电容"。C_0 的大小与晶片的几何尺寸、电极面积有关,一般约几个皮法到几十皮法。电感 L 等效晶片机械振动的惯性,称为"动态电

感",一般 L 的值为几十毫亨至几百亨。晶片的弹性用电容 C 来等效,称为动态电容,C 的值很小,一般在 0.1pF 以下。晶片振动时因摩擦而造成的损耗用电阻 R 来等效,它的数值约为几欧姆到几百欧姆。由于晶片的等效电感 L 很大,而等效电容 C 和损耗电阻 R 很小,因此石英晶体谐振器的 Q 值($Q = \dfrac{1}{R}\sqrt{\dfrac{L}{C}}$)非常高,可达 $10^4 \sim 10^6$。又由于石英晶体的物理性能十分稳定,因此利用石英晶体谐振器组成的振荡电路可以获得很高的频率稳定度。

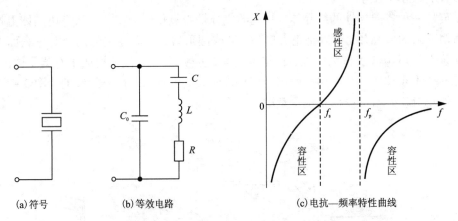

(a)符号　　　　(b)等效电路　　　　(c)电抗—频率特性曲线

图3-58　石英晶体谐振器的符号、等效电路及电抗—频率曲线

(2)石英晶体的电抗特性

从石英晶体谐振器的等效电路可知,它有两个谐振频率,一个是 L、C、R 支路的串联谐振频率,另一个是由 L、C、R 和 C_0 构成并联回路的并联谐振频率。

当 L、C、R 支路发生串联谐振时,串联谐振频率为:

$$f_s = \frac{1}{2\pi\sqrt{LC}} \qquad\qquad (3-82)$$

此时,石英晶体谐振器可等效为 R 和 C_0 的并联电路。由于静态电容 C_0 很小,它的容抗比电阻 R 大得多,因此,发生串联谐振时石英晶体可近似等效为 R,呈纯阻性,且其阻值很小。

当频率高于 f_s 时,L、C、R 支路呈感性,可与电容 C_0 发生并联谐振,并联谐振频率为:

$$f_P = \frac{1}{2\pi\sqrt{L\dfrac{CC_0}{C+C_0}}} = \frac{1}{2\pi\sqrt{LC}}\sqrt{1+\frac{C}{C_0}} = f_s\sqrt{1+\frac{C}{C_0}} \qquad (3-83)$$

由于 $C_0 \gg C$,因此 f_s 和 f_p 非常接近。

根据石英晶体的等效电路,可定性地画出它的电抗—频率特性曲线如图 3-58(c)所示。可见,当频率 $f < f_s$ 或 $f > f_p$ 时,石英晶体都呈容性;当 $f_s < f < f_p$ 时,石英晶体呈感性;当 $f = f_s$ 时,石英晶体呈纯阻性,其阻值很小。

一般来说,石英晶体谐振器产品指标所给出的标称频率既不是 f_s 也不是 f_p,而是在外串接一个负载电容时校正的振荡频率。为了调节方便,通常负载电容采用微调电容。

3.4.3　石英晶体正弦波振荡电路

用石英晶体构成的正弦波振荡电路的形式有很多,但其基本电路只有两类:一类是把石英晶体作为一个高 Q 值的电感元件使用，和回路中的其他元件形成并联谐振，称为并联型石英晶体振荡电路；另一类是将石英晶体接入正反馈回路，晶体工作在串联谐振状态，称为串联型石英晶体振荡电路。

（1）并联型石英晶体振荡电路

图 3-59 为典型的并联型石英晶体振荡电路。由图可知，这个电路的振荡频率必须落在石英晶体的 f_s 与 f_p 之间，并且晶体在电路中起电感的作用，从而构成改进型电容三点式振荡电路。由于 $C_1 \gg C_3$ 和 $C_2 \gg C_3$，所以该电路振荡频率主要取决于负载电容 C_3 和石英晶体；从电抗曲线上来看，石英晶体工作在 f_s 与 f_p 这一频率范围很窄的电感区域里，其等效电感 L 很大，又由于 C 和 C_3 很小，使得 Q 值极高，因此电路的频率稳定度很高。

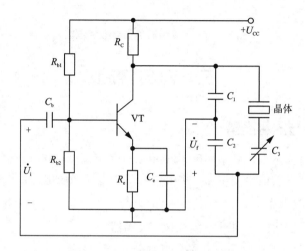

图 3-59　并联型石英晶体振荡器

（2）串联型石英晶体振荡电路

图 3-60 是一种串联型石英晶体振荡电路。将图 3-60 与图 3-59 对照可以看出，石英晶体与电容 C 和 R 组成选频及正反馈网络，集成运放 A 与电阻 R_f、R_1 组成同相输入负反馈放大电路，其中具有负温度系数的热敏电阻 R_f 和电阻 R_1 所引入的负反馈用于稳幅。因此，图 3-60 为一桥式正弦波振荡电路。显然，在石英晶体的串联谐振频率 f_s 处，石英晶体的阻抗最小，且为纯电阻，可满足振荡的相位平衡条件。

在图 3-60 中，为了提高正反馈网络的选频特性，应使振荡频率既符合晶体的串联谐振频率，又符合通常的 RC 串并联网络所决定的振荡频率。即应使振荡频率 f_0 既等于 f_s，又等于 $\frac{1}{2\pi RC}$。为此，需要进行参数的匹配，即选电阻 R 等于石英晶体串联谐振时的等效电阻；选电容 C 满足等式 $f_s = \frac{1}{2\pi RC}$。

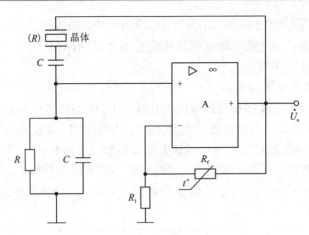

图 3 - 60　串联型石英晶体振荡电路

三、任务实施

任务1　设备与器材准备

设计一个能同时输出一定频率(100 ~ 1000 Hz)一定幅度(100 mV ~ 1 V)的正弦波、方波和三角波这3种波形的信号发生器,并用0 ~ 15 V直流稳压电源供电。

1.1　常用工器具准备

(1)工具:电烙铁、镊子、钳子、接线板、吸锡器等。
(2)仪表:万用表、低频信号发生器、示波器等。

1.2　器件与材料准备

所需元件如表3 - 2所示:

表3 - 2　信号发生器元件清单

序号	名称	规格	位号	数量	序号	名称	规格	位号	数量
1	整流二极管	1BH62	D_1、D_2	2	9	可调电阻	50k	R_8	1
2	稳压二极管	1.7 V	D_3	1	10	可调电阻	100k	R_2	3
3	发光二极管	5MM	D_6	1	11	电容	1.1 μf	C_3	1
4	电阻	1k	R_4	1	12	电容	10 nf	C_1 C_2	2
5	电阻	10k	R_6 R_7 R_9 R_{10}	4	13	集成运放	LM324J	U_1 U_2 U_3	3
6	电阻	51k	R_3	1	14	万能板	60 mm × 120 mm		1
7	可调电阻	10k	R_1	2	15	导线			若干
8	三极管	D880	Q_1	1	16				

任务2　信号发生器电路仿真

2.1　信号发生器电路原理简介

由 RC 正弦波振荡电路、电压比较器、积分电路共同组成的正弦波—方波—三角波函数发生器，电路原理框图如图 3 – 61 所示。

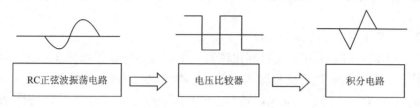

图 3 – 61　信号发生器原理框图

（RC正弦波振荡电路 → 电压比较器 → 积分电路）

首先通过 *RC* 串并联振荡电路（文氏桥振荡电路）产生正弦波，再利用集成运放工作在非线性区的特点，由最简单的过零比较器将正弦波转换为方波，最后将方波经过积分运算变换成三角波。

2.1.1　正弦波发生电路的工作原理

选用 *RC* 正弦振荡电路作为正弦波发生电路，它的主要特点是利用 *RC* 串并联网络作为选频和反馈网络，其电路图如图 3 – 62 所示，电路一般由放大电路、选频网络、正反馈网络和稳幅环节四个部分组成。

（1）放大电路

保证电路能够有从起振到动态平衡的过程，要求放大电路应具有尽可能大的输入电阻和尽可能小的输出电阻，以减少放大电路对选频特性的影响，因此通常选用引入电压串联负反馈的放大电路。

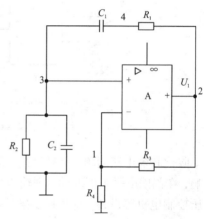

图 3 – 62　*RC* 正弦波振荡电路

（2）选频网络

选频网络要保证电路输出波形为单一频率的正弦波，即保证电路产生正弦波振荡，因此必须具有选频特性，同时它还应具有稳幅特性。它的起振条件为：

$$A_u = \frac{u_0}{u_p} = 1 + \frac{R_f}{R_1} \geqslant 3, \ R_f \geqslant 2R_1 \tag{3 – 84}$$

它的振荡频率为：

$$f_0 = \frac{1}{2\pi RC} \tag{3 – 85}$$

（3）正反馈网络

正反馈网络是产生振荡的首要条件，引入正反馈使放大电路的输入信号等于其反馈信号。它又被称为相位平衡条件，即：

$$\varphi_a + \varphi_f = 2n\pi, \ n = 0, \ 1, \ 2, \ \cdots \tag{3 – 86}$$

（4）稳幅环节

稳幅环节也就是非线性环节，作用是输出信号幅值稳定。要满足：

$$|AF| = AF = 1 \tag{3 – 87}$$

称为振幅平衡条件。

此振荡器主要用于低频振荡，要想产生更高频率的正弦信号，一般采用 LC 正弦波振荡电路。

2.1.2　正弦波—方波转换电路的工作原理

正弦波到方波的转换采用的是过零比较器。单限过零比较器如图 3 - 63(a) 所示，VZ 为限幅稳压管。信号从运放的反相输入端输入，参考电压为 0，从同相端输入。当 $u_i > 0$ 时，输出 $u_0 = -(U_Z + U_D)$；当 $u_i < 0$ 时，$u_0 = +(U_Z + U_D)$。其电压传输特性如图 3 - 63(b) 所示。

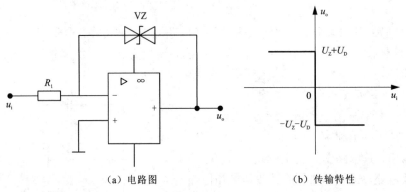

(a) 电路图　　　　　　　　　　　　(b) 传输特性

图 3 - 63　单限过零比较器

单限比较器电路简单，灵敏度高，但其抗干扰能力差。如果输入电压受到干扰或噪声的影响，在门限电平上下波动，则输出电压将在高、低两个电平之间反复跳变，若用此输出电压控制电机等设备，将出现误操作。为解决这一问题，常常采用滞回电压比较器。滞回电压比较器又称"施密特触发器"，通过引入上、下两个门限电压，以获得正确、稳定的输出电压。传输过程中：当输入电压 u_i 从小逐渐增大，或者 u_i 从大逐渐减小时，两种情况下的门限电平是不相同的，由此电压传输特性呈现"滞回"曲线的形状。

滞回电压比较器用于控制系统时主要优点是抗干扰能力强。当输入信号受干扰或噪声的影响而上下波动时，只要根据干扰或噪声电平适当调整滞回电压比较器两个门限电平 U_{T1}、U_{T2} 分别为 U_Σ 和 $-U_\Sigma$ 的值，就可以避免比较器的输出电压在高、低电平之间反复跳变，如图 3 - 64 为具有滞回特性的过零比较器。

从输出端引一个电阻分压支路到同相输入端，若 U_0 改变状态，U_Σ 点也随着改变电位，使过零点离开原来位置。当 U_0 为正(记作 U_Z)，$U_\Sigma = \dfrac{R_2}{R_f + R_2} U_Z$，则 $U_Z > U_\Sigma$ 后，U_0 即由正变负(记作" $-U_Z$ ")，此时 U_Σ 变为 $-U_\Sigma$。故只有当 U_i 下降到 $-U_\Sigma$ 以下，才能使 U_0 再度回升到 U_Z，于是出现图(b)中所示的滞回特性。$-U_\Sigma$ 与 U_Σ 的差别称为"回差"。改变 R_2 的数值可以改变回差的大小。当输入 U_i 为正弦波时，输出 U_0 为方波，如图 3 - 65 所示。

2.1.3　方波—三角波转换电路的工作原理

三角波的产生是由积分电路实现的，积分电路将方波转换成三角波。积分电路如图 3 - 66 所示。

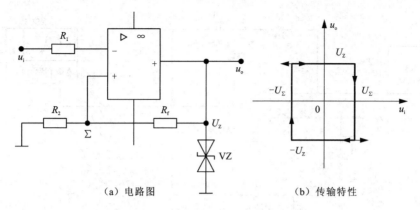

（a）电路图　　　　　　　　（b）传输特性

图 3 - 64 具有滞回特性的过零比较器

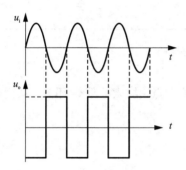

图 3 - 65 正弦波转换方波波形图

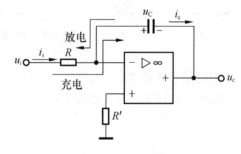

图 3 - 66 积分电路

积分电路也存在"虚地"现象，

$$u_0 = -u_C = -\frac{1}{C_1}\int i_c \mathrm{d}t \quad (3-88)$$

因为： $i_1 = i_c \quad (3-89)$

所以： $u_0 = -\frac{1}{C_1}\int i_1 \mathrm{d}t$，其中

$i_1 = \dfrac{u_i}{R}$。

将 i_1 代入 u_0 表达式得：

$$u_0 = -\frac{1}{RC_1}\int u_i \mathrm{d}t \quad (3-90)$$

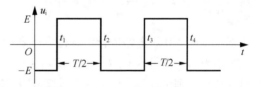

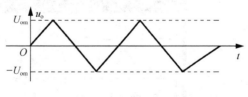

图 3 - 67 转换波形

电路实现了输出电压正比于输入电压对时间的积分。式中的比例常数 RC 称为电路的时间常数。转换波形图如图 3 - 67 所示。

2.2 信号发生器电路仿真

2.2.1 正弦波发生电路的设计与仿真

本电路中采用的是 RC 桥式正弦波振荡电路(文氏桥振荡电路)产生正弦波，其电路图如图 3 - 68 所示。

图 3 - 68 的反馈支路上串联了两个一正一反并联的二极管(1BH62)，这样利用电流增

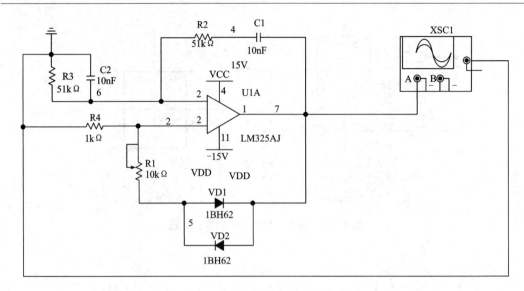

图 3 – 68　**RC 桥式正弦振荡电路**

大时二极管动态电阻减小、电流减小时动态电阻增大的特点，加入非线性环节，从而使输出电压稳定。此时输出电压系数为：

$$A_u = 1 + \frac{(R_f + R_d)}{R_1} \tag{3-91}$$

RC 振荡的频率为：$f_0 = \dfrac{1}{2\pi RC}$，该电路中 $R = 51$ kΩ，$C = 10$ nF。

所以 $f_0 = 1/(2 \times 3.14 \times 51000 \times 10^{-8}) \approx 312$ Hz，$T = 1/f_0 = 1/312 = 3.2 \times 10 - 3$ s $= 3.2$ ms

　　用 Multisim10.0 对电路进行仿真得到图 3 – 69 仿真波形，从图 3 – 69 中可见，产生的正弦波最大值 $U_{max} = 13.000$ V；$T = 799.220 \ \mu s \times 4 = 3196.88 \ \mu s \approx 3.2$ ms；$F_0 = 1/T = 312$ Hz。仿真得出的数据与理论计算一样，可以得出电路正确。

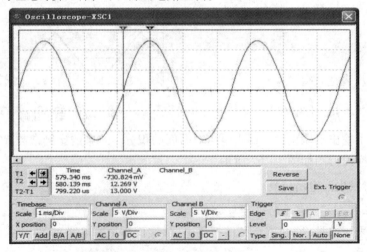

图 3 – 69　振荡电路产生的正弦波

2.2.2 正弦波转换成方波电路的设计与仿真

本电路中采用滞回电压比较器将正弦波转换成方波,其电路原理如图 3 - 70 所示。

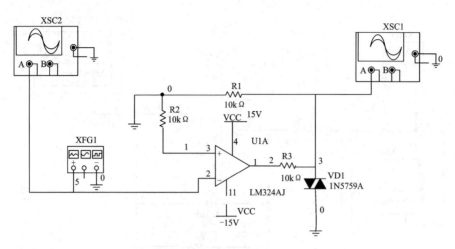

图 3 - 70 正弦波转换方波电路

滞回电压比较器原理前面有描述,此处不赘述。本电路中用到的稳压管为 1N5759A,其稳压电压为 ± 1.7 V。电路中阈值电压为:

$$\begin{cases} U_{T1} = -\dfrac{R_1}{R_1 + R_2} \\[4mm] U_{T2} = \dfrac{R_1}{R_1 + R_2} \end{cases} \tag{3-92}$$

用 Multisim10.0 对其进行仿真便得到仿真波形如图 3 - 71 所示。

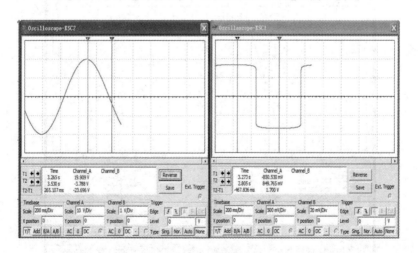

图 3 - 71 仿真波形图

从波形中可以得到方波电压为 ± 0.35 V,与理论一样,可得出电路是正确的。

2.2.3 方波转换成三角波电路的设计与仿真

本电路中方波转成三角波采用积分电路, 其电路原理如图 3 -72 所示。

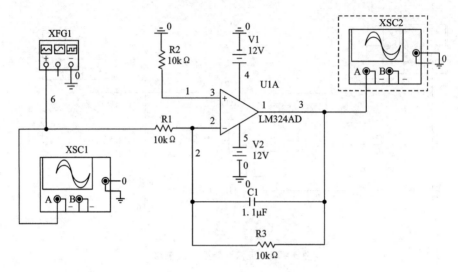

图 3 -72 积分电路图

积分电路公式为:

$$u(t) = -\frac{1}{RC}\int_{t_1}^{t_2} u(t)\,\mathrm{d}t + u_0(t_1) \tag{3-93}$$

电路仿真波形如图 3 -73 所示。

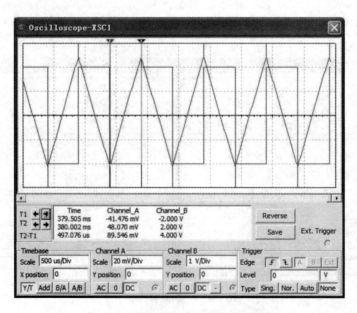

图 3 -73 方波转换三角波仿真波形图

进行电路仿真时，信号源为方波，$f_0 = 1$ kHz，$U_{max} = 2$ V，电路中 $R = 10$ kΩ，$C = 1.1$ μF，由公式 $U_0 = -\dfrac{1}{RC}\displaystyle\int_{t_1}^{t_2} u(t)\,\mathrm{d}t + u_0(t_1)$ 取四分之一周期，T 为 $0 \sim 0.25$ ms，得 $U_0 = -1/(10^4 \times 1.1\times10^{-6})\times0.25\times10^{-3}t + 2 = -0.023t + 2$。

2.2.4 信号发生器电路总图及仿真

该电路分为三部分：第一部分为 RC 桥式正弦振荡电路，其功能是利用 RC 振荡产生特定频率的正弦波；第二部分为电压比较器电路，其功能为将正弦波转成方波；第三部分为积分电路，其功能为利用积分电路将方波转成三角波；信号发生器原理电路总图如图 3-74 所示。

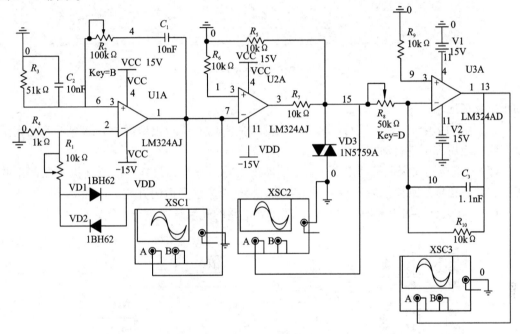

图 3-74 信号发生器原理电路总图

在正弦波产生电路中 $f_0 = \dfrac{1}{2\pi RC}$，改变 RC 的值可以改变电路的信号频率，在电压比较器中，改变参考电压 U_{REF} 的值可以改变方波的比例，电路总体仿真波形如图 3-75 所示。

任务3 制作信号发生器

3.1 信号发生器的组装

首先准备好万能板一块、三个集成运算放大器、两种型号的二极管、所需的各种型号电阻和电容、导线若干，并分别检测各元器件的好坏，若发现器件损坏就及时更换元器件，检查完器件后再进行信号发生器的装配。

(1)分别将 LM324 集成块插入万能板，注意布局，焊点焊接；

(2)然后按照图 3-76 平面布置图分别把各电阻、电容、二极管依次放入适当位置，尤其注意电位器、二极管的接法；

(3)按原理图 3-74 接线，用导线将上述元件连成信号发生器的电路图，注意直流源

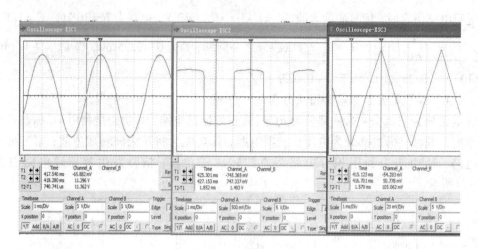

图 3 - 75　仿真波形图

的正负及接地端；

（4）用万用表对电路板进行静态测试，目的主要是为了防止虚焊或者漏焊。静态调试没有问题之后方可进行动态测试；

（5）检查电路无误后接通电源，用示波器观察输出波形，调节 R_1，R_2 使振荡器产生的正弦波的各指标达到要求后进行下一步安装，看是否产生合适的方波。

（注：在装调多级电路时，也可以按照单元电路的先后顺序进行分级装调与级联。）

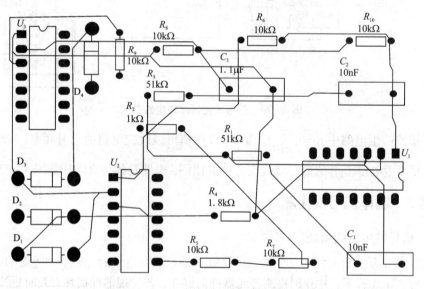

图 3 - 76　信号发生器元器件布置参考图

3.2　信号发生器的调试

完成信号发生器的装调及基本检测后，再进行信号发生器的调试：

（1）接入电源后，用示波器进行双踪观察；

（2）调节 R_1，使正弦波的幅值满足指标要求；

（3）调节 R_2，微调波形的频率；

（4）观察示波器，各指标达到要求后进行方波的测试；

（5）调出合适的方波后调节 R_8，进行三角波的测试；

（6）针对各阶段出现的问题，逐个排查校验，使其满足设计要求；

（7）三部分电路接好并检查无误后，再进行整体测试、观察。

3.3　信号发生器的参数测试

3.3.1　正弦波发生器

（1）列表整理实验数据，画出波形，把实测频率、幅值与理论值进行比较；

（2）根据实验分析 RC 振荡器的振幅条件；

（3）讨论二极管 VD_1、VD_2的稳幅作用。

3.3.2　方波发生器

（1）列表整理实验数据，在同一坐标纸上，按比例画出方波和三角波的波形图，并标出时间和电压幅值；

（2）分析 R_W变化时，对 u_0波形的幅值及频率的影响；

（3）讨论 VZ 的限幅作用。

3.3.3　三角波和方波发生器

（1）整理实验数据，把实测频率与理论值进行比较；

（2）在同一坐标纸上，按比例画出三角波及方波的波形，并标明时间和电压幅值。

3.4　信号发生器的故障排除

3.4.1　故障及误差分析

（1）信号发生器输出失真，参数设计不够精确；

（2）所选可调电阻的调节范围太大，调节不够精确；

（3）调试不精确，产生的波形还有细微的失真现象，记录数据时，读数不精确导致误差产生；

（4）选用的元件存在系统偏差；

（5）选用的元件受温度的影响，时间过长导致误差的产生；

（6）集成运放不是理想运放，其运放性能指标对运算精度有影响；

（7）焊点不均匀，或存在虚焊而引起误差。

3.4.2　解决方案

（1）选取精确度较高的元器件，在选择可变电阻时要考虑到其要调节的范围，在振荡电路中可调电阻最好用双滑式可调电阻；

（2）提高焊接技术水平，避免出现虚焊、漏焊情况，最好是焊接完几个点就用万用表测试一下，确保焊接点没有问题；

（3）在调试过程中要尽可能地把波形调节到不失真，调节频率时用同轴电位器，这样不仅避免了调节困难，而且还能使调节的精确度更高；

（4）有时测试方法不正确也会引起观测错误。因此要学会正确使用仪器、仪表。

四、考核评价

1 装调报告

信号发生器的安装与调试项目表

班级：_____ 工位号：_____ 姓名：_____

一、元件识别与测量

1. 电阻类

标号	色环排列	标称阻值	标称误差	实际阻值	实际误差	测量挡位
R_3						
R_4						
R_5						
R_6						
R_7						
R_9						
R_{10}						

简答题：R_{10}电阻在电路中的作用是什么？

2. 电位器

标号	标称电阻调节范围	标称误差	实际调节范围	实际误差	测量挡位
$R_1(R_{P1})$					
$R_2(R_{P2})$					
$R_8(R_{P3})$					

简答题：各电位器在电路中主要调试信号发生器的哪些参数？

3. 电容类

标号	电容类型	介质	标称容量	耐压	实际容量	测量挡位
C_1						
C_2						
C_3						

简答题：各电容在电路中的作用是什么?

4. 二极管类

标号	型号	作用	材料	正向阻值	反向阻值	电路符号
VD$_1$						
VD$_2$						
VD$_3$						

简答题：二极管及稳压管在电路中各起什么作用?

5. 集成运放类

输入失调电压 U_{OS} (mV)		输入偏置电流 I_{IB} (μA)		开环差模电压放大倍数 A_{ud} (db)		共模抑制比 K_{CMR} (db)	
实测值	典型值	实测值	典型值	实测值	典型值	实测值	典型值

简答题：如何判别集成运放的性能好坏?

二、信号发生器的装配与测试

1. 电路板的焊接

基本要求	实际情况
焊点大小适中，无漏、假、虚、连焊，焊点光滑、圆润、干净，无毛刺；引脚加工尺寸及成形符合工艺要求；导线长度、剥头长度符合工艺要求，芯线完好，捻头镀锡。	

2. 音频放大器的装配

基本要求	实际情况
印制板插件位置正确，元器件极性正确，元器件、导线安装及字标方向均应符合工艺要求；接插件、紧固件安装可靠牢固，印制板安装对位；无烫伤和划伤处，整机清洁无污物。	

3.电路调试与回答问题

问题		回答
1. RC 桥式正弦波振荡器的测量	打开直流开关,调节电位器 R_1,使输出波形从无到有,从正弦波到出现失真。描绘 U_0 的波形,记下临界起振、正弦波输出及失真情况下的 R_1 值,分析负反馈强弱对起振条件及输出波形的影响;	
	调节电位器 R_1,使输出电压 U_0 幅值最大且不失真,用交流毫伏表分别测量输出电压 U_0、反馈电压 U_+(运放③脚电压)和 U_-(运放②脚电压),分析研究振荡的幅值条件;	
	调节电位器 R_2,用示波器观察输出电压 U_0 的情况,并记录其变化情况;	
	断开二极管 VD_1、VD_2,重复(3)的内容,将测试结果与(3)进行比较分析 VD_1、VD_2 的稳幅作用。	
2. 方波发生器的测量	将 R_1、R_2 电位器(RW)调至合适位置用双踪示波器观察 7 及 15 两点的波形(即正弦波和方波),测量其幅值及频率,记录之。	
	改变 R_1、R_2 电位器(RW)动点的位置,观察 7、15 两点幅值及频率变化情况,记录之。	
3. 三角波发生器的测量	将 R_1、R_2 电位器(RW)调至合适位置用双踪示波器观察 13 点的波形(三角波),测其幅值、频率及电位器值,记录之。	
	改变电位器 R_8(RW),观察对正弦波幅值及频率的影响。	

2　成果展示

(1)信号发生器制作、调试完成以后,要求每小组派代表对所完成的作品进行展示,展现组装、制作的信号发生器的功能;

(2)呈交不少于 2000 字的小组任务完成报告,内容包括信号发生器电路图及工作原理分析、信号发生器的组装、制作工艺及过程、功能实现情况、收获与体会几个方面;

(3)进行成果展示时要用 PPT,并且要求美观、条理清晰;

(4)汇报要思路清晰、表达清楚流利,可以小组成员协同完成。

成果展示结束后,进行小组互评,并给出互评分数。

3 项目评价

项目考核评价表

项目 3　信号发生器的制作

学生姓名		班级		学号		
考核条目	考核内容及要求		配分	评分标准		扣分
安全文明生产	操作规范、安全。		10	损坏仪器仪表该项扣完；桌面不整洁，扣 5 分；仪器仪表、工具摆放凌乱，扣 5 分。		
元件识别和选择	元件清点检查：用万用电表对所有元器件进行检测，并将不合格的元器件筛选出来进行更换，缺少的要求补发。		20	错选或检测错误，每个元器件扣 2 分。		
电子产品焊接	按装配图进行接装。要求：无虚焊、桥接、漏焊、半边焊、毛刺、焊锡过量或过少、助焊剂过量等；无焊盘翘起、脱落；无损坏元器件；无烫伤导线、塑料件、外壳；整板焊接点清洁。		20	焊接不符合要求，每处扣 2 分。		
电子产品装配	元器件引脚成型符合要求；元器件装配到位，装配高度、装配形式符合要求；外壳及紧固件装配到位，不松动，不压线；插孔式元器件引脚长度 2～3 mm，且剪切整齐。		20	装配不符合要求，每处扣 2 分。		
电子产品调试	正确使用仪器仪表。		6	装配完成检查无误后，通电试验，如有故障应进行排除。按要求进行相应数据和波形的测量，若测量正确，该项计分，若测量错误，该项不计分。		
	测量正弦波信号电压及波形。数据记录：_____。		8			
	测量方波信号电压及波形。数据记录：_____。		8			
	测量三角波信号电压及波形。数据记录：_____。		8			
自评得分						
小组互评						
考评老师						

思考与练习

一、填空题：

1. 集成运算放大器实质是一个_____耦合的多级放大器。

2. 理想集成运放的主要性能指标：$A_{ud} =$_____，$r_{id} =$_____，$r_{od} =$_____。

3. 分析运算放大电路的线性应用时有两个重要的分析依据：一个是 $i_+ = i_- \approx 0$，俗称"_____"；一个是 $u_+ = u_-$，俗称"_____"。

4. 能提高放大倍数的是_____反馈；能稳定放大器增益的是_____反馈。

5. 石英晶体振荡器的主要优点是_____。

6. 已知负反馈放大器的 $A = 300$，$F = 0.01$，则闭环电压增益 A_f 为_____。

7. 集成运放有两个输入端，一个叫_____端，另一个叫_____端。

8. 正弦波振荡的相位平衡条件是_____。

9. 正弦波振荡的幅值平衡条件是_____。

10. 集成运放内部电路通常由_____、_____、_____和_____四部分组成。

二、选择题：

1. 串联反馈的反馈量以_____形式回送至输入回路，和输入_____相比较而产生净输入量。

　　a. 电压　　　　　　　b. 电流　　　　　　　c. 电压或电流

2. 并联反馈的反馈量以_____形式回送至输入回路，和输入_____相比较而产生净输入量。

　　a. 电压　　　　　　　b. 电流　　　　　　　c. 电压或电流

3. 能稳定静态工作点的是_____反馈；能改善放大器性能的是_____反馈。

　　a. 直流负　　　　　　b. 交流负　　　　　　c. 直流电流负　　　d. 交流电压负

4. 使输出电阻降低的是_____负反馈；使输出电阻提高的是_____负反馈。

　　a. 电压　　　　　　　b. 电流　　　　　　　c. 串联　　　　　　d. 并联

5. 使输入电阻提高的是_____负反馈；使输入电阻降低的是_____负反馈。

　　a. 电压　　　　　　　b. 电流　　　　　　　c. 串联　　　　　　d. 并联

6. 使输出电压稳定的是_____负反馈；使输出电流稳定的是_____负反馈。

　　a. 电压　　　　　　　b. 电流　　　　　　　c. 串联　　　　　　d. 并联

7. 正弦波振荡器一般由_____组成。

　　a. 基本放大电路和反馈网络

　　b. 基本放大电路和选频网络

　　c. 基本放大电路、反馈网络和选频网络

8. 正弦波振荡器的振荡频率由_____决定。

　　a. 基本放大器　　　　b. 反馈网络　　　　　c. 选频网络

9. 在串联型石英晶体振荡器中，对于振荡信号来讲，石英晶体相当于一个_____。

　　a. 阻值极小的电阻　　b. 阻值极大的电阻　　c. 电感　　　　　　d. 电容

10. 在并联型石英晶体振荡器中，对于振荡信号来讲，石英晶体相当于一个_____。

a. 阻值极小的电阻　　b. 阻值极大的电阻　　c. 电感　　　　　d. 电容

三、解答题：

1. 在图 3 - 77 所示电路中，已知 $u_{i1} = 0.6$ V，$u_{i2} = 0.3$ V，试计算输出电压 u_o 和平衡电阻 R_4。

2. 图 3 - 78 所示电路是一增益可调的反相比例运算电路，设 $R_f \gg R_4$，试证明：$u_o = \dfrac{R_f}{R_1}$ $(1 + \dfrac{R_3}{R_4}) u_i$

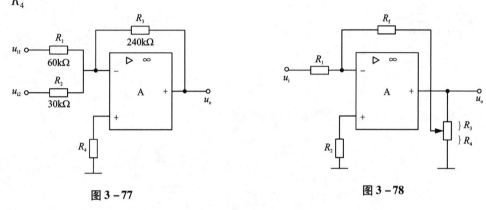

图 3 - 77　　　　　　　　　　　　　　　　　图 3 - 78

3. 同相比例运放电路如图 3 - 79 所示。试问当 $u_i = 50$ mV 时，u_o 为多少？

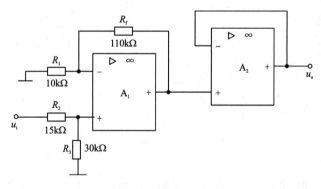

图 3 - 79

4. 电路如图 3 - 80 所示。$R_f = 100$ kΩ，$R_1 = 25$ kΩ，$R_2 = 20$ kΩ，$u_i = 2$ V，试求：(1) 输出电压 u_o；(2) 若 $R_f = 3R_1$，$u_i = -2$ V，求输出电压 u_o。

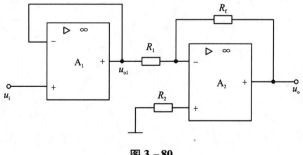

图 3 - 80

5. 图3-81所示电路为增益可调的运放电路，试求电压增益A_u的调节范围。

6. 电路如图3-82所示，试求u_o的表达式。若$R_1 = R_2 = R_3 = R_f$，该电路完成什么功能？

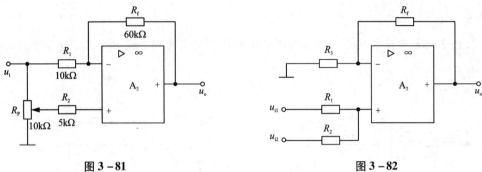

图3-81　　　　　　　　　　　　　图3-82

7. 电路如图3-83所示，试求u_o的表达式。

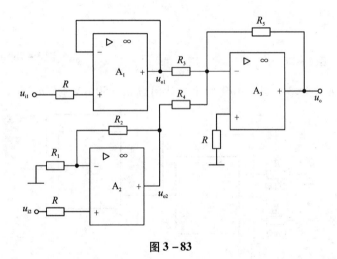

图3-83

8. 电路如图3-84所示，试求开关S在闭合与断开两种情况下，u_o与u_i的关系式。

9. 简单积分电路如图3-11所示。已知$R_1 = 10\ k\Omega$，$C = 10\ \mu F$，$u_i = 1\ V$，试求：u_o从0 V变化到-10 V时所需要的时间。

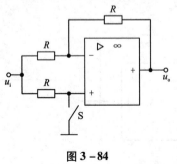

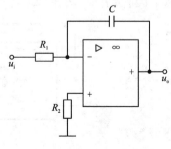

图3-84　　　　　　　　　　　图3-85　题3-11图

10. 在图 3 - 86 所示电路中，已知：$R_2 = 10\ k\Omega$，$R_f = 20\ k\Omega$，稳压管的稳压值 $U_Z = 11.3$ V，正向导通电压 $U_D = 0.7$ V，输入电压波形如图 3 - 85(b)所示，试画出 u_o 的波形。

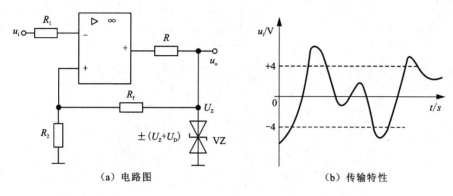

（a）电路图　　　　　（b）传输特性

图 3 - 86

11. 图 3 - 87 所示各电路中，试判断：(1)反馈网络由哪些元件组成？(2)哪些构成本级反馈？哪些构成级间反馈？(3)是直流反馈、交流反馈还是交直流反馈？

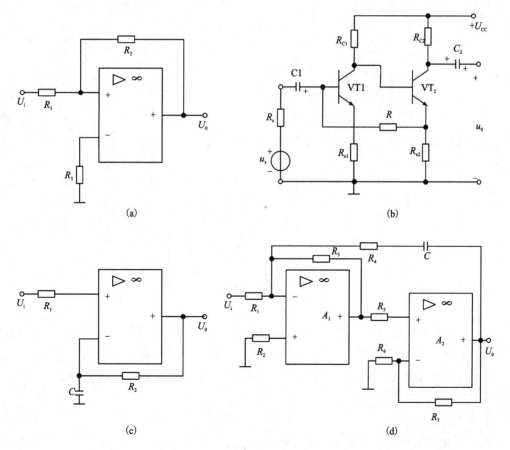

(a)　　　　　　　　　　(b)

(c)　　　　　　　　　　(d)

图 3 - 87

12. 在图 3-88 所示电路中，试问 R_{f1}、R_{f2} 各引入的是何种反馈，其作用如何？

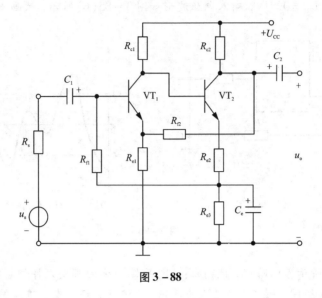

图 3-88

13. 试判断图 3-89 所示各电路是否满足自激振荡的相位平衡条件。

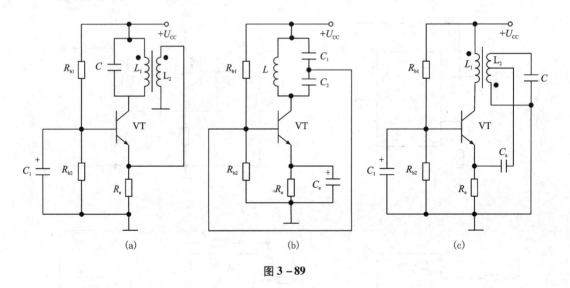

(a)　　　　　　　　(b)　　　　　　　　(c)

图 3-89

14. 在图 3-90 所示电路中，可变电容 $C_2 = 32 \sim 270$ pF，电感线圈端头 1、3 间的电感量 $L = 100$ μH。试计算在可变电容 C_2 的变化范围内，振荡频率的可调范围。

15. 集成运放组成的 RC 桥式振荡电路如图 3-91 所示，已知 $R_1 = R_2 = 1$ kΩ，$C_1 = C_2 = 0.02$ μF，$R_3 = 2$ kΩ。

(1) 求振荡频率 f_0；

(2) 若 R_4 采用具有负温度系数的热敏电阻，为了保证电路能稳定可靠的振荡，试选择 R_4 的冷态电阻；

（3）简述电路的稳幅原理。

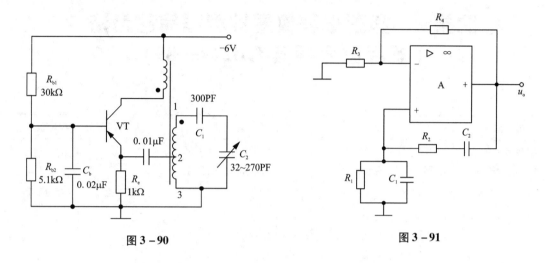

图 3 - 90 图 3 - 91

16. 试用相位平衡条件判断图 3 - 92 所示各石英晶体振荡电路能否产生振荡，如能振荡说明它们属于串联型还是并联型，石英晶体在电路中各起什么作用？

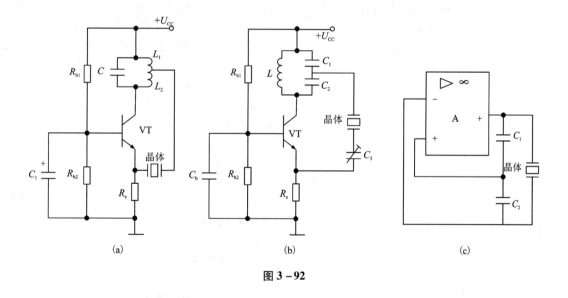

图 3 - 92

附录1　我国半导体器件型号命名方法
（根据国家标准 GB249—89）

第一部分		第二部分		第三部分		第四部分	第五部分
用数字表示器件的电极数目		用汉语拼音字母表示器件的材料和极性		用汉语拼音字母表示器件的类型		用数字表示序号	用汉语拼音字母表示规格号
符号	意义	符号	意义	符号	意义		
2	二极管	A	N 型,锗材料	P	普通管		
		B	P 型,锗材料	V	微波管		
		C	N 型,硅材料	W	稳压管		
		D	P 型,硅材料	C	参量管		
3	三极管	A	PNP 型,锗材料	Z	整流管		
		B	NPN 型,锗材料	L	整流堆		
		C	PNP 型,硅材料	S	隧道管		
		D	NPN 型,硅材料	U	光电管		
		E	化合物材料	K	开关管		
				X	低频小功率管 (截止频率 $<3\mathrm{MHz}$ 耗散功率 $<1\mathrm{W}$)		
				G	高频小功率管: (截止频率 $\geqslant 3\mathrm{MHz}$ 耗散功率 $<1\mathrm{W}$)		
				D	低频大功率管: (截止频率 $<3\mathrm{MHz}$ 耗散频率 $\geqslant 1\mathrm{W}$)		
				A	高频大功率管: (截止频率 $\geqslant 3\mathrm{MHz}$ 耗散功率 $\geqslant 1\mathrm{W}$)		
				T	可控整流器(半导体闸流管)		
				CS	场效应器件		
				BT	半导体特殊器件		
				FH	复合管		
				PIN	PIN 型管		
				JG	激光器件		

例如:3AD50B 低频大功率 PNP 型锗材料三极管。

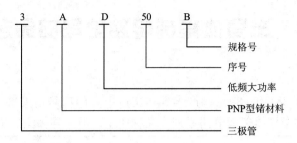

規格号
序号
低频大功率
PNP型锗材料
三极管

附录2 半导体集成电路型号的命名方法

根据国家标准(GB3430—89),国产半导体集成电路的型号由五部分组成,此标准适用于按国家标准规定的半导体集成电路系列和品种所生产的半导体集成电路。

第零部分		第一部分		第二部分	第三部分		第四部分	
用字母表示器件符合国标		用字母表示器件的类型			用字母表示器件的工作温度范围		用字母表示器件的封装形式	
符号	意 义	符号	意 义		符号	意 义	符号	意 义
C	中国制造	T	TTL	用阿拉伯数字和字母表示器件的系列和品种代号	C	0℃~70℃	W	陶瓷扁平
		H	HTL		G	−25℃~70℃	B	塑料扁平
		E	ECL		L	−25℃~85℃	F	全密封扁平
		C	CMOS		E	−40℃~85℃	D	陶瓷直插
		F	线性放大器		R	−55℃~85℃	P	塑料直插
		D	音响、电视电路		M	−55℃~125℃	J	黑陶瓷扁平
		W	稳压器				K	金属菱形
		J	接口电路				T	金属圆形
		B	非线性电路					
		M	存储器					
		μ	微型机电路					
		AD	A/D 转换器					
		DA	D/A 转换器					

例如:CT4290CP 的意义如下:

C 表示符合中国国家标准

T 表示为 TTL 电路

4 表示系列品种代号,共分四类:1 为标准系列,同国际 54/74 序列;2 为高速系列,同国际 54/74H 序列;3 为肖特基系列,同国际 54/74S 序列;4 为低功耗肖特基系列,同国际 54/74LS 序列

290 表示品种代号,同国际标准一致,该产品为十进制计数器

C 表示工作温度范围为 0℃~70℃

P 表示封装形式为塑料直插

附录3 几种半导体二极管的主要参数

附表3.1　国产2AP型锗二极管

参数 / 型号	最大整流电流 I_F（平均值）/mA	最高反向工作电压 U_{RM}（峰值）/V	反向电流 $I_R/\mu A$	最高工作频率 f/MHZ	用途
2AP1	16	20	≤250	150	检波及小电流整流
2AP4	16	50	≤250	150	
2AP7	12	100	≤250	150	

附表3.2　国产2CZ系列硅整流二极管

参数 / 型号	最大整流电流 I_F（平均值）/A	最高反向工作电压 U_{RM}（峰值）/V	正向压降 U_F/V	反向电流 $I_R/\mu A$	用途
2CZ52	0.1	25～600 25～800 50～1000	0.7	1	用于频率为3 kHz以下电子设备的整流电路中
2CZ53	0.3	25～400 25～800 50～1000	1	5	
2CZ54	0.5	25～800	1	10	
2CZ55	1	25～1000	1	10	
2CZ56	3	100～2000	0.8	20	
2CZ57	5	25～2000	0.8	20	
2CZ58	10	100～2000	0.8	30	
2CZ59	20	25～1400 100～2000	0.8	40	

附表3.3　硅整流二极管最高反向工作电压 U_{RM} 的分档标志（V）

A	B	C	D	E	F	G	H	J	K	L
25	50	100	200	300	400	500	600	700	800	900
M	N	P	Q	R	S	T	U	V	W	X
1000	1200	1400	1600	1800	2000	2200	2400	2600	2800	3000

附表 3.4　常用整流二极管

参数 型号	最大整流电流 I_F(平均值)/mA	最高反向工作电压 U_{RM}(峰值)/V	正向压降 U_F/V	反向电流 I_R/μA
IN4001	1	50	1.1	5
IN4002	1	100	1.1	5
IN4004	1	400	1.1	5
IN4007	1	1000	1.1	5
IN5391	1.5	50	1	5
IN5392	1.5	100	1	5
IN5393	1.5	200	1	5
IN5397	1.5	600	1	5
IN5399	1.5	1000	1	5
IN5400	3	50	1	5
IN5401	3	100	1	5
IN5402	3	200	1	5
IN5404	3	400	1	5
IN5408	3	1000	1	5

附录4　几种半导体三极管的主要参数

附表4.1　国产三极管的主要参数

型　号	参　数	集电极最大电流 I_{CM}/mA	集电极最大耗散功率 P_{CM}/mW	集—射反向击穿电压 $U_{(BR)CEO}$/V	共射电流放大系数 β	集—基反向饱和电流 I_{CBO}/μA
PNP 型锗低频小功率三极管	国产 3AX 型					
	3AX51A			12	40～150	
	3AX51B	100	100	12	40～150	≤12
	3AX51C			18	30～100	
	3AX51D			24	25～70	
NPN 型锗低频小功率三极管	国产 3BX 型					
	3BX31A			≥10	30～200	≤20
	3BX31B	125	125	≥15	50～150	≤15
	3BX31C			≥20		≤10
NPN 型硅高频小功率三极管	国产 3DG 型					
	3DG100A			≥20		
	3DG100B	20	100	≥30	≥30	≤0.01
	3DG100C			≥20		
	3DG100D			≥30		
低频大功率三极管	国产 3AD 型					
	3AD50A		10W	≥18		
	3AD50B	3A	（加散热板）	≥24	20～140	≤0.3
	3AD50C			≥30		
常用半导体三极管	9011	300	300	≥30	54～198	≤0.1
	9012	500	625	≥20	64～202	≤0.1
	9013	500	625	≥30	64～202	≤0.1
	9014	100	450	≥45	60～1000	≤0.05

附表4.2　小功率三极管电流放大系数分档标记

$h_{FE}(\beta)$ 范围	30～40	40～50	50～65	65～85	85～115	115～150	>150
管顶颜色	橙	黄	绿	蓝	紫	灰	白

附表 4.3　塑封三极管分档对应的 β 值

型号	A	B	C	D	E	F	G	H	I
9011,9018				29 ~ 44	39 ~ 60	54 ~ 80	72 ~ 108	97 ~ 146	132 ~ 198
9012,9013				64 ~ 91	78 ~ 112	96 ~ 135	118 ~ 160	144 ~ 202	180 ~ 350
9014,9015	60 ~ 150	100 ~ 300	200 ~ 600	400 ~ 1000					
8050,8550	—	85 ~ 160	120 ~ 200	160 ~ 300					
5551,5401	82 ~ 160	150 ~ 240	200 ~ 395	—					
BU406	30 ~ 45	35 ~ 85	75 ~ 125	115 ~ 200					

附录5　电阻器和电容器的标称值

电阻的标称阻值应符合下表中所列数值,或者表中数值乘以10^n,其中 n 为正整数或负整数。

附表 5.1　电阻器的标称值

E_{24} 系列	E_{12} 系列	E_6 系列	E_{24} 系列	E_{12} 系列	E_6 系列
允许偏差 ±5%	允许偏差 ±10%	允许偏差 ±20%	允许偏差 ±5%	允许偏差 ±10%	允许偏差 ±20%
1.0	1.0		3.3	3.3	
1.1		1.0	3.6		3.3
1.2	1.2		3.9	3.9	
1.3			4.3		
1.5	1.5		4.7	4.7	
1.6		1.5	5.1		4.7
1.8	1.8		5.6	5.6	
2.0			6.2		
2.2	2.2		6.8	6.8	
2.4		2.2	7.5		6.8
2.7	2.7		8.2	8.2	
3.0			9.1		

　　对于云母及瓷介电容器的标称容量系列及允许偏差与上表的电阻标称系列相同,这里不再重复。现将固定式纸介电容器和电解电容器的标称容量与允许偏差列表如下。

附表 5.2　电容器的标称容量

纸 介 电 容			
工作电压	不 大 于 1.6 kV		
允许偏差	± 5%	± 10%	± 20%	
标称容量	100 ~ 1000 pF	0.01 ~ 0.1 μF	0.1 ~ 1 μF	1 ~ 10 μF
	100	0.01	0.01	1
	150	0.015	0.15	2
	220	0.022	0.22	4
	330	0.033	0.33	6
	470	0.039	0.47	8
	680	0.047		10
	1000	0.056		
	1500	0.068		
	2200	0.082		
	3300			
	4700			
	6800			
电 解 电 容 器			
标称容量 μF	1、2、5、10、20、50、100、200、500、1000、2000、5000		
允许偏差 (一般电容器)	− 10% ~ + 100%(工作电压≤50V) − 10% ~ + 50%(工作电压 > 50V) − 10% ~ + 100%(工作电压 > 50V) (标称容量≤10μF) − 20% ~ + 50%(工作电压可为各种值)		

电阻器的标称值和精度一般用色标法、直标法和文字符号描述法来表示。色标法是用不同的颜色表示不同的数值和误差。对没有标明等级的电阻器，一般为 ±20% 的偏差。电阻器有三环和四环两种表示方法。电阻色环与数值的对应关系如下表所示。

附表 5.3　电阻器标称阻值及精度的色标

符　号	A	B	C	D
颜　色	第一位	第二位	应乘位数	允许偏差
黑	—	0	$\times 10^0 = 1$	—
棕	1	1	$\times 10^1 = 10$	—
红	2	2	$\times 10^2 = 100$	—
橙	3	3	$\times 10^3 = 1000$	—
黄	4	4	$\times 10^4 = 10000$	—
绿	5	5	$\times 10^5 = 100000$	—
蓝	6	6	$\times 10^6 = 1000000$	—
紫	7	7	$\times 10^7 = 10000000$	—
灰	8	8	$\times 10^8 = 100000000$	—
白	9	9	$\times 10^9 = 1000000000$	—
金	—	—	$\times 10^{-1} = 0.1$	±5%
银	—	—	$\times 10^{-2} = 0.01$	±10%
无色(底色)	—	—	—	±20%
外　形				

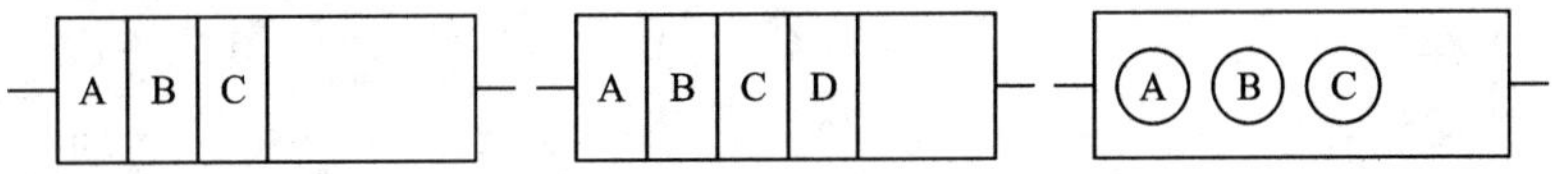

环带色码制　　　环带色码制　　　三点色码制

附录6　几种集成运放的主要性能指标

参数名称及单位 型号	输入失调电压 U_{IO} mV	开环差模电压增益 A_{ud} dB	共模抑制比 K_{CMR} dB	差模输入电阻 R_{id} MΩ	输出电阻 R_o Ω	单位增益带宽 BW_G MHz	转换速率 S_R V/μs	工作电源电压 U_{CC}、U_{EE} V
CF741	1.0	106	90	2.0	75	1.0	0.5	±15
μA715	2.0	90	92	1.0	75	65	<100	±15
μA725	0.5	130	120	1.5	150			±15
μA747	5.0	94	70	0.3	75	1.0	0.5	±22
NE5532	0.5					10	9	±3 ~ ±22
NE5534	0.5					10	13	±3 ~ ±22
NE5535	2.0					1.0	15	±6 ~ ±18
AD522		60		10^6	100		10	
AD620	0.125		>93					±2.3 ~ ±18
AD622	0.25		>66	10^4		1.0	1.2	±2.6 ~ ±15
AD827	0.5					50	30	±4.5 ~ ±18
LM146	0.5	120	100	1.0		1.2	0.4	±15
LM833	0.3	110	100			15	7.0	±5 ~ ±15
LM837	0.3	110	100			25	10	±5 ~ ±15
OP07	10					0.6	0.3	±22
OP37	0.01					63	17	±22
OP249						4.7	22	±4.5 ~ ±18
OP275						9.0	22	±4.5 ~ ±22
TL084	<15	>88				4.0	13	±5 ~ ±18

参考文献

[1] 陶希平. 模拟电子技术基础. 北京:化学工业出版社,2001

[2] 汤光华,宋涛. 电子技术. 北京:化学工业出版社,2005

[3] 隆平. 模拟电子技术. 北京:化学工业出版社,2012

[4] 汤光华,黄新民. 模拟电子技术基础. 长沙:中南大学出版社,2007

[5] 张先永. 电子技术基础. 长沙:国防科学技术大学出版社,2002

[6] 康华光. 电子技术基础·模拟部分(第四版). 北京:高等教育出版社,2000

[7] 周雪. 电子技术基础. 北京:电子工业出版社,2004

[8] 郑应光. 模拟电子线路(一). 南京:东南大学出版社,2004

[9] 周良权. 模拟电子技术基础. 北京:高等教育出版社,2001

[10] 苏丽萍. 电子技术基础. 西安:西安电子科技大学出版社,2001

[11] 姚金生,郑小利. 元器件(修订版). 北京:电子工业出版社,2004

[12] 韦建英. 电子技术. 北京:高等教育出版社,2003

[13] 孟贵华. 电子元器件选用入门. 北京:机械工业出版社,2005

[14] 华成英. 模拟电子技术基本教程. 北京:清华大学出版社,2006

[15] 陈辛城. 模拟电子技术基础. 北京:高等教育出版社,2003

[16] 汤光华. 电工电子技术. 北京:电子工业出版社,2012

图书在版编目（CIP）数据

模拟电子技术应用／汤光华，刘国联主编．
—长沙：中南大学出版社，2012.8（2020.4 重印）
ISBN 978 - 7 - 5487 - 0590 - 1

Ⅰ．模…　Ⅱ．①汤．．②刘…　Ⅲ．模拟电路－电子技术－教材
Ⅳ．TN710

中国版本图书馆 CIP 数据核字（2012）第 169435 号

模拟电子技术应用

汤光华　刘国联　主编

□责任编辑	陈应征	
□责任印制	易红卫	
□出版发行	中南大学出版社	
	社址：长沙市麓山南路	邮编：410083
	发行科电话：0731 - 88876770	传真：0731 - 88710482
□印　　装	长沙雅鑫印务有限公司	

□开　　本	787 mm×1092 mm 1/16　□印张 14.25　□字数 355 千字□插页 2	
□版　　次	2012 年 8 月第 1 版　□2020 年 4 月第 5 次印刷	
□书　　号	ISBN 978 - 7 - 5487 - 0590 - 1	
□定　　价	38.00 元	

图书出现印装问题，请与经销商调换